走出造价困境

——后定额时代如何组价套定额

孙嘉诚　编著

本书从认识定额出发，通过介绍定额的发展历史、近现代定额的变化和革新，给出了未来定额的工作方向；再通过对定额的拆解及套用，可使读者充分理解定额的消耗量来源和测算方案、价格的组成结构和套用方案；最后对各地区定额编制的底层框架“全统消耗量定额”的说明和规则进行了全面解读，不仅能帮助大家学习企业定额的编制思路，还能帮助大家更好地理解传统定额里面的各项规则内容。

本书共分为4章，分别是“什么是定额”“定额之庖丁解牛”“如何组价套定额”“全统消耗量定额下的企业定额定制”。本书可以帮助读者全方位、多角度地理解和学习定额，实现在定额领域的高级进阶。

本书不仅适合造价行业的从业者阅读，也非常适合关注定额的其他行业的人员阅读，因为学习定额不仅能够梳理好工程脉络，还能够实现项目利润的升级。

图书在版编目（CIP）数据

走出造价困境：后定额时代如何组价套定额/孙嘉诚编著．—北京：机械工业出版社，2022.9（2024.3重印）

ISBN 978-7-111-71395-1

Ⅰ．①走…　Ⅱ．①孙…　Ⅲ．①建筑造价管理　Ⅳ．①TU723.31

中国版本图书馆CIP数据核字（2022）第144234号

机械工业出版社（北京市百万庄大街22号　邮政编码100037）
策划编辑：张　晶　责任编辑：张　晶　刘　晨　张荣荣　关正美
责任校对：刘时光　责任印制：郜　敏
三河市骏杰印刷有限公司印刷
2024年3月第1版第7次印刷
184mm×260mm · 13.5印张 · 300千字
标准书号：ISBN 978-7-111-71395-1
定价：69.00元

电话服务　　网络服务
客服电话：010-88361066　机　工　官　网：www.cmpbook.com
010-88379833　机　工　官　博：weibo.com/cmp1952
010-68326294　金　书　网：www.golden-book.com
封底无防伪标均为盗版　机工教育服务网：www.cmpedu.com

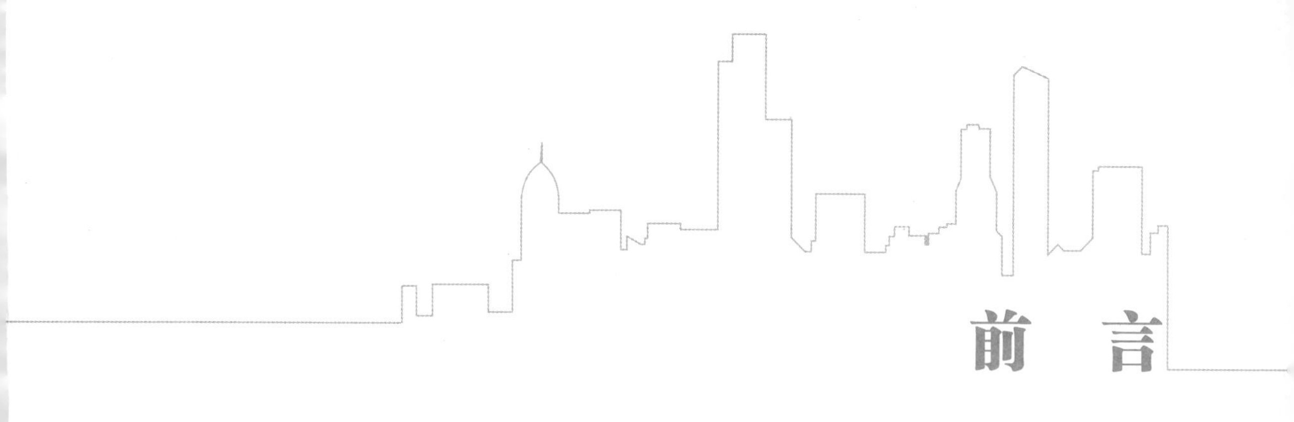

前　言

“人生是旷野，不是轨道”，如果完全按照被铺设好的人生轨道去走，那似乎就失去了很多意义。定额亦是如此，当定额发展到需要结合企业自身情况进行自主报价、竞争定价的时候，那么定额的“旷野”也便来了。

我们一直习惯按照定额制定好的规则，去做一个执行者，却没有真正地思考过定额消耗量的来源、内容的构成、规则编制的原则是什么。当造价改革文件《住房和城乡建设部办公厅关于印发工程造价改革工作方案的通知》（建办标〔2020〕38号）提出推行“清单计量、市场询价、自主报价、竞争定价”“逐步停止发布预算定额”时，便对我们习惯使用传统定额的人提出了巨大的挑战。

在定额逐步取消之后，并在推行自主报价、竞争定价模式的情况下，人们对企业定额的呼声空前的强烈，但很多企业不知道企业定额的编制思路，无法实现企业定额的真正落地。其实企业定额根据企业不同，有多种不同的编制方案，本书将帮助读者从传统定额的底层编制逻辑出发，以编制传统地区定额的高度，编制企业定额。

本书从认识定额出发，通过介绍定额的发展历史、近现代定额的变化和革新，给出了未来定额的工作方向；再通过对定额的拆解及套用，使读者充分理解定额的消耗量来源和测算方案、价格的组成结构和套用方案；最后对各地区定额编制的底层框架“全统消耗量定额”的说明和规则进行全面解读，不仅能帮助大家学习企业定额的编制思路，还能帮助大家更好地理解传统定额里面的各项规则内容。

本书共分为4章，分别是“什么是定额”“定额之庖丁解牛”“如何组价套定额”“全统消耗量定额下的企业定额定制”，帮助读者全方位、多角度地理解和学习定额，实现在定额领域的高级进阶。

本书不仅适合造价行业的从业者阅读，也非常适合关注定额的其他行业的同人阅读，因为学习定额不仅能够梳理好工程脉络，还能够实现项目利润的升级。

本书经过200多天仔细打磨，经过多位专家严谨审核、层层把关，才得以与读者见面。由于编者水平有限，书中难免会有错误，请广大读者不吝指正。

我们将会保持初心，持续输出有价值的内容，以回馈持续支持我们的读者和朋友。

编　者

2022.07.05

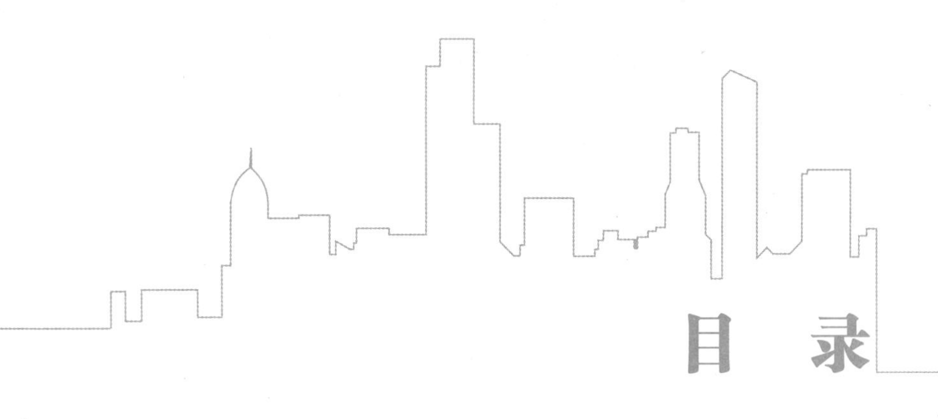

目　录

Chapter 1

第1章 什么是定额

定额并不是近现代产物，而是经历了长远的历史年轮，才得以形成的现代工程行业的“度量衡”，早在唐宋时期，就已经出现了定额。近年以来，定额出现了第三代革新，由政府定价转向市场的自我调节，传统定额逐步停止发布，企业定额自主报价模式喷涌而出，作为造价人应该如何抓住这个时代的风口，这的确是我们需要深刻思考的问题。

定额究竟是什么，它的存在对于造价行业，乃至工程行业又有什么意义，我们应该如何把握本次的定额革新，本章将从定额解析、定额知识科普以及后定额时代造价人应该如何抓住风口、乘风破浪讲起。

1.1 定额思维体系的搭建

1.1.1 定额的发展历史

“定额”，是社会生产中，规定为完成某一项产品、工作内容所消耗的必要的人力、材料、施工机具，企业的管理费用，一定的生产利润和必要的社会行为支出，是用来反映社会平均消耗水平的数量标准。

定额体系为工程行业带来了新的“度量衡”，为每一项工作内容搭建了消耗量框架、基础的价格水平、计算的行为准则，定额的出现帮助企业能够有依据、有规则地对企业经营进行核算，帮助发承包企业更好地完成交易行为。下面看一下定额的发展历史。

1. 古代定额的发展史

（1）唐代：《缉古算经》　文中描述了筑堤、造仰光台、筑龙尾堤、穿河、仓方等所消耗的定额用工，注明了修筑时所需要的人力、物力，如“每人一日筑常积一十一尺四寸十三分寸之六。穿方一尺得土八斗”。用以表达人工和材料的消耗量（图 1-1）。

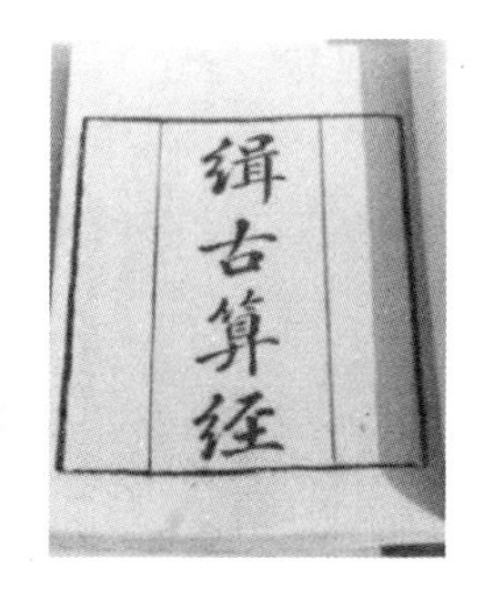

图 1-1

（2）北宋：《营造法式》　于宋崇宁二年（1103 年）刊行全国，是一本古建筑的做法、用料的说明性书籍，以材作为建筑度量衡的标准，其中在第 16—25 卷中规定各工种在各种制度下的构件劳动定额和计算方法。如“柱，每一条长一丈五尺，径一尺一寸，一功。（穿凿功在内，若角柱，每一功加一分功）如径增一寸，加一分二厘功”。此处的表达就和近现代定额类似，增加额外的工作内容，需要调整人材机的系数（图 1-2）。

图 1-2

（3）清代：《工程做法则例》　于清雍正十二年（1734 年）刊行全国，和《营造法式》相同，是一本中国古典建筑工程做法的官书，由做法条例和应用料例工限两大部分组成。如“柱径柱高之规定：清式柱径规定为六斗口，等于宋式四材，其柱高六十斗口，为径之十倍。于是比例上，柱大而斗拱小，遂形成斗拱纤小之现象，其补间铺作（清称“平身科”）乃增多至七八朵”。用以表达材料的消耗量（图 1-3）。

图 1-3

2. 近现代定额发展历史

（1）定额启蒙阶段（1950—1957） 近现代的定额起源于东北地区，从 1950 年开始，东北地区先后编制和实行了劳动定额，并编制了《东北地区统一劳动定额》，其他地区也相继效仿，劳动定额至此开始崭露头角。

随着经济体系加速发展，经济建设的蓬勃生机，建设工程概预算制度陆续出台，我国先后编制了《一九五四年基本建设工程概算定额（草案）》《一九五五年度建筑工程设计预算定额（草案）》《一九五五年度建筑工程概算指标（草案）》等十几种定额。1954 年第一本全国统一的《建筑工程劳动定额》发布，在 1956 年进行修订并增加了材料消耗和机械台班部分，形成了新的《全国统一劳动定额》。

（2）发展阶段（1978—） 党的十一届三中全会后，国家建设行政主管部门结合定额历史使用经验、借鉴国际通行做法，逐步修订和编制了《全国统一建筑工程基础定额》《全国建筑安装工程统一劳动定额》等各类定额。至此我国定额开始了新的蓬勃发展。

（3）现代定额（2020—） 《关于印发工程造价改革工作方案的通知》建办标〔2020〕38 号提出："完善工程计价依据发布机制。加快转变政府职能，优化概算定额、估算指标编制发布和动态管理，取消最高投标限价按定额计价的规定，逐步停止发布预算定额。"至此，预算定额逐步退出历史舞台，以市场行为为导向的市场化行为定额正式进入大家视野，以推行清单计量、市场询价、自主报价、竞争定价的工程计价方式，进一步完善工程造价市场形成机制。新时代的造价人，要更加注重市场化行为导向的计价模式，逐步搭建企业定额，助力企业实现更有市场竞争力的计价体系。

1.1.2 各类型定额扫盲

近现代各类定额层出不穷，很多同行不清楚这些定额之间的逻辑关系，给定额的学习造成了困扰，我们按照以下维度，来分析不同定额的定位和意义。

1. 定额骨架

劳动定额、材料消耗量定额、机械台班及仪器仪表定额——反映定额的生产要素消耗。

（1）劳动定额 以时间维度为主要表现形式，以工日为单位，一工日为 8 小时。它是在正常的施工技术和组织条件下，完成单位合格产品所消耗的人工工日数量，和产量定额互为倒数。它为预算定额等计价性定额提供编制依据，为人工单价提供计算基础。

最新的劳动定额是2008版建设工程劳动定额（全套11本），如图1-4所示。

5.1.1.2　挖土方时间定额　详见表3

表3　（单位：m^3）

定额编号		AB0001	AB0002	AB0003	AB0004	AB0005Z	序号
项目		挖土方深度（≤m）				山坡切土	
		1.5	3	4.5	6		
一类土		0.126	0.282	0.343	0.410	0.098	一
二类土		0.197	0.353	0.414	0.481	0.148	二
三类土		0.328	0.484	0.545	0.612	0.264	三
四类土		0.504	0.660	0.721	0.788	0.410	四
淤泥	砂性	0.517	0.673	0.734	0.801	—	五
	粘性	0.734	0.890	0.951	1.018	—	六

图　1-4

（2）材料消耗量定额　材料消耗量定额是完成一定额度工作所消耗的主要材料、辅助材料、周转材料和其他材料的标准，其中材料包括消耗的净用量和损耗量。

可以参考《房屋建筑与装饰工程消耗量定额》（TY01-31-2015），如图1-5所示。

1. 砖　基　础

工作内容：清理基槽坑，调、运、铺砂浆，运、砌砖。　**计量单位：**$10m^3$

定额编号				4-1
项目				砖基础
名称			单位	消耗量
人工	合计工日		工日	9.834
	其中	普工	工日	2.309
		一般技工	工日	6.450
		高级技工	工日	1.075
材料	烧结煤矸石普通砖 240×115×53		千块	5.262
	干混砌筑砂浆 DM M10		m^3	2.399
	水		m^3	1.050
机械	干混砂浆罐式搅拌机		台班	0.240

图　1-5

（3）机械台班及仪器仪表定额　以时间维度为主要表现形式，以台班为单位，一台班为8小时，是完成规定计量单位合格的建筑安装产品所消耗的施工机械台班的数量标准，如图1-6所示。

编码	机械名称	性能规格		台班单价	费用组成							人工及燃料动力用量						
					折旧费	检修费	维护费	安拆费及场外运费	人工费	燃料动力费	其他费	人工	汽油	柴油	电	煤	木柴	水
				元	元	元	元	元	元	元	元	工日	kg	kg	kW·h	kg	kg	m^3
												103.63	7.56	8.98	0.98	0.76	0.18	6.21
990101005	履带式推土机	功率（kW）	50	653.42	30.23	12.34	32.08		259.08	319.69		2.00		35.60				
990101010			60	732.41	34.24	13.96	36.30		259.08	388.83		2.00		43.30				
990101015			75	998.08	93.86	38.27	99.50		259.08	507.37		2.00		56.50				
990101020			90	1095.74	124.30	50.68	131.77		259.08	529.91		2.00		59.01				
990101025			105	1156.02	142.20	57.99	150.77		259.08	545.98		2.00		60.80				
990101030			120	1287.69	181.34	73.96	192.30		259.08	581.01		2.00		64.70				
990101035			135	1355.40	201.15	82.03	213.28		259.08	599.86		2.00		66.80				
990101040			165	1702.85	281.16	114.66	298.12		259.08	749.83		2.00		83.50				
990101045			240	2203.80	383.25	156.28	314.12		259.08	1091.07		2.00		121.50				
990101050			320	2736.83	473.14	192.93	356.92		259.08	1454.76		2.00		162.00				

图 1-6

2. 定额运用

估算指标、概算指标、概算定额、预算定额、施工定额——反映定额的编制程序和用途。

以人工、材料、机械台班等定额为基础，以不同使用的场景、精准度、编制对象为骨架，便形成了不同阶段的应用定额。根据精度不同分为投资估算指标、概算指标、概算定额、预算定额和施工定额。

（1）估算指标　颗粒度最粗的一种定额，企业在编制项目建议书、可行性研究阶段以及在估算项目投资时使用，数据基础来源于企业已完成同类项目的单方造价。

（2）概算指标　颗粒度很粗，企业在投资估算和编制基本建设计划或初步设计概算时使用，是估算主要材料用量计划的依据，主要体现在工料消耗量或工程造价的定额指标上。体现形式如：建筑工程中的每百平方米建筑面积造价指标和工料消耗量指标；每平方米住宅建筑面积造价指标等。

（3）概算定额　颗粒度较粗，以扩大的分部分项或结构构件为基础依据，是企业编制扩大初步设计概算、计算项目总投资的基础，是人工、材料、机械台班耗用量（或货币量）的数量标准，是预算定额的综合扩大。某地的概算定额如图 1-7 所示。

（4）预算定额　颗粒度较细，以完成一定工作内容来反映人工、材料和机械的消耗数量，是编制招标控制价、施工图预算的基础，同时也是编制概算定额的基础，相比较前述内容，预算定额大家相对较熟悉，它反映了社会平均的工作水平。某地的预算定额如图 1-8 所示。

第二节 人工及独立土石方

一、平整场地

工程内容：1. 场地碾压：碾压、人工配合。2. 原土打夯：松土、找平、浇水、夯实。 **单位**：m^2

定额编号					1-83	1-84	1-85
项目					机械平整场地	场地碾压	原土打夯
概算基价（元）					1.23	0.70	1.44
其中	人工费（元）				0.67	0.38	1.34
	材料费（元）				0.21	0.12	—
	机械费（元）				0.35	0.20	0.10
名称			单位	单价（元）	数量		
人工	870001	综合工日	工日	96.00	0.007	0.004	0.014
材料	100321	柴油	kg	5.41	0.0382	0.0224	—
机械	800074	推土机综合	台班	464.31	0.0007	—	—
	800117	蛙式打夯机	台班	10.16	—	—	0.0060
	800292	光轮压路机（综合）	台班	482.26	—	0.0004	—
	840023	其他机具费	元	—	0.02	0.01	0.04

图 1-7

E.1 现浇混凝土

E.1.1 现浇混凝土基础（编码：010501）

E.1.1.1 垫层（编码：010501001）

工作内容：1. 自拌混凝土：搅拌混凝土、水平运输、浇捣、养护等。

2. 商品混凝土：浇捣、养护等。 **计量单位**：$10m^3$

定额编号					AE0001	AE0002	AE0003	AE0004
项目名称					楼地面垫层		基础垫层	
					自拌砼	商品砼	自拌砼	商品砼
费用	综合单价（元）				3771.49	3170.38	3884.00	3280.98
	其中	人工费（元）			807.30	305.90	884.35	382.95
		材料费（元）			2375.15	2746.65	2380.93	2750.52
		施工机具使用费（元）			200.74	—	200.74	—
		企业管理费（元）			242.94	73.72	261.51	92.29
		利润（元）			130.24	39.52	140.19	49.48
		一般风险费（元）			15.12	4.59	16.28	5.74
	编码	名称	单位	单价(元)	消耗量			
人工	000300080	混凝土综合工	工日	115.00	7.020	2.660	7.690	3.330
材料	800206020	砼 C20（塑、特、碎 5～31.5，坍 10～30）	m^3	229.88	10.100	—	10.100	—
	840201140	商品砼	m^3	266.99	—	10.150	—	10.150
	341100100	水	m^3	4.42	7.330	3.560	8.150	3.950
	341100400	电	kW·h	0.70	2.310	2.310	2.310	2.310
	002000010	其他材料费	元	—	19.35	19.35	21.50	21.50
机械	990602020	双锥反转出料混凝土搅拌机 350L	台班	226.31	0.887	—	0.887	—

图 1-8

（5）施工定额　颗粒度最细，以工序为研究对象，反映施工企业完成某一道工序所消耗的人工、材料、机械的实际用量，它是施工企业组织生产、编制施工进度中的材料领用计划、核算实际工程成本、计算劳务报酬的依据，也是编制使用预算的基础。某地的施工定额如图 1-9 所示。

11-9　人工浇筑混凝土

工作内容　混凝土浇筑、捣固、抹平，搭拆、移动临时脚手架，清除模板内杂物等。

每 1m³ 的劳动定额

项目	预制混凝土							序号
	连续板、矩形板	空心板	微弯板	桁架梁	桁架拱	人行道块件、缘石	栏杆柱、扶手	
时间定额 每工产量	0.567 1.764	1.12 0.893	1.49 0.671	1.67 0.599	1.61 0.621	1.76 0.568	3.67 0.272	—
编号	1	2	3	4	5	6	7	

注：人行道块件、栏杆柱扶手两项定额包括人工手推车运输混凝土。

图　1-9

3. 定额分类

全国统一定额、地区定额、行业定额、企业定额、补充定额——不同机构颁布的不同定额。

（1）全国统一定额　当前最新的全国统一消耗量定额是 2015 年由中华人民共和国住房和城乡建设部发布的《房屋建筑与装饰工程消耗量定额》（TY01-31-2015）《建设工程施工机械台班费用编制规则》和《建设工程施工仪器仪表台班费用编制规则》，1995 年发布的《全国统一建筑工程基础定额》同时废止。全国统一定额是各省市编制地区定额消耗量的基础。

（2）地区定额　是由地方造价管理机构编制的，是各地执行的地区性质的定额。各地区的定额结构类似，但考虑到地区性特点、地方条件的差异以及气候条件、经济技术条件、物质资源条件和交通运输条件的不同，所以各地区的计算规则、单方含量、价值指数会有所差异。

（3）行业定额　由行业建设行政主管部门组织编制，是针对特殊行业使用的一类定额。行业定额种类繁多，如《冶金工业建设工程预算定额》《冶金矿山预算定额》《石油化工行业安装工程预算定额》《电力建设工程预算定额》等。

（4）企业定额　由企业结合自身的消耗量水平，并结合企业的劳动力水平、材料供应商合作情况、机械现代化程度，以及企业必要支出的管理费及规费税金等，测算出来的企业实际成本的定额，在进行企业成本核算以及外部经营时使用，企业定额水平要高于普通定额水平。

（5）补充定额　地区定额在使用时存在条件限制，如出现特殊地区施工，人材机降效十分严重的情况下，普通定额消耗量及人材机单价无法反映实际施工需要，此时要进行补充定额。注意补充定额仅适用于当前实际发生的项目。

不论清单计价也好，定额计价也罢，随着市场化改革的进行，定额的发展已经走到了十字路口，计划经济时代的定额明显反映不了当下的市场行情以及和国际接轨的愿望，在逐步推行市场计价的情况下，企业定额的搭建已经呼之欲出，本书将以庖丁解牛的方式，层层递进地讲述如何做一个满分的企业定额。

1.2 定额必备知识科普

1.2.1 定额的结构组成

一册定额的组成分为总说明、各章（分部）说明、工程量计算规则、定额项目（含人材机消耗量标准、工作内容等）、附录、附注、附表等。

1. 定额总说明

定额总说明是指针对本册定额做出的通用性说明及解释，它适用于本册定额的各个专业板块。定额中的共性问题在总说明中体现，专业的单独问题在各分章节说明中单独予以说明。如《上海市建筑和装饰工程预算定额》的总说明如图 1-10 所示。

总说明

一、《上海市建筑和装饰工程预算定额》(以下简称本定额)是根据沪建交(2012)第1057号文《关于修编本市建设工程预算定额的批复》及其有关规定，在《上海市建筑和装饰工程预算定额》(2000)及《房屋建筑与装饰工程消耗量定额》(TY01-31-2015)的基础上，按国家标准的建设工程计价、计量规范，包括项目划分、项目名称、计量单位、工程量计算规则等与本市建设工程实际相衔接，并结合多年来“新技术、新工艺、新材料、新设备”和节能、环保等绿色建筑的推广应用而编制的量价完全分离的预算定额。

二、本定额是完成规定计量单位分部分项工程所需的人工、材料、施工机械台班的消耗量标准，是编制施工图预算、最高投标限价的依据，是确定合同价、结算价、调解工程价款争议的基础；也是编制本市建设工程概算定额、估算指标与技术经济指标的基础以及作为工程投标报价或编制企业定额的参考依据。

三、本定额适用于本市行政区域范围内的工业与民用建筑的新建、扩建、改建工程。

四、本定额是依据现行有关国家及本市强制性标准、推荐性标准、设计规范、施工验收规范、质量评定标准、产品标准和安全操作规程，并参考了有关省(市)和行业标准、定额以及典型工程设计、施工和其他资料编制的。

五、本定额是按正常施工条件、多数施工企业采用的施工方法、装备设备和合理的劳动组织及工期为基础编制的，反映了上海地区的社会平均消耗量水平。

图 1-10

2. 各章（分部）说明

章节说明是具有专有属性的说明，仅适用于本章节内容的补充说明解释，各章节说明间不具有互通性。如某定额土石方章节说明如图 1-11 所示。

第一章 土石方工程

说明

一、人工土方定额综合考虑了干湿土的比例。

二、机械土方均按天然湿度土壤考虑(指土壤含水率25%以内)。含水率大于25%时，定额人工、机械乘以系数1.15。

1.机械土方定额中已考虑机械挖掘所不及位置和修整底边所需的人工。

2.机械土方(除挖有支撑土方及逆作法挖土外)未考虑群桩间的挖土人工及机械降效差，遇有桩土方时，按相应定额人工、机械乘以系数1.5。

3.挖有支撑土方定额已综合考虑了栈桥上挖土等因素，栈桥搭、拆及折旧摊销等未包括在定额内。

4.挖土机在垫板上施工时，定额人工、机械乘以系数1.25。定额未包括垫板的装、运及折旧摊销。

5.定额“汽车装车、运土、运距1km内”子目适用于场内土方驳运。

三、干、湿土，淤泥的划分以地质勘测资料为准。地下常水位以上为干土，以下为湿土。地表水排出层，土壤含水率≥25%时为湿土。含水率超过液限，土和水的混合物呈现流动状态时为淤泥。

四、管沟土方按相应的挖沟槽土方子目执行。

五、逆作法施工

1.适用于多层地下室结构逆作法施工。

2.逆作法土方分明挖和暗挖两部分施工。明挖土方按相应挖土子目执行，暗挖土方指地下室首层楼板结构完成后的挖土。

3.逆作法暗挖土方已综合考虑了支撑间挖土降效因素以及挖掘机水平驳运土和垂直吊运土因素。

六、平整场地系指建筑物所在现场厚度≤±300mm的就地挖、填及平整。挖填土方厚度>±300mm时，全部厚度土方按一般土方相应子目另行计算，但仍应计算平整场地。

七、回填

1.场区(含地下室顶板以上)回填，按相应子目的人工、机械乘以系数0.9。

2.基础(地下室)周边回填材料时，按“第二章地基处理与边坡支护工程”第一节中地基处理相应定额子目的人工、机械乘以系数0.9。

八、本章定额均未包括湿土排水。

图 1-11

3. 工程量计算规则

工程量计算规则作为定额使用的“行为准则”，为统一发承包各方对同一构件、部位的计算口径，在说明中应对本章节定额使用规则进行规定，明确计算规则，确定计算方式及计算口径，工程量计算规则最大限度地规避了发承包双方计算方式的差异，避免出现结算争议。某定额的土方工程工程量计算规则如图 1-12 所示。

工程量计算规则

一、土方工程按下列规定计算：

1. 土方体积应按挖掘前的天然密实体积计算。非天然密实体积应按下表所列系数换算：

土方体积折算表

虚方体积	天然密实体积	夯实后体积	松填体积
1.00	0.77	0.67	0.83
1.20	0.92	0.80	1.00
1.30	1.00	0.87	1.08
1.50	1.15	1.00	1.25

2. 基础土方开挖深度应按基础垫层底标高至设计室外地坪标高确定，交付施工场地标高与设计室外地坪标高不同时，应按交付施工场地标高确定。

图 1-12

4. 定额项目

在建筑工程中，定额项目是指在正常的（施工）生产条件下，完成单位合格产品所必须消耗的人工、材料、机械及其资金的数量标准，下面会详细说明。

5. 工作内容

工作内容规定了定额子目中消耗量所对应的实际工作内容，是定额正确套用的基础及依据，当实际工作内容与定额子目约定内容不符时，需要对定额进行调整。

6. 附录、附注、附表等

1.2.2　定额子目组成

1. 定额子目编号

定额子目编号就像定额的身份证，每一个定额都有自己特有的定额编号。各地区定额编号并不相同，有纯数字编号，如2-120，5-125；有字母数字结合，如AA-0028等。套用时要注意，在进行定额检索时，可能存在同名称定额，此时要看清定额的数字编号，编号前面的数字和字母大多代表了对应的专业，因各专业定额消耗量不同，所以专业间相同名称定额子目不要混乱套用，以使用本专业定额子目为宜(图1-13)。

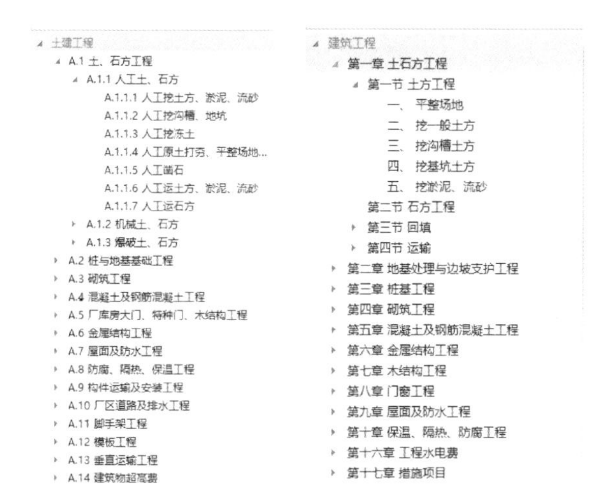

图　1-13

2. 定额子目名称

定额子目名称就像定额的姓名，比如国内同样叫张伟的有很多人，定额子目也是如此，叫垫层的也存在重名。比如图1-14中的5-150和2-128，都是混凝土垫层，但分类内容不同，一个是建筑工程的垫层，一个是轨道交通的垫层，对应的消耗量和综合单价也就不一致。在套用定额的时候要分专业进行定额选用，选择合理的综合单价及消耗量。同时在使用定额时，为了进行有效区分，可以将定额名称进行修改或备注，以便进行精准计价。

5-150	定	混凝土垫层	建筑	m3	0	392.3
2-128	定	混凝土垫层	轨道	m3	0	444.83

图　1-14

5-150：建筑部分混凝土垫层。包含工作内容：混凝土浇筑、振捣、养护等。消耗量如图1-15所示。

	编码	类别	名称	规格及型号	单位	损耗率	含量	数量	含税预算价	不含税市场价	含税市场价	税率	合价
1	870001	人	综合工日		工日		0.27	0	74.3	74.3	74.3	0	0
2	400006	商砼	C15预拌混凝土		m3		1.015	0	360	360	360	0	0
3	840004	材	其他材料费		元		5.902	0	1	1	1	0	0
4	840023	机	其他机具费		元		0.938	0	1	1	1	0	0

图 1-15

2-128：轨道交通部分混凝土垫层。包含工作内容：①浆砌台阶：选修石料、砌筑、养护等。②混凝土垫层：混凝土浇筑、振捣、养护等。消耗量如图1-16所示。

	编码	类别	名称	规格及型号	单位	损耗率	含量	数量	含税预算价	不含税市场价	含税市场价	税率	合价
1	870001	人	综合工日		工日		0.924	0	74.3	74.3	74.3	0	0
2	840006	材	水		t		0.665	0	6.21	6.21	6.21	0	0
3	400006	商砼	C15预拌混凝土		m3		1.02	0	360	360	360	0	0
4	840007	材	电		kw.h		0.894	0	0.98	0.98	0.98	0	0
5	840004	材	其他材料费		元		2.599	0	1	1	1	0	0
6	800138	机	灰浆搅拌机	200L	台班		0.077	0	11	11	11	0	0
7	800156	机	混凝土振捣器(平板式)		台班		0.077	0	3.02	3.02	3.02	0	0
8	840023	机	其他机具费		元		0.303	0	1	1	1	0	0

图 1-16

图1-17是一份完整的定额所包括的内容。

E.1　现浇混凝土

E.1.1　现浇混凝土基础（编码：010501）

E.1.1.1　垫层（编码：010501001）

工作内容：1. 自拌混凝土：搅拌混凝土、水平运输、浇捣、养护等。

2. 商品混凝土：浇捣、养护等。

计量单位：10m^3

定额编号					AE0001	AE0002	AE0003	AE0004
项目名称					楼地面垫层		基础垫层	
					自拌砼	商品砼	自拌砼	商品砼
费用	综合单价（元）				3771.49	3170.38	3884.00	3280.98
	其中	人工费（元）			807.30	305.90	884.35	382.95
		材料费（元）			2375.15	2746.65	2380.93	2750.52
		施工机具使用费（元）			200.74	—	200.74	—
		企业管理费（元）			242.94	73.72	261.51	92.29
		利润（元）			130.24	39.52	140.19	49.48
		一般风险费（元）			15.12	4.59	16.28	5.74
	编码	名称	单位	单价（元）	消耗量			
人工	000300080	混凝土综合工	工日	115.00	7.020	2.660	7.690	3.330
材料	800206020	砼C20（塑、特、碎5~31.5，坍10~30）	m^3	229.88	10.100	—	10.100	—
	840201140	商品砼	m^3	266.99	—	10.150	—	10.150
	341100100	水	m^3	4.42	7.330	3.560	8.150	3.950
	341100400	电	kW·h	0.70	2.310	2.310	2.310	2.310
	002000010	其他材料费	元	—	19.35	19.35	21.50	21.50
机械	990602020	双锥反转出料混凝土搅拌机350L	台班	226.31	0.887	—	0.887	—

图 1-17

3. 工程单位

定额中针对不同单位，有不同小数位数的规定，主要有物理计量单位和自然计量单位。

“以体积计算”的工程量以“m^3”为计量单位，工程量保留小数点后两位数字。

“以面积计算”的工程量以“m^2”为计量单位，工程量保留小数点后两位数字。

“以长度计算”的工程量以“m”为计量单位，工程量保留小数点后两位数字。

“以质量计算”的工程量以“t”为计量单位，工程量保留小数点后三位数字。

“以数量计算”的工程量以“台、块、个、套、件、根、组、系统”等为计量单位，工程量应取整数。

4. 定额基价

定额中给出的原始价格，即消耗量保持不变，单价未进行调整的价格，实际定额单价应该为根据市场行情实际调整的人材机单价，并根据规定进行定额含量的换算，以此得到新的定额单价。

5. 人工工日消耗量及单价

预算定额人工消耗量 = 基本用工 + 超运距用工 + 辅助用工 + 人工幅度差用工。其单价根据省或直辖市发布的人工工资指导价格执行。

6. 材料消耗量及单价

1）主要材料是指直接构成工程实体的材料。

2）辅助材料即除主要材料以外的其他材料。

3）周转性材料是指脚手架、模板等多次周转使用的不构成工程实体的摊销性材料。

4）其他材料是指用量较少、难以计量的零星用量。

其中普通材料按照净用量加损耗量计算，而措施项目按照摊销量计算。材料价格按照从来源地到达施工工地仓库后出库的综合平均价格，包括材料原价、包装费、运输费、采购及保管费等。

7. 机械台班使用量及相应的定额单价

对于一般机械及大型机械，按照机械台班计算工程量即可。其单价包括折旧费、大修理费、经常修理费、安拆费及场外运费、人工费、燃料动力费、养路费、车船使用税等。其价格按照实际材料价格计入即可。

1.2.3 定额的编制及检索顺序

定额的编制顺序

全统定额作为各地区定额的编制依据，各地区有着类似的编制顺序，一般按照建筑工程施工顺序进行编制列项（图 1-18）。按照册（土建与装饰、安装）、章（土方、地基处理）、节（平整场地、一般土方）、项目（平整场地土方、平整场地机械）进行划分。

1）按施工难度划分：挖一般土方、挖淤泥土方等。

2）按材料划分：预制混凝土、现浇混凝土等。

3）按工作高度划分：脚手架、垂直运输等。

北京市建设工程预算定额(2012)
混凝土垫层
建筑工程
第一章 土石方工程
第二章 地基处理与边坡支护工程
第三章 桩基工程
第四章 砌筑工程
第一节 砖砌体
第二节 砌块砌体
第三节 石砌体
第四节 垫层
第五章 混凝土及钢筋混凝土工程
第六章 金属结构工程
第七章 木结构工程
第八章 门窗工程
第九章 屋面及防水工程
第十章 保温、隔热、防腐工程
第十六章 工程水电费
第十七章 措施项目
装饰工程
装配式房屋建筑2017
仿古建筑
机械设备安装工程
热力设备安装工程
静置设备与工艺金属结构制作安装工程
电气设备安装工程
建筑智能化工程
自动化控制仪表安装工程

	编码	名称	单位	单价
1	4-1	砖砌体 基础	m3	573.32
2	4-2	砖砌体 外墙	m3	594.96
3	4-3	砖砌体 内墙	m3	555.05
4	4-4	砖砌体 1/4贴砌墙	m3	768.6
5	4-5	砖砌体 1/2贴砌墙	m3	643.41
6	4-6	砖砌体 女儿墙	m3	567.09
7	4-7	砖砌体 弧形墙增加费	m3	32.84
8	4-8	砖砌体 围墙	m3	599.1
9	4-9	砖砌体 空花墙	m3	453.7
10	4-10	砖砌体 地沟、明沟	m3	536.87
11	4-11	砖砌体 坡道	m3	525.08
12	4-12	砖砌体 散水、地坪(平铺)	m2	31.66
13	4-13	砖砌体 砖柱 方形	m3	608.44
14	4-14	砖砌体 砖柱 圆形、多边形	m3	718.05
15	4-15	砖砌体 零星砌砖	m3	631.63
16	4-16	砖砌体 DM多孔砖墙 厚度90mm	m3	544.44
17	4-17	砖砌体 DM多孔砖墙 厚度140mm	m3	493.83
18	4-18	砖砌体 DM多孔砖墙 厚度190mm	m3	468.11
19	4-19	砖砌体 DM多孔砖墙 厚度240mm	m3	437.86
20	4-20	砖砌体 DM多孔砖墙 厚度290mm	m3	496.53
21	4-21	砖砌体 DM多孔砖墙 厚度340mm	m3	466.12
22	4-22	砖砌体 DM多孔砖 围墙	m3	478.33
23	4-23	砖砌体 DM多孔砖 弧形墙增加费	m3	31.68
24	4-24	砖砌体 KP1多孔砖 外墙 厚度240mm	m3	533.61
25	4-25	砖砌体 KP1多孔砖 外墙 厚度365mm	m3	526.29

图 1-18

1.2.4 定额的其他必知项

1）各地区定额基础价格差异主要由所在地区的水文气象、地质条件、经济水平、周边环境、配套设施、施工水平及做法、施工措施及材料采购运输难度决定，对比不同地区定额基础价格水平可以从以上各个维度进行分析。

2）建筑工程预算定额及房屋修缮工程预算定额的使用划分：新建和扩建的单位工程采用建筑工程预算定额，建筑面积在 300㎡以下的改建工程（既有拆除工程，又有新建工程）使用房屋修缮工程预算定额。

3）周转性材料在消耗定额中，以材料一次使用量表示。

4）企业管理费中的检验试验费不包括新结构、新材料的试验费，对此类检测发生的费用，由建设单位承担，在工程建设其他费用中列支。

5）管理费和利润应列入分部分项工程和措施项目中。

6）其他项目费中的材料暂估价在清单综合单价中考虑，不计入暂估价汇总。暂列金额不宜超过分部分项工程费的10%。

7）其他项目费的计日工是指施工图纸以外的零星项目或工作所需的费用。

1.3 后定额时代，造价人如何乘风破浪

2020年7月24日住建部发布《关于印发工程造价改革工作方案的通知》（建办标〔2020〕38号），文件中指出了逐步停止发布定额，推行市场化的计价模式，文件发布的同时行业里也出现了一部分定额体系唱衰者，认为后续定额直接取消，计价时完全市场化不用再套定额。那么定额到底会不会消失，未来造价人员应该如何做好计价，市场化的改革应该从哪个角度进行推进，本节将从以下几个维度分析未来定额会不会取消，后定额时代造价人应该如何做好企业定额。

1.3.1 定额存在意义

从定额的发展历史来看，定额体系的形成并不是一蹴而就，而是经历成百上千年的历史沉淀积累出来的，从《营造法式》到近现代定额，每一次的迭代和更新都代表了一个新时代的计量和计价模式的出现，2020年7月24日住建部发布的造价改革文件也像是造价新时代的风向标，告诉造价人未来的发展方向。

随着我国全球化开放程度越来越高，未来将会有越来越多的外资企业的优质资源涌入国内市场。以造价咨询管理公司为例，这些公司更像早期的会计师事务所，一批全球事务所的涌入，给国内事务所带来了冲击和洗牌，老牌事务所在洗牌中被取代，新型的事务所像雨后春笋拔地而起，给市场注入了新的活力和生机。同样，造价咨询管理公司也将像早期的会计师事务所，要抵挡住大量国外企业和资本涌入的浪潮，所以这次的改革是造价咨询向国际化提前转型的提前布局，是让造价行业跳出固定思维的一次全新提升。

1.3.2 各方对传统定额的依赖程度及破局方式

1. 业主单位

有人说业主单位在定额依赖上并不是很强，但其实不然，虽然业主单位不直接使用定

额，但企业的目标成本则来源于多个项目经验的积累，而各类项目的数据积累的底层逻辑又是定额数据搭建。

当下很多地产公司仍在“快周转”的情况下，忽视了企业定额和历史数据积累的重要性，匆匆忙忙地招标、清标、评标、定标、签合同、做结算，似乎跑赢时间才是解决问题的一切根本，抓着咨询公司不分昼夜地疯狂催促。这样也便导致了业主单位几乎没有时间去分析项目实际成本，而以定额体系搭建了冠冕堂皇的企业“目标成本”，地产公司在市场价格的掌握上本身就被动，其他人可以通过询价掌握自己的价格渠道，但施工单位的价格渠道业主单位是不能掌握的。当定额逐步取消后，业主单位的弱点就大幅暴露出来，没有自己的企业数据库，不能掌握企业实际发生成本，到最后只能被投标方牵着鼻子走。

所以业主单位最后一定是委托有经验的咨询人协助编制企业定额，以“你做事，我出钱”的原则，帮助企业实现合理目标成本的把控。所以，未来市场的发展，谁能拔得企业定额的头筹，谁就能占据未来市场的绝大部分份额，而此时可以将“企业定额”定义为“商业定额”，它不仅仅是一种应用型企业定额，而是搭建一种可以以售卖形式出现的商业定额模块。

2. 咨询公司

目前国内咨询公司普遍存在一种现象，就是高度依赖定额计价，或者说高度依赖以广联达为主的计量计价软件，造价员似乎变成了软件使用的工具人，利用加班加点，快速计量和计价以赚取更多的提成和效益。当定额逐步取消，对于这一批“赚快钱”的人和公司来说是很大的打击，目前市场上绝大部分的造价咨询公司都是这种模式，只有小部分企业一直探索企业定额大数据库，但也只是在探索阶段，尚未成形。

所以造价人想要破局，就要“转型、建库、全过程”。以新咨询作为起点，搭建企业定额及数据库，做全过程工程咨询。而且咨询企业搭建数据库有一个得天独厚的优势，就是预算人员精准且扎堆，数据互通且极其丰富，这也是后续搭建“商业定额”的重要基础。

3. 施工企业

施工企业对定额依赖程度也很高，而且它是用来衡量自己投标报价中标率和让利水平的一个重要参考依据。现在市场行情极其透明，施工企业为了保证自己的利润，只有通过压低分包价格，争取更多的索赔进而取得更多的利润。如果定额取消了，施工企业在投标报价时，需要分析自己的实际成本和既定利润，同时去猜测业主的价格组成和标底价格，如果投标报价不准、现场管理水平差，极容易赚不到钱，甚至直接中不了标。

施工单位的预算人员需要结合企业自身能力、施工水平、劳务分包队伍和机械装备能力，编制自身的企业定额，以应对未来定额之变局，但汇编定额工作量巨大，需要多次进入现场进行人工分析和用量损耗、机械折旧计算等，这需要施工企业组建一支专业小组，以现行消耗量定额为基础进行详细计算，用专业的人做专业的事。

1.3.3 后定额时代企业（商业）定额的搭建思路

在搭建初期还是要以统一消耗量定额为基准，毕竟统一消耗量定额是久经考验并适应市场的。在编制时，对于与自身人材机消耗量水平不同的地方要进行调整，对地区性质、水文条件不同的地方要进行优化，根据西南、华南、华北等几个地区图集划分工艺消耗量，对地区采购材料差异进行区别定义。

企业（商业）定额新思路为“一中心，多触点”，中心是指基础性企业定额，而多触点是指根据区域情况对局部进行系数调整的差异性定额，未来将企业（商业）定额板块拓展放大，以交易模块的形式存在，无疑也是非常具有潜力的。

1.3.4 造价人如何乘风破浪

1. 借力打力

定额逐步取消后，以广联达为主的软件公司会大举进军企业定额的软件开发和配套服务的升级。作为造价人要学会借力打力，使用适配软件，整合自身数据积累，形成自己的私人定制定额，以商业私人定制定额为载体，进行企业升级。同时积极参与到以广联达软件公司、青矩等造价咨询公司等头部企业的生态中，积极转型为全过程工程咨询。

2. 完善造价思路

不要固执地认为造价就是画图算量，要以开阔的思维拥抱新的造价市场，不仅要熟悉计价模式、统筹管理、核心把控，还要懂合同、懂法律，提升咨询单位人员的造价争议评审能力，以统筹的思维抓项目的投资管控的核心内容。

3. 职业采购人心态

采购不仅包括材料采购，还包括劳务、设备、服务采购，造价人要有敏感的价格指数数据，了解建材市场行情、人工浮动指数、设备参考价格等，同时充分了解市场人工费倒挂的负面情绪等，以职业采购人心态进入到造价工作中。

4. 国际水平咨询和咨询公司

随着中国企业大步迈向国外市场，作为造价人要积极拥抱市场改变，以全球化视野来提升自己，做好测量师认定，为自己的未来做更多的储能。

Chapter 2

第2章 定额之庖丁解牛

“想要了解定额，就要走进定额”，我们日常工作中习惯用定性思维去套定额，比如看到了一项工作内容，直接打开定额本进行检索，按照名字直接使用，却没有真正地去分析这项定额里面包括了哪些内容、人材机消耗量怎么样，在遇到定额本中没有的子目的时候，便完全不会使用定额。本章从定额的最细的颗粒度出发，通过分析人材机消耗量的来源和价格组成，帮助大家深入地学习和理解定额。

2.1 劳动（人工）定额的高阶使用

当我们打开定额本，发现同一类目定额因材质、规格尺寸、高度、难度系数等不同，会划分不同的定额基础价和对应的消耗量，那么这些消耗量都是从哪里来的，又应该如何正确选用，下面以《建设工程劳动定额》建筑工程-砌筑工程（LD/T 72.4—2008）为例，以庖丁解牛之势，分析定额人工消耗量的产生。

2.1.1 砌体工程人工消耗量构成

1. 使用单位

劳动消耗量均以“时间定额”表示，以“工日”为单位，每一工日按8h计算。

2. 定额工日内容

定额时间是由完成生产工作的作业时间、作业宽放时间、个人休息宽放时间以及必须分摊的准备与结束时间等部分组成。即预算定额人工消耗量 = 基本用工 + 超运距用工 + 辅助用工 + 人工幅度差用工。

3. 定额工日解读

表2-1中以产量和时间定额为例，施工 $1m^3$ 的1砖厚的带形基础，综合工日为0.937个工日。每一工日按8h计算，即砌筑 $1m^3$ 带形基础要用 $0.937\times8=7.496$（小时）。

表2-1　产量和时间定额　（单位：m^3）

定额编号	AD0001	AD0002	AD0003	AD0004	AD0005	序号
项目	带形基础			圆、弧形基础		
	厚度					
	1砖	3/2砖	2砖、>2砖	1砖	>1砖	
综合	0.937	0.905	0.876	1.080	1.040	一
砌砖	0.39	0.354	0.325	0.470	0.425	二
运输	0.449	0.449	0.449	0.500	0.500	三
调制砂浆	0.098	0.102	0.102	0.110	0.114	四

注：1. 墙基无大放脚者，其砌砖部分执行混水墙相应定额。

2. 带形基础亦称条形基础。

2.1.2 人工消耗量的庖丁解牛

1. 定额编号

1）第一位码用英文大写字母标识，代表专业：A——建筑工程，B——装饰工程，C——安装工程，D——市政工程，E——园林绿化工程。

2）第二位码用英文大写字母标识，代表分册的顺序，如建筑工程中的第四分册“砌筑工程”为D，以此类推。

3）第三至六位码用阿拉伯数字标识，是顺序码。

例如：定额项目“带形基础 AD0001”定额编号的第一位大写英文字母代表建筑工程，第二位大写英文字母代表建筑工程专业第四分册砌筑工程，“0001”是其顺序码。

2. 规格厚度对照表（可参考表2-2）

表2-2 规格厚度对照表

砖规格/mm 240×115×53	1/4砖	1/2砖	3/4砖	1砖	3/2砖	2砖	5/2砖	3砖	7/2砖
墙厚/mm	53	115	180	240	365	490	615	740	865

注：墙体材料规格如下所示。

页岩砖：240mm×115mm×53mm

多孔砖：240mm×115mm×90mm（KP2）

240mm×190mm×90mm（DM2）

空心砖：240mm×180mm×115mm

砌体：390mm×190mm×190mm（加气混凝土砌块、混凝土空心砌块、陶粒混凝土砌块）

条石：1000mm×300mm×300mm或1000mm×250mm×250mm（毛条石、青条石）

3. 人工基础消耗量测算

上述人工定额因为工作内容不同，人工消耗量不同，那人工消耗量是如何测算出来的，都包括哪些内容，见如下公式。

基础人工消耗量所包括的内容：基本用工+超运距用工+辅助用工+人工幅度差用工。

【案例】老李是一名砌筑工，今天的作业内容是做砌体基础施工，任务量是1砖厚的砖基础10m³，现场因为特殊原因需要自行调配砂浆，请问如果按照定额老李需要多少天完成？如果按照实际计算老李应该多少天完成？

（1）基本用工

1）完成单位产品必须消耗的技术工种用工：如完成1m³的1砖厚的带形基础所需要的

人工是 0.937；完成 1m³ 的 2 砖厚的带形基础所需要的人工是 0.876。

老李的基础用工量：根据人工消耗量定额进行测算，10m³、1 砖厚的带形基础用工量为 10×0.937=9.37（工日）。

2）按照劳动定额规定需要增加的用工量：如砖基础需要人力调配砂浆时，需要每 m³ 增加 0.036 个工日。

老李的人工增量部分为：10×0.036=0.36（工日）。

综上：老李完成 10m³ 的砖基础的基本用工应该为 9.37+0.36=9.73（工日）。

（2）其他用工

1）超运距用工：指预算定额中材料或半成品的运输距离，超过劳动定额基本用工中规定的距离所增加的用工。

$$超运距用工=\sum超运距材料的数量\times相应时间定额$$

$$超运距=预算定额综合取定运距-劳动定额已包括的运距$$

定额综合工日中所含基本运距及超运距见表 2-3。

表 2-3 定额综合工日中所含基本运距及超运距

序号	材料名称	起止地点	取定超运距/m	劳动定额中包括的基本运距/m
1	水泥	仓库—搅拌处	0	100
2	砂	集中堆放—搅拌处	50	50
3	碎（砾）石	集中堆放—搅拌处	50	50
4	毛石（整石）	集中堆放—使用	50	50
5	红砖（瓦）	集中堆放—使用	100	50
6	砂浆	搅拌—使用	100	50
7	各类砌体	集中堆放—使用	100	50
8	组合钢模板	集中堆放点—安装点	140	30
9	木模板	集中堆放点—制作点	20	30
		制作点—堆放点	20	30
		堆放点—安装点	140	30
		拆除点—堆放点	40	30
10	钢筋	取料—加工	50	30
		制作—堆放	50	30
		堆放—安装	现场：100	0
			预制：150	0
11	混凝土	搅拌点—浇灌点	100	100
12	铁件	堆放—使用	100	0
13	钢门窗	制作—安装	100	50
14	木门窗	制作—堆放	20	30
		堆放—安装	170	0

（续）

序号	材料名称	起止地点	取定超运距/m	劳动定额中包括的基本运距/m
15	框架、檩木	堆放—制作	50	0
		堆放—安装	150	0
16	玻璃	制作—安装	100	50
17	白石子（石屑）	堆放—搅拌—使用	150	50
18	各种瓷砖	堆放—使用	50	50
19	石灰、炉渣	堆放—搅拌—使用	50	50
20	卷材	仓库—使用	100	100
21	沥青胶	堆放—熬制—操作	100	100
22	钢材	堆放—制作	100	50

2）辅助用工：指技术工种劳动定额内不包括、而又必须考虑的用工。例如，机械土方工程配合用工，电焊着火用工，材料加工（筛砂、洗石、淋化灰膏等）。

（3）人工幅度差　在劳动定额中未包括、而在正常施工情况下不可避免但又很难准确计量的用工和各种工时损失。幅度差系数一般为10%～15%。

1）各工种工序搭接及交叉作业等发生的停歇用工。

2）施工机械在单位工程之间转移及临时水电线路移动所造成的停工。

3）质量检查和隐蔽工程验收工作的影响。

4）班组操作地点转移用工。

5）工序交接时对前工序不可避免的修整用工。

6）施工中不可避免的其他零星用工。

老李完成10m^3的砖基础的基本用工应该为9.37+0.36=9.73个工日，考虑人工幅度差10%，老李完成砖基础的最终用工应为9.73×1.1=10.703（工日）。

（4）“人工市场单价和定额单价存在差异”的真实原因　大家常说，当地造价信息发布的信息价只有120元/工日，而实际支付给农民工的要达到400～450元/工日，是否存在人工费严重倒挂，现在我们从以下角度去剖析这个问题。

还是按照老李的一天继续分析：老李完成10m^3砖基础需要10.703个工日，按照定额单价应该为10.703×120=1284.26元/10m^3，即128.4元/m^3。但这里需要注意的是，此时工日为工作8小时的定额工日。而老李真实情况为：早上7点开始上工，晚上6点下工，算上休息时间一天工作10个小时；老李现场砌筑一天实际能完成3m^3，而按照定额老李一天完成1.0703m^3砌筑工作，则有

按照8小时实际工作功效计算：3/1.0703×128.4=359.9，即359.9元/m^3

按照10小时实际工作考虑的日单价：359.9×10/8=449.87元/天

综上，根据老李的实际工作情况，通过测算得到老李的日工资为449.87元，和实际市

场劳务分包价格相符，即人工市场单价和定额单价并不存在太大的差异，只是因为我们惯用的定额思维和实际工日思维无法保持联系与对应，才导致出现认为人工费倒挂的情况。

2.1.3 人工价格

1. 人工费用组成

（1）基本工资　发放的基本工资。含岗位工资、技能工资、工龄工资。

（2）工资性津贴　按规定发放的各种补贴、津贴。

（3）辅助工资　正常工作时间以外的工资。如学习、调动、探亲、休假、病、丧、婚、产假及其他时间的工资。

（4）工资附加费（福利费）

（5）劳动保护费

2. 实际市场人工费用情况

一般市场人工分为点工和包工，点工是以时间来计算工资，每工作一天计算一天的费用，不工作则没有工资。包工，也叫包清工，承包商给其分配相应的工作，只要完成这些工作就给钱，不会计算你工作的时间，一般包工的工人的积极性要大于点工。

以下通过市场询价，总结了当前市场的人工价格，见表2-4。

表2-4　当前市场的人工价格

序号	工种	月工资	日工资	包工	工作量标准
1	建筑、装饰工程普工	按出勤天数计算	380（小工260）		
2	木工（模板工）	按出勤天数计算	450	包工1100/天	25～30m²/天，接触面积
3	钢筋工	按出勤天数计算	350	包工650/天	1.2～1.8t/天，30m²/天
4	混凝土工	按出勤天数计算	280（小工240）		25～28m³/天
5	架子工	按出勤天数计算	400		内架80m²/d
6	砌筑工（砖瓦工）	按出勤天数计算	400	（包工 大砖150/m³ 小砖170m³）	3.5m³/d
7	抹灰工（一般抹灰）	按出勤天数计算	350		45m²/d
8	抹灰、镶贴工	按出勤天数计算	300～600		卫生间墙砖12～15m²/d 地面大面35～40m²/d
9	装饰木工	按出勤天数计算	500		
10	防水工	按出勤天数计算	300		
11	油漆工	按出勤天数计算	360		
12	管工	按出勤天数计算	450		

（续）

序号	工种	月工资	日工资	包工	工作量标准
13	电工	按出勤天数计算	280～320		
14	通风工	按出勤天数计算	350		
15	电焊工	按出勤天数计算	500		
16	起重工	8000～10000	视情况而定		
17	玻璃工	8000～10000	视情况而定		
18	金属制品安装工	8000～10000	视情况而定		

3. 人工信息价

政府造价主管部门根据各类典型工程材料用量和社会供货量，通过市场调研经过加权平均计算得到的平均价格，属于社会平均价格，并且是对外公布的价格。因此，人工信息价一般可看作是预算价格。

图 2-1 引用自苏建函价［2022］62 号文，信息价的发布一般由省建设厅或市造价站发布，可以通过官网动态关注当地的人工信息指导价格。

附件

江苏省建设工程人工工资指导价

单位：元/工日

<table>
<tr><th rowspan="2">序号</th><th rowspan="2">地区</th><th rowspan="2" colspan="2">工种</th><th rowspan="2">建筑工程</th><th rowspan="2">装饰工程</th><th rowspan="2">安装、市政工程</th><th rowspan="2">修缮加固工程</th><th rowspan="2">城市轨道交通工程</th><th colspan="3">古建园林工程</th><th rowspan="2">机械台班</th><th rowspan="2">点工</th></tr>
<tr><th>第一册</th><th>第二册</th><th>第三册</th></tr>
<tr><td rowspan="4">1</td><td rowspan="4">南京市</td><td rowspan="3">包工包料工程</td><td>一类工</td><td>121</td><td rowspan="3">121-158</td><td>109</td><td rowspan="3">108</td><td rowspan="3">117</td><td rowspan="3">104</td><td rowspan="3">120</td><td rowspan="3">101</td><td rowspan="3">117</td><td rowspan="3">133</td></tr>
<tr><td>二类工</td><td>117</td><td>104</td></tr>
<tr><td>三类工</td><td>108</td><td>99</td></tr>
<tr><td colspan="2">包工不包料工程</td><td>154</td><td>158-189</td><td>139</td><td>147</td><td>154</td><td>143</td><td>157</td><td>143</td><td>/</td><td>/</td></tr>
<tr><td rowspan="4">2</td><td rowspan="4">无锡市</td><td rowspan="3">包工包料工程</td><td>一类工</td><td>121</td><td rowspan="3">121-158</td><td>109</td><td rowspan="3">108</td><td rowspan="3">117</td><td rowspan="3">104</td><td rowspan="3">120</td><td rowspan="3">101</td><td rowspan="3">117</td><td rowspan="3">133</td></tr>
<tr><td>二类工</td><td>117</td><td>104</td></tr>
<tr><td>三类工</td><td>108</td><td>99</td></tr>
<tr><td colspan="2">包工不包料工程</td><td>154</td><td>158-189</td><td>139</td><td>147</td><td>154</td><td>143</td><td>157</td><td>143</td><td>/</td><td>/</td></tr>
<tr><td rowspan="4">3</td><td rowspan="4">徐州市</td><td rowspan="3">包工包料工程</td><td>一类工</td><td>120</td><td rowspan="3">119-155</td><td>108</td><td rowspan="3">105</td><td rowspan="3">115</td><td rowspan="3">103</td><td rowspan="3">119</td><td rowspan="3">99</td><td rowspan="3">117</td><td rowspan="3">128</td></tr>
<tr><td>二类工</td><td>115</td><td>103</td></tr>
<tr><td>三类工</td><td>105</td><td>97</td></tr>
<tr><td colspan="2">包工不包料工程</td><td>153</td><td>155-187</td><td>138</td><td>143</td><td>153</td><td>140</td><td>154</td><td>141</td><td>/</td><td>/</td></tr>
</table>

— 2 —

图 2-1

2.2 全统消耗量定额下的（材料）消耗量测算秩序

每个省市都有大量类似的定额以及类似或相同的定额消耗量，为什么那么多省市部分定额消耗量能达到高度统一，这些消耗量的测算基础又来自哪里，是如何测算出来的，未来编制企业定额的审核能不能复用，下面就来给大家一点点揭秘。

在2015年前发布的定额，定额编制的参考依据一般来自“95全统消耗量定额”，而2015年发布了最新的全统消耗量定额，后续各省市所发布的定额均是参考“15全统消耗量定额”进行编制，这才有了地区定额的高度统一。

依然以砖基础为例，进行材料的测算，“15全统消耗量定额”砖基础消耗量标准见图2-2。由图2-2可见，人工费和上节进行测算的一致，本节主要看一下材料的测算。

1. 砖基础

工作内容：清理基槽坑，调、运、铺砂浆，运、砌砖。　　计量单位：10m³

定额编号				4-1
项目				砖基础
名称			单位	消耗量
人工	合计工日		工日	9.834
	其中	普工	工日	2.309
		一般技工	工日	6.450
		高级技工	工日	1.075
材料	烧结煤矸石普通砖 240×115×53		千块	5.262
	干混砌筑砂浆 DM M10		m³	2.399
	水		m³	1.050
机械	干混砂浆罐式搅拌机		台班	0.240

图 2-2

2.2.1 全统消耗量使用解读

（1）工作内容　本定额包括的工作内容所消耗的人材机标准，当实际工作内容和定额包括的工作内容不符时，建议大家按实际进行调整。砖砌体的工作内容包括清理基槽坑，调、运、铺砂浆，运、砌砖等。

（2）计量单位　$10m^3$。

（3）材料　烧结煤矸石标准砖 5262 块（240mm × 115mm × 53mm），即 $1m^3$ 用砖量为 526.2 块；干混砌筑砂浆 DM M10 $2.399m^3$，即 $1m^3$ 用砂浆量为 $0.2399m^3$；用水 $1.050m^3$，即 $1m^3$ 用水 $0.105m^3$。

2.2.2　材料消耗量的测算

1. 本定额中的材料

包括施工中消耗的主要材料、辅助材料、周转材料和其他材料。

（1）主要材料　直接构成工程实体的材料，其中也包括成品、半成品的材料。

（2）辅助材料　构成工程实体除主要材料以外的其他材料。如垫木钉子、铅丝等。

（3）周转性材料　脚手架、模板等多次周转使用的不构成工程实体的摊销性材料。

（4）其他材料　用量较少、难以计量的零星用量。如棉纱、编号用的油漆等。

2. 主要材料消耗量

按照净用量加损耗量计算，施工措施消耗量按照摊销量计算。主要材料消耗指标的计算按照如下公式：

$$主要材料消耗量 = 材料净用量 + 损耗量 = 净用量 \times (1 + 损耗率)$$

$$材料损耗率 = 损耗量/净用量 \times 100\%$$

（1）净用量计算　标准砖净用量 = 2 × 砌体厚度砖数/[砌体厚 ×(标准砖长 + 灰缝厚) ×(标准砖厚 + 灰缝厚)]

半砖墙 0.115m，一砖半墙 0.365m，两砖墙 0.49m，三砖墙 0.74m。

灰缝厚取 0.01m（砖的灰缝厚度在 8～12mm，取中间值）。

【案例】3 砖厚的砖实际用量计算：

$$2 \times 3/[0.74 \times (0.24 + 0.01) \times (0.053 + 0.01)] = 515 \text{（块）}$$

$$砂浆净用量 B = 1 - 0.24 \times 0.115 \times 0.053 \times 515 = 0.247 \ (m^3)$$

（2）损耗量计算　砖的损耗率按《全国统一建筑工程基础定额编制说明书（土建工程）》规定：实砖墙损耗率 2%，砂浆的损耗率约为 1%。

三砖墙实际用量：$515 \times (1 + 0.02) = 525$（块）

砂浆实际用量：$0.247 \times (1 + 0.01) = 0.249\ (m^3)$

综上测算，理论用量 525 以及砂浆理论用量和定额消耗量测算基本一致。

3. 周转材料主要用量

周转材料的消耗定额应该按照多次使用、分次摊销的方法确定。摊销量是指周转材料使用一次在单位产品上的消耗量，即应分摊到每一单位分项工程或结构构件上的周转材料消耗量。

周转性材料消耗定额一般与下面四个因素有关。

（1）一次使用量　第一次投入使用时的材料数量，根据构件施工图与施工验收规定计算。一次使用量供建设单位和施工单位申请备料和编制施工作业计划使用。

（2）损耗率　在第二次和以后各次周转中，每周转一次因损坏不能复用，必须另作补充的数量占一次使用量的百分比，又称平均每次周转补损率。用统计法和观测法来确定。

（3）周转次数　按施工情况和过去经验确定。

（4）回收量　平均每周转一次可以回收材料的数量，这部分数量应从摊销量中扣除。

【案例】

现浇混凝土构件木模板摊销量计算公式

1）一次使用量计算：按混凝土与模板的接触面积计算模板工程量。

一次使用量 = 每 m^3 混凝土构件的模板接触面积 × 每 m^2 接触面积所需模板量

2）周转使用量：平均每周转一次的模板材料用量。

施工是分阶段进行，模板也是多次周转使用的，要按照模板的周转次数和每次周转所发生的损耗量等因素，计算生产一定计量单位混凝土工程的模板周转使用量。

周转使用量 = [一次使用量 + 一次使用量 ×（周转次数 − 1）× 损耗率]/周转次数

= 一次使用量 ×[1 +（周转次数 − 1）× 损耗率]/周转次数

3）模板回收量和回收折价率：周转材料在最后一次使用完了，还可以回收一部分，这部分称回收量。但是，这种残余材料由于是同时周转材料经过多次使用的旧材料，其价值低于原来的价值，因此，还需规定一个折价率。过程中施工单位均要投入人力、物力、组织和管理补修工作，须额外支付管理费。为了补偿此项费用和简化计算，一般采用减少回收量、增加摊销量的做法。

回收量 = 一次使用量 −（一次使用量 × 损耗率）/周转次数

= 一次使用量 ×（1 − 损耗率）/周转次数

= 周转使用最终回收量/周转次数

回收系数 = 回收折价率（常为50%）/（1 + 间接费率）

4）摊销量计算：摊销量 = 周转使用量 − 回收量 × 回收系数

【案例】根据选定的某工程混凝土独立基础的施工图计算，每 m^3 独立基础模板接触面积为2.1m^2，根据计算每 m^2 模板接触面积需用板枋材0.083m^3，模板周转6次，每次周转损耗率16.6%。试计算混凝土独立基础的模板周转使用量、回收量、定额摊销量。

$$一次使用量 = 2.1 \times 0.083 = 0.1743m^3$$

$$周转使用量 = [0.1743 + 0.1743 \times (6-1) \times 16.6\%]/6 = 0.053m^3$$

$$回收量 = (0.1743 - 0.1743 \times 16.6\%)/6 = 0.024m^3$$

$$摊销量 = (0.053 - 0.024) \times 50\% \div (1 + 18.2\%) = 0.012m^3$$

2.2.3 材料单价测算

1. 材料价格

指材料（包括构件、成品、半成品）由其来源地或交货地到达工地仓库存放后的综合平均出库价格。

2. 价格组成

（1）材料原价　材料的出厂价格，进口材料抵岸价或销售部门的批发牌价和零售价。各不同供应地点的加权平均原价。

（2）供销部门手续费　需通过物资部门供应而发生的经营管理费用。

（3）包装费　为了便于材料运输和保护材料进行包装发生和需要的一切费用。

（4）运杂费　材料由采购地点或发货点至施工现场的仓库或工地存放地点，含外埠中转运输过程中所发生的一切费用和过境过桥费用。

（5）采购及保管费　材料供应部门（包括工地仓库及其以上各级材料主管部门）在组织采购、供应和保管材料过程中所需的各项费用。

材料预算价格 = 材料原价(供应价) + 供销部门手续费 + 运输费(外埠运输费、本埠运输费) + 运输损耗费 + 采购费 + 保管费 - 包装回收价值 + 材料检验试验费

= (供应价 + 包装费 + 运输费 + 运输损耗费) × (1 + 采购保管费率) - 包装回收价值 + 材料检验试验费

3. 造价人应重点关注的材料价格信息点

（1）材料价格　应包含运输费以及采购保管费，这两项是容易出现问题的部分。采购保管费 = （原价 + 供销部门手续费 + 包装费 + 运杂费）×采购保管费率。

保管费率要根据地区不同以及合同的特殊规定进行记取大致为2.5%左右（其中采购费为1%，保管费为1.5%）。尤其是甲方自行购买材料，需要施工单位进行存储保管，此时可以在材料费的基础上记取1.5%的保管费。

（2）材料信息价　部分省市关于信息价的定义和所包含内容：主要材料信息价是使用国有资金投资的房屋建筑及市政基础设施工程在编制最高投标限价（招标控制价、招标标底）时的依据，可供施工单位投标和有关单位办理工程结算时参考，是衡量投标报价材料价格合理性的基础，是中标工程材料价格风险调整的基准价格。

材料信息价包含材料原价、运杂费、运输损耗费、采购及保管费等运至施工现场仓库的全部费用（不含税）。

（3）营改增后　一般计税模式下，计入当地计价软件或计入清单材料费用中的材料价

格是除税价（河北、陕西除外），以除税价之后统一记取9%的工程税。

2.3 （机械）台班定额及仪器仪表定额的消耗量来源

机械台班定额一直作为存在感很低的定额类目存在，它不像劳动定额和材料定额占有率那么高，一般情况下机械台班定额只占5%～10%。机械台班定额类目很多，要进行有效划分，主要分为以下12类：土石方及筑路机械、桩工机械、起重机械、水平运输机械、垂直运输机械、混凝土及砂浆机械、加工机械、泵类机械、焊接机械、动力机械、地下工程机械、其他机械。

在定额使用中，可以将以上12类机械按照三类情况进行考虑：第一类是一般机械如土石方、混凝土机械等；第二类是全场使用的大型机械，如垂直运输机械等；第三类是小型机械如焊接机械等。前两种按照正常台班计算工程量，而零星小型机械占总消耗的比重不大，按劳动定额小组成员计算出机械台班使用量，以“机械费”或“其他机械费”表示，不列台班数量。

同时要注意的是，在全统机械台班消耗量定额中所示“单位价值2000元以内、使用年限在一年以内的不构成固定资产的施工机械，不列入机械台班消耗量，作为工具用具在建筑安装工程费中的企业管理费考虑，其消耗的燃料动力等列入材料”，此时也要引起注意。

2.3.1 机械台班消耗量组成

1. 使用单位

机械台班消耗量均以“时间定额”表示，以“台班”为单位，每一台班按8h计算。

2. 机械台班费用组成

台班单价 = 折旧费 + 检修费 + 维护费 + 安拆费及场外运费 + 人工费 + 燃料动力费 + 其他费

机械台班定额以干混砂浆罐式搅拌机为例（图2-3），完成1个台班即8个小时工作，台班单价为222.35元，其中折旧费26.82元，检修费4.42元，维护费8.62元，安拆费及场外运费10.62元，人工费143.93元，燃料及动力费27.94元。因机械台班费用计算烦琐，且在定额比重中所占比例不大，且多为不可调整的固定项，故在此不做展开叙述。

编码	机械名称	性能规格		台班单价	费用组成							人工及燃料动力用量						
					折旧费	检修费	维护费	安拆费及场外运费	人工费	燃料动力费	其他费	人工	汽油	柴油	电	煤	木柴	水
				元	元	元	元	元	元	元	元	工日	kg	kg	kW·h	kg	kg	m^3
												103.63	7.56	8.98	0.98	0.76	0.18	6.21
990608050	混凝土输送泵	输送量(m^3/h)	110	1790.65	802.37	129.15	179.52	80.26	129.54	469.81		1.00			479.40			
990608055			120	1828.12	828.78	133.40	185.43	80.26	129.54	470.71		1.00			480.32			
990608060			130	1990.12	944.30	151.99	211.27	80.26	129.54	472.76		1.00			482.41			
990609010	混凝土湿喷机	生产率(m^3/h)	5	336.19	28.88	4.65	18.93	9.56	259.08	15.09		2.00			15.40			
990610010	灰浆搅拌机	拌筒容量（L）	200	167.88	2.99	0.38	1.52	10.62	143.93	8.44		1.00			8.61			
990610020			400	176.09	4.07	0.52	2.08	10.62	143.93	14.87		1.00			15.17			
990611010	干混砂浆罐式搅拌机	公称储量（L）	20000	222.35	26.82	4.42	8.62	10.62	143.93	27.94		1.00			28.51			

图　2-3

2.3.2　安拆费及场外运费的计算注意事项

1. 不需计算

1）不需安拆的施工机械，不计算一次安拆费。

2）不需相关机械辅助运输的自行移动机械，不计算场外运费。如自卸汽车。

3）固定在车间的施工机械，不计算安拆费及场外运费。

2. 计入台班单价

安拆简单、移动需要起重及运输机械的轻型施工机械，其安拆费及场外运费计入台班单价。

3. 单独计算

1）安拆复杂、移动需要起重及运输机械的重型施工机械，其安拆费及场外运费单独计算。

2）利用辅助设施移动的施工机械，其辅助设施（包括轨道与枕木等）的折旧、搭设和拆除等费用可单独计算。

4. 其他注意事项

一次安拆费应包括施工现场机械安装和拆卸一次所需的人工费、材料费、机械费、安全监测部门的检测费及试运转费。一次场外运费应包括运输、装卸、辅助材料、回程等费用。运输距离均按平均30km计算。自升式塔式起重机、施工电梯安拆费的超高起点及其增加费，各地区、部门可根据具体情况取定。

2.3.3 机械台班费用的计算

$$机械费 = \Sigma（机械台班数 \times 相应机械台班单价）$$

2.3.4 回归到砖基础的消耗量测算

通过人工测算和材料测算得到的消耗量结果和消耗量表中的接近一致，机械台班使用可直接参考消耗量定额中的用量，即干混砂浆罐式搅拌机完成$10m^3$砖基础工作，需要搅拌$2.399m^3$的砂浆，共用0.24个台班，即1.92个小时。

可以参考以上测算方式对消耗量进行测算（图2-4），但在没有组成专门的测算小组时，仍然建议材料及机械以地区消耗量为主，人工根据实际消耗量和实际单价测算，这样更能贴合市场实际情况。

1. 砖　基　础

工作内容：清理基槽坑，调、运、铺砂浆，运、砌砖。　　计量单位：$10m^3$

定额编号				4-1
项目				砖基础
名称			单位	消耗量
人工	合计工日		工日	9.834
	其中	普工	工日	2.309
		一般技工	工日	6.450
		高级技工	工日	1.075
材料	烧结煤矸石普通砖 240×115×53		千块	5.262
	干混砌筑砂浆 DM M10		m^3	2.399
	水		m^3	1.050
机械	干混砂浆罐式搅拌机		台班	0.240

图　2-4

2.4 工期定额的计算方式

工期定额是指建设项目或独立的单项工程从正式开工至完成设计要求的全部施工内容，并达到国家验收标准的天数。施工定额主要使用场景在于衡量某一个工程约定工期是否合理，如在施工时需要进行抢工，抢工工期的界限应如何划分与计算。最新的统一工期定额见《建筑安装工程工期定额》建标〔2016〕161号，自2016年10月1日起执行。

2.4.1 工期定额说明

1. 工期定额计算周期

自开工之日起，到完成全部工程内容并达到国家验收标准之日止的日历天数（包括总定节假日），不包括三通一平、打试验桩、地下障碍物处理、基础施工前的降水和基坑支护、竣工文件编制所需的时间。

2. 工期压缩时的费用计算

对于压缩工期的项目，应组织专家论证，且相应增加压缩工期增加费。一般规定：当招标工期小于定额工期时，应按有关规定计算压缩工期所增加的费用；当该工期小于定额工期的85%时，还应组织专家论证。

3. 工期允许调整的情况

1）施工过程中，遇不可抗力、极端天气或政府政策性影响施工进度或暂停施工的，按照实际延误的工期顺延。

2）施工过程中发现实际地质情况与地质勘查报告出入较大的，应按照实际地质情况调整工期。

3）施工过程中遇到障碍物或古墓、文物、化石、流沙、溶洞、暗洪、淤泥、石方、地下水等需要进行特殊处理且影响关键线路时，工期相应顺延。

4）合同履行过程中，因非承包人原因发生重大设计变更的，应调整工期。

5）其他非承包人原因造成的工期延误应予以顺延。

4. 群体工程工期计算方案

同期施工的群体工程中，一个承包人同时承包2个以上（含2个）单项（位）工程时，工期的计算：以一个最大工期的单项（位）工程为基数，另加其他单项（位）工程工期总和乘以相应系数计算；加4个及以上的单项（位）工程不另增加工期。

加1个单项（位）工程：$T = T + T \times 0.35$。加2个单项（位）工程：$T = T +（T2 + T3）\times 0.2$。加3个及以上单项（位）工程：$T = T +（T + T3 + T4）\times 0.15$。

其中，T 为工程总工期；T、$T2$、$T3$、$T4$ 为所有单项（位）工程工期最大的前四个，且 $T4 \geqslant T3 \geqslant T2 \geqslant T$。

5. 工期定额类别划分

我国各地气候条件差别较大，以下省、自治区［按其省会（首府）］和直辖市以其气候条件为基准划分为Ⅰ、Ⅱ、Ⅲ类地区，工期天数分别列项。

Ⅰ类地区：上海、江苏、浙江、安徽、福建、江西、湖北、湖南、广东、广西、四川、贵州、云南、重庆、海南。

Ⅱ类地区：北京、天津、河北、山西、山东、河南、陕西、甘肃、宁夏。

Ⅲ类地区：内蒙古、辽宁、吉林、黑龙江、西藏、青海、新疆。

2.4.2 工期定额案例解读

【案例】江苏某居住小区项目，为地上6层、地下1层地下室，现浇框架结构的标准住宅，其中地下部分建筑面积为1500m²，地上部分建筑面积为9000m²，毛坯交房。试求此工程工期定额应该为多少？

（1）地上部分工期定额　根据查表2-5所知，6层建筑面积10000m²以内，Ⅰ、Ⅱ、Ⅲ类地区工期定额分别为250日历天、265日历天、285日历天。江苏为Ⅰ类地区，故工期定额确定为250日历天。

表2-5　Ⅰ、Ⅱ、Ⅲ类地区工程地上部分工期

结构类型：现浇框架结构

编号	层数/层	建筑面积/m²	工期/d		
			Ⅰ类	Ⅱ类	Ⅲ类
1-134	3以下	1000以内	140	155	170
1-135		2000以内	150	165	180
1-136		4000以内	165	180	195
1-137		6000以内	185	200	215
1-138		6000以外	205	220	240
1-139	6以下	3000以内	190	205	225
1-140		6000以内	215	230	250
1-141		8000以内	235	250	270
1-142		10000以内	250	265	285
1-143		10000以外	285	300	325

（2）地下部分工期定额　根据查表2-6所知，有地下室工程，1层建筑面积3000m²以内，Ⅰ类地区工期定额为105天。

表2-6　Ⅰ、Ⅱ、Ⅲ类地区工程地下部分工期

编号	层数/层	建筑面积/m²	工期/d		
			Ⅰ类	Ⅱ类	Ⅲ类
1-25	1	1000以内	80	85	90
1-26		3000以内	105	110	115
1-27		5000以内	115	120	125
1-28		7000以内	125	130	135
1-29		10000以内	150	155	160
1-30		10000以外	170	175	180

综上，本工程工期定额为250+105=355（日历天）。

2.4.3　赶工措施费增加方案

在统一工期定额中，并未发现有关于赶工措施费增加的调整方案，由此可以参考地区发布的工期定额调整方案进行执行，下面将以北京工期定额为例进行参考和计算。

1. 北京工期定额的重点规定

1）发包人压缩工期定额的应提出保证工程质量、安全和工期的具体技术措施，并根据技术措施测算确定发包人要求工期。压缩工期定额的幅度超过10%（不含）的，应组织专家对相关技术措施进行合规性和可行性论证，并承担相应的质量安全责任。

2）招标人压缩工期定额的，应在招标工程量清单的措施项目中补充编制赶工措施增加费项目，并在招标文件的附件中列明相关技术措施。单独列项计取税金后计入最高投标限价，并在招标文件中公布。

3）经测算确定的赶工措施增加费不得小于以工程造价（不含设备费）为基数，乘以下列费用标准计算的费用。

①压缩工期定额幅度在5%（含）以内的，工期每压缩一天的费率为

建筑工程、轨道交通工程：0.25‰。

市政工程、房屋修缮工程：0.75‰。

②压缩工期定额幅度在10%（含）以内的，工期每压缩一天的费率为

建筑工程、轨道交通工程：0.5‰。

市政工程、房屋修缮工程：1.25‰。

③压缩工期定额幅度在20%（含）以内的，工期每压缩一天的费率为

建筑工程、轨道交通工程：0.9‰。

市政工程、房屋修缮工程：2.55‰。

④压缩工期定额幅度超过20%（不含）的，工期每压缩一天的费率为

建筑工程、轨道交通工程：1.35‰。

市政工程、房屋修缮工程：3.9‰。

【案例】接上述案例，因工期进展，原定355天工期要求320天完成，已知本工程总造价为1942.5万元，求压缩工期增加费为多少元?

（1）合计压缩工期时间　355 − 320 = 35（天）。

（2）压缩工期幅度　35/355 × 100% = 9.8%。

压缩工期定额幅度在10%（含）以内的，工期每压缩一天的费率为工程造价的0.5‰。

（3）压缩工期增加费　19425000 × 0.5‰ = 9712.5（元）。

由此计算出压缩工期增加费用为每天9712.5元。

合计压缩35天，即合计费用为9712.5 × 35 = 33.99（万元）。

Chapter 3

第3章

如何组价套定额

3.1 套定额工作流程梳理

对于广大造价人，定额的使用一直以来是比较难解的问题，而如何套定额或如何套准定额又是难点中的难点。本章将会梳理套定额的工作流程，帮助大家更好地开展定额编制工作。

3.1.1 定额编制前的资料收集

1. 招标文件或合同

如果在投标阶段，需要充分阅读招标文件中有关于定额使用的说明，在招标文件中有时会规定所使用的定额版本、价格基础等；如在实施或者结算阶段，要依据已经签订的合同，按照规定选择定额版本及价格基础。

2. 图纸

需要依据图纸复核工程量。

3. 施工组织设计（施工方案）或技术组织措施等

3.1.2 定额计价基础文件准备

1. 确定本地区所使用的最新定额

因为定额是动态更新和发布的，因此要充分了解本地区现行的定额版本（图3-1）。一般项目会选择使用最新的定额计算规则，或者选择合同约定的版本定额。

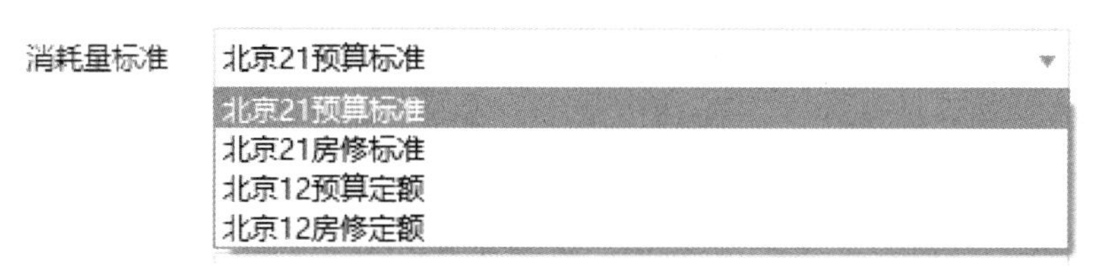

图 3-1

2. 收集地区定额的附属资料

如地区定额解释、定额宣贯、计价文件汇编等，这些文件是对定额的补充、延伸和答疑，有助于大家在套定额时，更加快速高效地解决争议问题（图 3-2）。

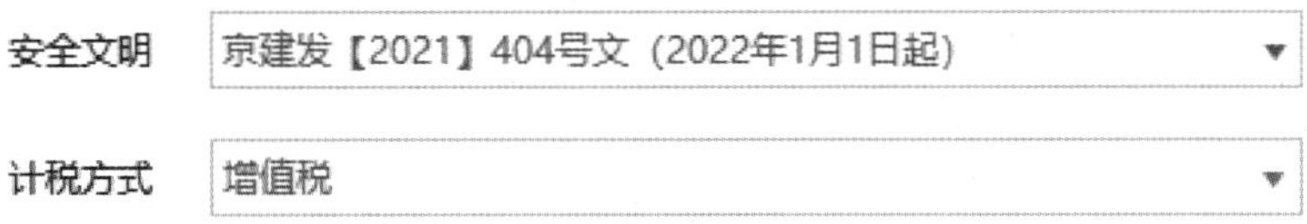

安全文明
京建发【2021】404号文（2022年1月1日起）
计税方式
增值税

图 3-2

（1）了解定额计价模式　部分省市会给出不同的定额计价模式，如全费用计价模式或综合单价计价模式，按照我国当前的计价体系，在进行定额套用的时候，直接选择综合单价计价模式即可（图 3-3）。

单价形式
非全费用模式
非全费用模式
全费用模式（不含措施）
安全文明

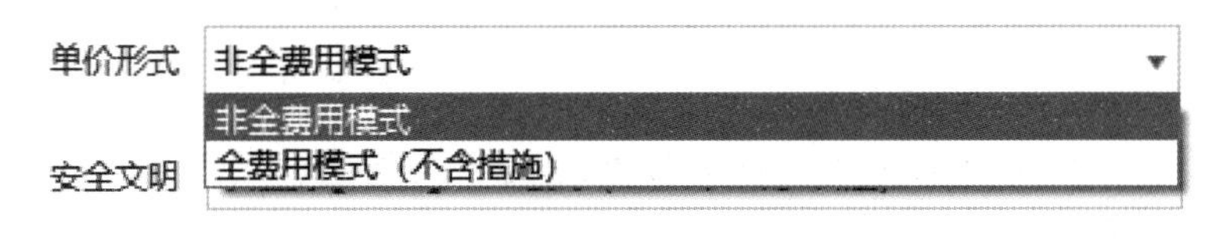

图 3-3

（2）价格信息　明确所使用的价格信息，根据合同或者使用方的特殊情况选择合适的价格信息。如招标人在编制招标控制价时，应以项目所在地最新发布的最新造价信息为主，投标人在投标时，应结合造价信息并依据自身的价格库进行价格使用（图 3-4）。

信息价
请选择期数
首选
南京
2022年02月
备选
常州
2022年03月
备选
淮安
2022年03月

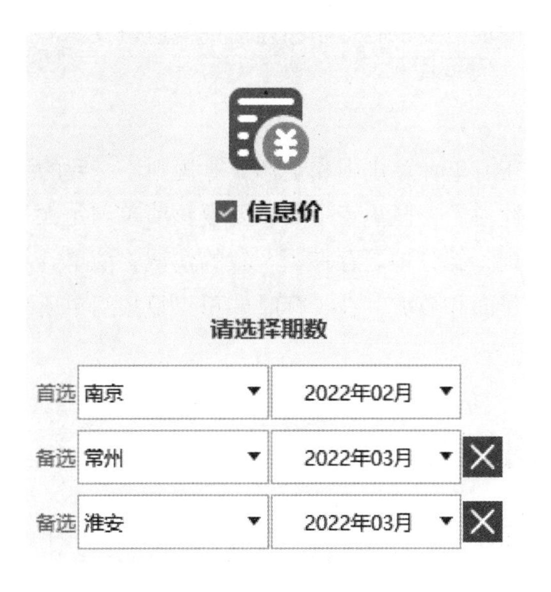

图 3-4

（3）取费设置　取费设置会影响总价费率项目的计算，尤其是对安全文明施工费以及管理费费率影响较大，要结合项目的实际情况，选择同项目匹配的项目类别，以此确定对应的费率（图 3-5）。

	名称	内容
1	工程类别	一类工程
2	工程所在地	南京
3	计税方式	增值税
4	文明施工地标准	无

	取费专业	管理费	利润	安全文明施工费		
				基本费	省级标化增加费	扬尘污染防治增加费
1	建筑工程	32	12	3.1	0	0.31

图 3-5

3.1.3 复核工程量清单

1. 复核清单项目是否有缺项漏项

我们要依据招标图纸，对工程量清单进行整体复核，查看是否存在清单缺漏项的情况；对于图纸中明确、但清单中未体现的内容要及时提出，避免后期因为项目归属问题产生争议。

2. 复核单位及特征描述

单位及特征描述直接影响清单的综合单价的组成，在套定额时要保证定额所使用的单位同清单单位一致；当出现不一致时要用系数换算为一致，同时复核清单特征描述是否与图纸相符；对于可能产生争议的地方要及时提出，在前期规避争议。

3. 复核工程量

在套用定额时，会存在清单计算规则和定额计算规则不一致的地方。清单与定额量的不同会间接影响工程量，因此对于一些重点项目，要复核清单与定额工程量的差异。如土方清单计算规则和定额计算规则，部分地区存在不一致的情况，清单计算规则不包含工作面和放坡，定额计算规则包含工作面和放坡，在投标时要重点复核清单所列工程量是否包含工作面和放坡。

3.1.4 定额套用顺序

在工程量复核完毕，保证工程量清单无错项漏项，单位、清单特征描述准确无误的情况下，则进入定额套用阶段。

1. 基础定额套用

依据清单名称及特征描述选择合适的定额，分项工程名称、规格和计算单位必须与定额中所列内容一致。

2. 定额换算

在一些定额无法同清单所规定的内容达成一致时，要进行定额换算，即以某定额为基础对其中的人、材、机进行局部系数调整。如在混凝土和砂浆强度等级与定额规定不同、使用的施工机具种类型号不同以及原定额工日需增加系数等情况下，要进行定额换算。定额能否换算要依据定额规定。为了避免消耗量被肆意修改，绝大部分地区只允许对规定以内的消耗量进行调整，其余不得随意改变，如某地区规定：

定额中砂浆是按干拌、混凝土是按预拌编制的，若设计要求与定额不同时，允许换算。

当定额中注明的材料的材质、型号、规格与设计要求不同时，材料价格可以换算。

当定额中注明了厚度的子目，而设计要求的厚度与定额不同时，执行增减厚度定额子目。

各章除另有说明外，定额中的人工、材料、机械消耗量均不得调整。

3. 补充定额编制

当现场存在特殊情况或者设计要求高的项目，在普通定额消耗量已经完全满足不了的情况下，要根据实际情况补充定额。

如某特殊项目开发在山里，当地定额的计算规则的适用原则是一般地区、平原地区，不考虑山区。由于山里施工降效严重，此时消耗量已经完全不能满足计价要求，此时要依据特殊项目进行补充定额。

3.1.5 计价文件调价

在定额套用完毕后要对定额进行调价，要根据项目所在地区选择当期的造价信息进行调整，可以直接执行载价，在信息价中没有的价格，按照当地市场进行询价计入（图3-6）。

图 3-6

3.1.6 复核

定额套用完毕后要进行复核，应该对单位的合理性、单位的对应和转换、定额套用的合理性、系数是否合理，以及人工、材料、机械价格是否调整进行全面复核。

应该对定额的套价、各项费用的取费、计算基础和计算结果、材料和人工价格及其调整等方面是否正确进行全面复核。

3.1.7 编制说明

说明本次定额编制情况，主要有项目概述、内容范围、编制情况、所使用的图纸、计价依据，以及定额套用时特殊情况的说明。

3.2 精准套定额的五部曲

3.2.1 打通套定额的脉络（定额结构梳理）

在开始套定额之前，要了解定额的基础脉络、定额的基本组成和基础框架，了解定额的说明与规则，打通套定额的脉络，才能够更好地使用定额。

在套定额之前，要仔细阅读定额的计算说明，以下几点要重点关注。

（1）哪些定额允许换算　如定额规定：当定额中实心砖、砌块、方整石、条石、烧结多孔砖等砌体设计要求规格与砌体定额规格不同时，定额材料用量允许换算。

（2）特殊构件的系数调整　定额中的墙体砌筑高度按3.6m编制的，如超过3.6m时，其超过部分工程量的定额人工乘以系数1.3。

（3）定额中包括的施工工序以及不包括时的调整办法　砌石项目中未包括勾缝，如勾缝者，按本定额“M墙、柱面装饰与隔断、幕墙工程”分部相应项目计算。

3.2.2 定额子目的分析与使用

1. 定额子目的构成

在定额中原始的定额为定额“基价”，为编制时期的价格，定额子目中不仅含包括人工费、材料费、机械费，还包括管理费、利润和一定范围内的风险承担。

在定额实际套用时，应根据实施当期的人工费、材料费、机械费以及前述讲到的根据项目情况调整的管理费和利润费率进行调整，由此构成了符合当期实际的定额“实际价格”。

如图 3-7 所示，一项定额包含人工费、材料费、机械费，以及管理费、利润，由此组成综合单价，管理费和利润按照地区规定的取费基础，按照一定费率进行计算。

	编码	类别	名称	项目特征	单位	汇总类别	工程量表达式	工程量	综合单价	综合合价	单价构成文件	取费专业	备注
	−		整个项目					1		474.93			
1	− 010502001001	项	矩形柱		m3		1	1	474.93	474.93	建筑工程	建筑工程	
	6-190	定	(C30泵送商品砼) 矩形柱		m3		QDL	1	474.93	474.93	[建筑工程]	建筑工程	

工料机显示　单价构成　标准换算　换算信息　特征及内容　组价方案　工程量明细　反查图形工程量　说明信息

	编码	类别	名称	规格及型号	单位	损耗率	含量	数量	不含税预算价	不含税市场价	含税市场价	税率（%）	采保费率（%）	合价	是否暂估	锁定数量	是否计价	原始含量
1	00010···	人	二类工		工日		0.76	0.76	82	82	82	0	0	62.32		☐	☑	0.76
2	80212105	商砼	C30预拌混凝土(泵送)		m3		0.99	0.99	351.66	351.66	361.9969	3	2	348.14	☐	☐	☑	0.99
3	+ 80010123	浆	水泥砂浆 比例 1:2		m3		0.031	0.031	250.42	250.42	270.07			7.76	☐	☐	☑	0.031
7	02090101	材	塑料薄膜		m2		0.28	0.28	0.69	0.69	0.7776	13	2	0.19	☐	☐	☑	0.28
8	31150101	材	水		m3		1.25	1.25	4.57	4.57	4.7	3	2	5.71	☐	☐	☑	1.25
9	C00043	材	泵管摊销费		元		0.24	0.24	0.86	0.86	0.9692	13	2	0.21	☐	☐	☑	0.24
10	+ 99052107	机	混凝土振捣器	插入式	台班		0.112	0.112	10.42	10.42	11.57			1.17		☐	☑	0.112
15	+ 99050503	机	灰浆搅拌机	拌筒容量2···	台班		0.006	0.006	120.64	120.64	122.25			0.72		☐	☑	0.006
22	+ 99051304	机	混凝土输送泵车	输送量60m···	台班		0.011	0.011	1600.52	1600.52	1728.67			17.61		☐	☑	0.011
29	GLF	管	管理费		元		0.96	0.96	1	1	1	0	0	0.96		☐	☑	0.96
30	LR	利	利润		元		10.06	10.06	1	1	1	0	0	10.06		☐	☑	10.06

	序号	费用代号	名称	计算基数	基数说明	费率(%)	单价	合价	费用类别
1	1	A	人工费	RGF	人工费		62.32	62.32	人工费
2	2	B	材料费	CLF+ZCF+SBF	材料费+主材费+设备费		362.02	362.02	材料费
3	3	C	机械费	JXF	机械费		19.5	19.5	机械费
4	4	D	管理费	A+C	人工费+机械费	26	21.27	21.27	管理费
5	5	E	利润	A+C	人工费+机械费	12	9.82	9.82	利润
6		F	综合单价	A+B+C+D+E	人工费+材料费+机械费+管理费+利润		474.93	474.93	工程造价

图 3-7

2. 人、材、机消耗量的组成

根据定额的消耗量标准，每一项定额都有规定的人、材、机消耗标准和数量，如完成 $1m^3$ 的砖基础需要二类工 1.2 个、标准砖 522 块、水泥砂浆 $0.242m^3$、其他材料和机械若干，以及对应的管理费和利润（图 3-8）。

	编码	类别	名称	规格及型号	单位	损耗率	含量	数量	不含税预算价	不含税市场价	含税市场价	税率（%）	采保费率（%）	合价
1	00010301	人	二类工		工日		1.2	1.2	82	82	82	0	0	98.4
2	04135500	材	标准砖	240*115*53	百块		5.22	5.22	40.8	40.8	41.9993	3	2	212.98
3	+ 80010106	浆	水泥砂浆 砂浆强度等级 M10		m3		0.242	0.242	178.18	178.18	189			43.12
7	31150101	材	水		m3		0.104	0.104	4.57	4.57	4.7	3	2	0.48
8	+ 99050503	机	灰浆搅拌机	拌筒容量2···	台班		0.048	0.048	120.64	120.64	122.25			5.79
15	GLF	管	管理费		元		26.07	26.07	1	1	1	0	0	26.07
16	LR	利	利润 ···		元		12.51	12.51	1	1	1	0	0	12.51

图 3-8

其中单项合价为：人、材、机的单价 × 含量。

3.2.3 套定额的五部曲

看清单，找名称，核内容，做换算，调价格。

1. 看清单

在套定额时，先看已经给出的工程量清单，分析清单中规定的单位是什么，清单特征描述包括的内容是什么，以此作为依据进行定额的初步筛选。一项混凝土清单如图 3-9 所示。

编码	类别	名称	专业	项目特征	单位	含量	工程量表达式	工程量	单价	合价	综合单价	综合合价
010502001002	项	矩形柱		矩形柱： 1. 混凝土强度等级：C35 2. 混凝土拌和料要求：商品砼 3. 泵送要求：投标单位自行考虑 包括混凝土制作、运输、浇筑、振捣、养护、泵送费用 报价中应综合考虑满足上述工作所有工序内容所产生的费用及风险	m3		1929.26	1929.26			0	0

图 3-9

由图 3-9 可看出清单中为混凝土柱子，强度等级为 C35，混凝土为预拌混凝土，业主为了规避风险，将混凝土泵送费含在了清单项目特征里面。

2. 找名称

打开定额本，找到混凝土及钢筋混凝土章节，找到对应的混凝土定额子目，以项目特征描述为依据进行名称初步选择。建议按照建筑类别章节进行选择，谨慎使用搜索功能，因为使用搜索时，会出现多个同类名称，会对初学者选择定额产生干扰，按照章节选择时，能够对本章节定额加深印象，有利于后续定额套用（图 3-10）。

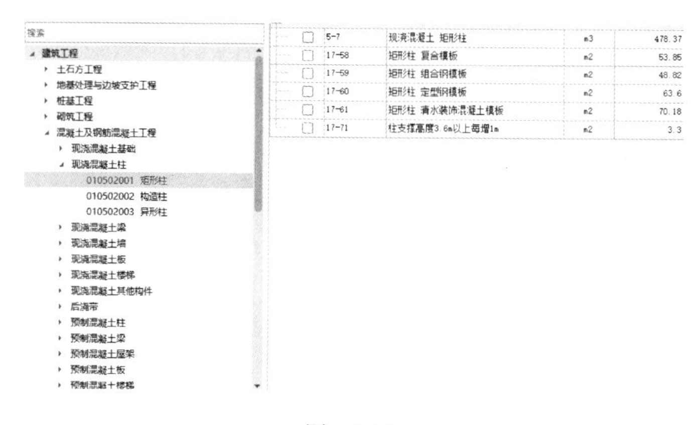

图 3-10

3. 核内容

我们重点核对清单所规定的内容和定额所规定的内容是否一致，不一致时要对套用定额进行调整和补充。

如上述清单特征描述包含了混凝土的泵送费，但通过查看本地区定额说明及定额人、材、机所包括的内容，发现混凝土定额中包括了混凝土浇筑、振捣、养护等，不包括混凝土泵送，此时要对混凝土泵送费进行补充。

混凝土泵送费的补充方式有两种：一种是在当地有地区定额，按照定额进行套用即可；另外一种是直接放在混凝土的价格里（部分地区搅拌站出厂的混凝土的价格是包含混凝土的泵送费的，这里要重点注意）。此时需要对内容进行补充，达到清单特征描述的工作内容，与定额规定的工作内容一致（图3-11）。

名称	专业	项目特征	单位	含量	工程量表达式	工程量
矩形柱		矩形柱： 1.混凝土强度等级:C35 2.混凝土拌和料要求:商品砼 3.泵送要求:投标单位自行考虑 包括混凝土制作、运输、浇筑、振捣、养护、泵送费用报价中应综合考虑满足上述工作所有工序内容所产生的费用及风险	m3		1929.26	1929.26
现浇混凝土 矩形柱	建筑		m3	1	QDL	1929.26
泵送混凝土 基础 泵车	建筑		10m3	0.1	QDL	192.926

图 3-11

4. 做换算

（1）含量调整　调整含量的前提一定是熟悉本地区的定额计算规则，知道哪些含量可以调整，哪些含量不允许调整。在点选使用定额后，分析定额的人、材、机与清单特征描述是否一致，对于不一致的地方，要进行调整与补充（图3-12）。清单特征描述为C35混凝土，而基础定额为C30，同时不含泵送费用，此时要对混凝土强度等级进行调整，以及补充泵送费定额子目。

当出现清单中项目特征描述与设计图纸不符时，应以清单的项目特征描述为准，确定投标报价的综合单价。到施工时，发、承包双方再按实际施工的项目特征，依据合同约定重新确定综合单价。可以单击“标准换算”按钮，在换C30预拌混凝土处将混凝土换算为C35预拌混凝土，同时还给出了本定额允许换算的其他项目，要根据实际情况进行换算。以上换算信息均来自本地区的定额计算规则，所以要熟读本地区定额计算规则。

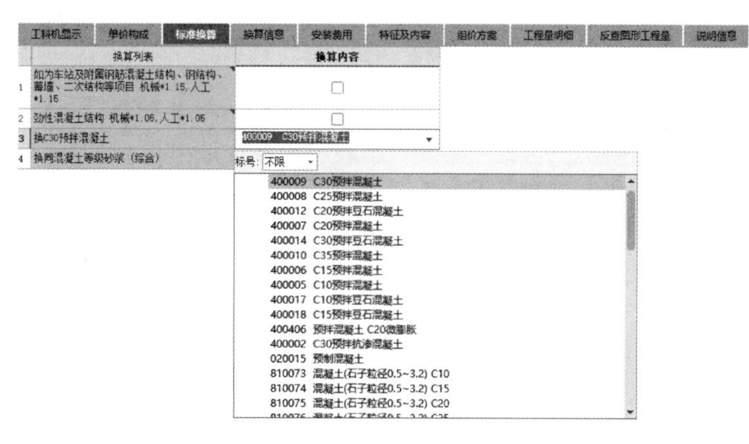

图 3-12

如定额计算规则规定：

当定额中注明的材料的材质、型号、规格与设计要求不同时，材料价格可以换算。

预拌混凝土价格中不包括外加剂的费用，发生时另行计算。

（2）调系数　基础定额套用完毕后，要分析是否有特殊系数要进行调整，如使用的混凝土是弧形，或者其他影响单价造成人、材、机降效的做法，都应该进行系数调整；调整的依据同样来源于计算规则。如某地区定额计算规则规定：

现浇混凝土结构板的坡度＞10°时，应执行斜板定额子目；15°＜板的坡度≤25°时，综合工日乘以系数 1. 05，板的坡度＞25°时，综合工日乘以系数 1. 1。

现浇空心楼板执行混凝土板的相应定额子目，综合工日和机械分别乘以系数 1. 1。

劲性混凝土结构中现浇混凝土除执行本章相应定额子目外，综合工日和机械还应分别乘以系数 1. 05；型钢骨架执行第六章金属结构工程中相应定额子目。

在发生上述特殊情况时，要对定额进行系数调整；但大部分时候按照常规套用即可（图 3-13）。

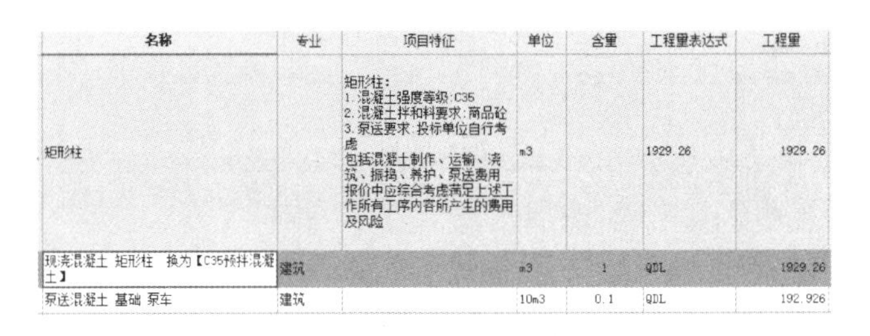

名称	专业	项目特征	单位	含量	工程量表达式	工程量
矩形柱		矩形柱： 1. 混凝土强度等级：C35 2. 混凝土拌和料要求：商品砼 3. 泵送要求：投标单位自行考虑 包括混凝土制作、运输、浇筑、振捣、养护、泵送费用 报价中应综合考虑满足上述工作所有工序内容所产生的费用及风险	m3		1929.26	1929.26
现浇混凝土 矩形柱　换为【C35预拌混凝土】	建筑		m3	1	QDL	1929.26
泵送混凝土 基础 泵车	建筑		10m3	0.1	QDL	192.926

图　3-13

5. 调价格

在定额套用完毕后，要对定额中的人、材、机进行价格调整，可以将项目整体套用完毕后统一载价、统一调整，这种方式简单快捷，而且不容易出现错误。主要依据地区人工费发布文件、竞争性材料价格和部分可以调整的机械，对整个预算进行调整（图 3-14）。

数据包使用顺序可选：　优先使用　信息价　第二使用　专业测定价　第三使用　市场价　　双击载价

待载条数/总条数：　146/174　　材料分类筛选：全部　人工　材料　机械　主材　设备　苗木

全选	序号	定额材料编码	定额材料名称	定额材料规格	单位	待载价格(不含税)	待载价格(含税)	参考税率	信息价(不含税)	市场价(不含税)	专业测定价(不含税)
☑	16	870004	综合工日（建...		工日	信 148	信 148		148		120
☑	17	870004@1	综合工日（装...		工日	信 148	信 148		148		155
☑	18	010001@1	钢筋	Ⅰ级钢，直径6mm	kg	4.86	5.49				
☑	19	010001@10	钢筋	Ⅲ级钢，直径6...	kg	4.15	4.69				
☑	20	010001@11	钢筋	Ⅰ级钢，直径10...	kg	4.02	4.54				
☑	21	010001@2	钢筋	Ⅰ级钢，直径8mm	kg	4.02	4.54				
☑	22	010001@3	钢筋	Ⅲ级钢，直径8...	kg	4.15	4.69				
☑	23	010001@4	钢筋	Ⅲ级钢，直径1...	kg	4.15	4.69				
☑	24	010001@9	钢筋	Ⅱ级钢，直径6...	kg	4.15	4.69				
☑	25	010002@10	钢筋	Ⅰ级钢，直径12...	kg	信 5.493	信 6.207		5.493		4.53
☑	26	010002@11	钢筋	Ⅱ级钢，直径1...	kg	信 5.493	信 6.207		5.493		4.53
☑	27	010002@12	钢筋	Ⅲ级钢，直径1...	kg	信 5.493	信 6.207		5.493		4.53
☑	28	010002@2	钢筋	Ⅲ级钢，直径1...	kg	信 5.493	信 6.207		5.493		4.53
☑	29	010002@3	钢筋	Ⅲ级钢，直径1...	kg	信 5.493	信 6.207		5.493		4.53
☑	30	010002@4	钢筋	Ⅲ级钢，直径1...	kg	信 5.493	信 6.207		5.493		4.53

调整前材料总价：49456019.62

调整后材料总价：59567327.46　　变化率：20.45%　　上一步　下一步

图　3-14

载价完毕后，要进行手动复核，对差异性价格、未调整或调整有问题的价格进行手动调整，以此得到最终的清单的综合单价（图3-15）。

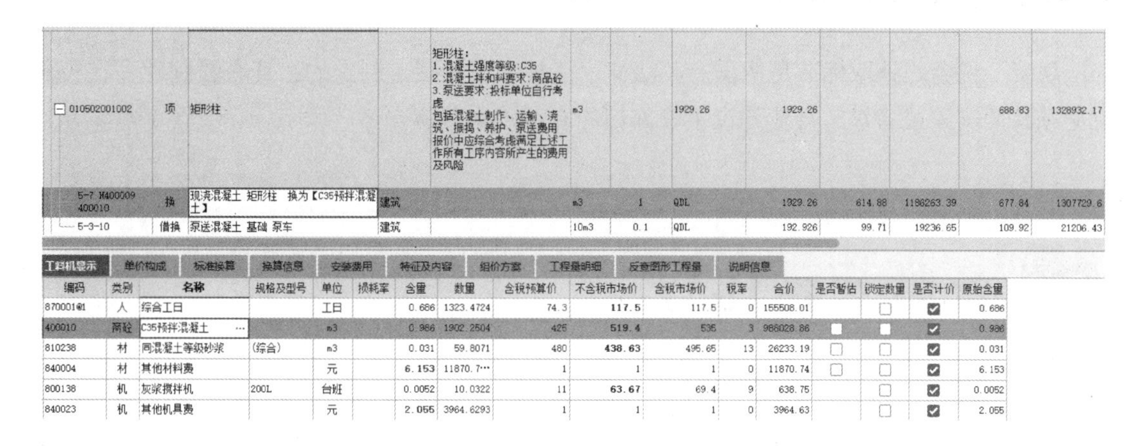

010502001002	项	矩形柱		矩形柱： 1. 混凝土强度等级：C35 2. 混凝土拌和料要求：商品砼 3. 泵送要求：投标单位自行考虑 包括混凝土制作、运输、浇筑、振捣、养护、泵送费用 报价中应综合考虑满足上述工作所有工序内容所产生的费用及风险	m3		1929.26	1929.26			688.83	1328932.17
5-7 H400009 400010	换	现浇混凝土 矩形柱 换为【C35预拌混凝土】	建筑		m3	1	QDL	1929.26	614.88	1186263.39	677.84	1307729.6
5-3-10	借换	泵送混凝土 基础 泵车	建筑		10m3	0.1	QDL	192.926	99.71	19236.65	109.92	21206.43

工料机显示 单价构成 标准换算 换算信息 安装费用 特征及内容 组价方案 工程量明细 反查图形工程量 说明信息

编码	类别	名称	规格及型号	单位	损耗率	含量	数量	含税预算价	不含税市场价	含税市场价	税率	合价	是否暂估	锁定数量	是否计价	原始含量
870001@1	人	综合工日		工日		0.686	1323.4724	74.3	117.5	117.5	0	155508.01		☐	☑	0.686
400010	商砼	C35预拌混凝土		m3		0.986	1902.2504	425	519.4	535	3	988028.86	☐	☐	☑	0.986
810238	材	同混凝土等级砂浆	（综合）	m3		0.031	59.8071	480	438.63	495.65	13	26233.19	☐	☐	☑	0.031
840004	材	其他材料费		元		6.153	11870.7···	1	1	1	0	11870.74	☐	☐	☑	6.153
800138	机	灰浆搅拌机	200L	台班		0.0052	10.0322	11	63.67	69.4	9	638.75		☐	☑	0.0052
840023	机	其他机具费		元		2.055	3964.6293	1	1	1	0	3964.63		☐	☑	2.055

图 3-15

价格调整完毕后，定额套用正式结束。

3.2.4 套定额的其他注意事项

（1）暂估价 招标文件中所列的暂估价的材料，应按其暂估的单价计入综合单价。

（2）甲供材 材料中有甲供材，可直接将综合单价中的甲供材材料归零，或只记取1%的保管费，不要重复计算。

（3）措施项目 措施项目有两种计算方式：一种是总价措施，直接以费率进行计算，以“项”为单位的方式计价，应包括除规费、税金以外的全部费用，如安全文明施工费；另一种是可以计算工程量的措施项目，要同普通清单一样采用分部、分项工程量清单方式按照综合单价计价，如模板、脚手架等。

（4）其他项目的编制 其他项目费主要包括暂列金额、暂估价、计日工，以及总承包服务费，投标报价时应遵循以下原则。

1）暂列金额应按照其他项目清单中列出的金额填写，不得变动，此部分费用由业主列支使用。

2）暂估价不得变动和更改，直接按照给定价格计入综合单价。

3）计日工应按照其他项目清单列出的项目和估算的数量，自主确定各项综合单价并计算费用。

4）总承包服务费根据招标人在招标文件中列出的分包专业工程内容和供应材料、设备情况，按照招标人提出的协调、配合与服务要求和施工现场管理需要自主确定。

3.2.5 规费、税金的计取标准

规费、税金的计取标准是依据有关法律、法规和政策规定制定的，具有强制性，在投标时必须按照国家或省级、行业建设主管部门的有关规定计取。

3.3 定额系数换算

在定额使用时，因为定额的使用场景不同，人工、材料、机械消耗量就会有所不同，所以要结合定额规定的消耗量并与项目的实际消耗情况进行对比，对原始定额进行换算，得到匹配项目的消耗量。

定额系数换算必须具备的几个条件分别是：图纸或者工艺要求的内容与定额项目内容不符；定额项目中所列的人工、材料、使用机械的规格与图纸要求不同；一定是定额规定允许换算的定额子目。

定额项目换算主要有 4 种类型，分别是工程量换算、人工机械换算、材料换算以及定额基价的换算。下面从 4 个角度分别进行分析。

3.3.1 工程量的换算

工程量换算 = 施工图工程量 × 定额调整系数

如某装饰工程为龙骨式隔墙，双层面板，单面面板面积为 $300m^2$。在套用定额时，要依据地区定额编制情况进行换算与调整，如某地区定额说明中规定，龙骨式隔墙的衬板、面板子目定额中是按单面编制的，设计为双面时工程量乘以 2。

工程量换算为 $300 \times 2 = 600m^2$。

3.3.2 人工和机械换算

人工换算 = 原定额人工综合工日数 × 系数

机械台班量 = 原定额某种机械台班量 × 系数

如某砌体工程，砖墙为弧形，其人工、材料用量会产生降效，此时要在基础定额中乘以对应系数，来满足弧形墙体的消耗量，如某地区定额规定：砖（石）墙身、基础如为弧形时，按相应项目人工费乘以系数 1.1，砖用量乘以系数 1.025。

3.3.3 材料换算

1. 砂浆强度等级的换算

（1）换算原因　当设计图纸要求的砌筑砂浆强度等级在预算定额中缺项时，就需要调整砂浆强度等级，求出新的定额基价。

（2）材料变化的定额换算　由于砂浆强度等级不同，而引起砌筑工程或抹灰工程相应定额基价的变动，必须进行换算。由于砂浆用量不变，所以人工、机械费不变，因而只换算砂浆强度等级和调整砂浆材料费。其换算的实质是预算单价的换算。

换算后的定额基价 = 换算前的定额基价 ± 应换算的砂浆定额用量 ×（换入砂浆基价 − 换出砂浆基价）

【案例】某工程需用砌筑砂浆 M5 砌筑砖基础 500m^3，问其换算为 M7.5 水泥砂浆后的基价和定额直接费为多少？

M5 砌筑砂浆预算基础价为 168.46 元/m^3，M7.5 砌筑砂浆预算基础价为 170.08 元/m^3，两者相差 1.62 元/m^3。其中砂浆含量为 0.242m^3。

换算前的定额基础价格为 398 元，换算后的价格为 398 + 0.242 × 1.62 = 398.39（元）。

软件中可以直接在标准换算中进行操作（图 3-16）。

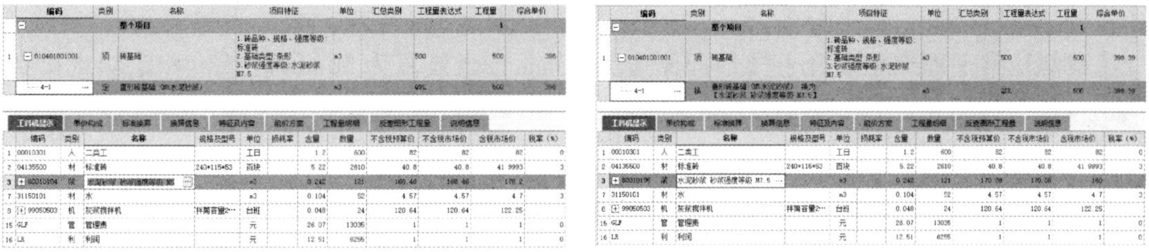

图　3-16

2. 普通混凝土的换算

（1）换算原因　当设计要求构件采用的混凝土强度等级在预算定额中没有相符合的项目时，就产生了混凝土强度等级或石子粒径的换算。

（2）换算特点　混凝土用量不变，人工费、机械费不变，只换算混凝土强度等级或石子粒径。

（3）换算公式　换算定额基价 = 原定额基价 + 定额混凝土用量 ×（换入混凝土基价 − 换出混凝土基价）。

【案例】某工程需用 C30 混凝土 500m^3，问其换算为 C35 混凝土后的基价和定额直接费为多少？

C30 混凝土预算基础价为 242.81 元/m^3，C35 混凝土预算基础价为 253.42 元/m^3，两者相差 10.61 元。其中混凝土含量为 0.985m^3。

换算前的定额基础价格为 484.18 元，换算后的价格为 $484.18 + 0.985 \times 10.61 = 494.63$（元）。

软件中可以直接在标准换算中进行操作（图 3-17）。

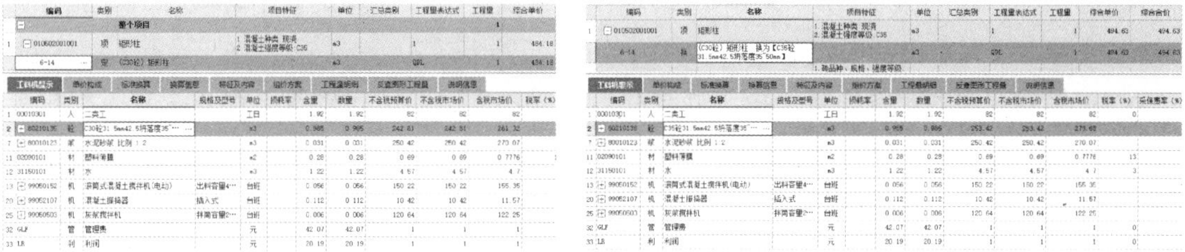

	编码	类别	名称	项目特征	单位	汇总类别	工程量表达式	工程量	综合单价
			整个项目					1	
1	010502001001	项	矩形柱	1. 混凝土种类 现浇 2. 混凝土强度等级 C35	m3		1	1	484.18
	6-14	定	（C30砼）矩形柱		m3		QDL	1	484.18

工料机显示 | 单价构成 | 标准换算 | 换算信息 | 特征及内容 | 组价方案 | 工程量明细 | 反查图形工程量 | 说明信息

	编码	类别	名称	规格及型号	单位	损耗率	含量	数量	不含税预算价	不含税市场价	含税市场价	税率（%）
1	00010301	人	二类工		工日		1.92	1.92	82	82	82	
2	80210135	砼	C30砼31.5mm42.5坍落度35~…		m3		0.985	0.985	242.81	242.81	261.32	
7	80010123	浆	水泥砂浆 比例 1:2		m3		0.031	0.031	250.42	250.42	270.07	
11	02090101	材	塑料薄膜		m2		0.28	0.28	0.69	0.69	0.7776	1
12	31150101	材	水		m3		1.22	1.22	4.57	4.57	4.7	
13	99050152	机	滚筒式混凝土搅拌机(电动)	出料容量4…	台班		0.056	0.056	150.22	150.22	155.35	
20	99052107	机	混凝土振捣器	插入式	台班		0.112	0.112	10.42	10.42	11.57	
25	99050503	机	灰浆搅拌机	拌筒容量2…	台班		0.006	0.006	120.64	120.64	122.25	
32	GLF	管	管理费		元		42.07	42.07	1	1	1	
33	LR	利	利润		元		20.19	20.19	1	1	1	

	编码	类别	名称	项目特征	单位	汇总类别	工程量表达式	工程量	综合单价	综合合价
1	010502001001	项	矩形柱	1. 混凝土种类 现浇 2. 混凝土强度等级 C35	m3		1	1	494.63	494.63
	6-14	换	（C30砼）矩形柱　换为【C35砼31.5mm42.5坍落度35~50mm】		m3		QDL	1	494.63	494.63
				1. 砖品种、规格、强度等级						

工料机显示 | 单价构成 | 标准换算 | 换算信息 | 特征及内容 | 组价方案 | 工程量明细 | 反查图形工程量 | 说明信息

	编码	类别	名称	规格及型号	单位	损耗率	含量	数量	不含税预算价	不含税市场价	含税市场价	税率（%）	采保费率（%）
1	00010301	人	二类工		工日		1.92	1.92	82	82	82	0	
2	80210138	砼	C35砼31.5mm42.5坍落度35~…		m3		0.985	0.985	253.42	253.42	279.68		
7	80010123	浆	水泥砂浆 比例 1:2		m3		0.031	0.031	250.42	250.42	270.07		
11	02090101	材	塑料薄膜		m2		0.28	0.28	0.69	0.69	0.7776	13	
12	31150101	材	水		m3		1.22	1.22	4.57	4.57	4.7	3	
13	99050152	机	滚筒式混凝土搅拌机(电动)	出料容量4…	台班		0.056	0.056	150.22	150.22	155.35		
20	99052107	机	混凝土振捣器	插入式	台班		0.112	0.112	10.42	10.42	11.57		
25	99050503	机	灰浆搅拌机	拌筒容量2…	台班		0.006	0.006	120.64	120.64	122.25		
32	GLF	管	管理费		元		42.07	42.07	1	1	1	0	
33	LR	利	利润		元		20.19	20.19	1	1	1	0	

图　3-17

3. 楼地面混凝土换算（混合换算）

（1）换算原因　楼地面混凝土面层的定额单位一般是 m^2。因此，当设计厚度与定额厚度不同时，就产生了定额基价的换算。

施工图要求使定额项目中的工、料、机发生部分变化而影响其他两项及以上子目发生变化时，要进行换算。

（2）案例分析

【案例】某工程细石混凝土楼地面厚度为 40mm，当换算为 50mm 时基价和定额直接费为多少？

首先分析 40mm 厚混凝土定额子目以及每增加 5mm 的定额子目。

40mm 基础定额子目如图 3-18a 所示，每增减 5mm 如图 3-18b 所示。

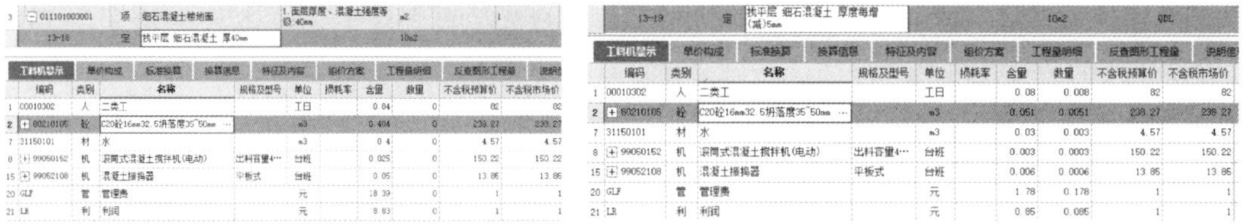

	编码	类别	名称	项目特征	单位		
3	011101003001	项	细石混凝土楼地面	1. 面层厚度、混凝土强度等级 40mm	m2		1
	13-18	定	找平层 细石混凝土 厚40mm		10m2		

工料机显示 | 单价构成 | 标准换算 | 换算信息 | 特征及内容 | 组价方案 | 工程量明细 | 反查图形工程量 | 说明信

	编码	类别	名称	规格及型号	单位	损耗率	含量	数量	不含税预算价	不含税市场价
1	00010302	人	二类工		工日		0.84	0	82	82
2	80210105	砼	C20砼16mm32.5坍落度35~50mm …		m3		0.404	0	238.27	238.27
7	31150101	材	水		m3		0.4	0	4.57	4.57
8	99050152	机	滚筒式混凝土搅拌机(电动)	出料容量4…	台班		0.025	0	150.22	150.22
15	99052108	机	混凝土振捣器	平板式	台班		0.05	0	13.86	13.86
20	GLF	管	管理费		元		18.39	0	1	1
21	LR	利	利润		元		8.83	0	1	1

a）

	编码	类别	名称		单位	工程量表达式
	13-19	定	找平层 细石混凝土 厚度每增(减)5mm		10m2	QDL

工料机显示 | 单价构成 | 标准换算 | 换算信息 | 特征及内容 | 组价方案 | 工程量明细 | 反查图形工程量 | 说明信

	编码	类别	名称	规格及型号	单位	损耗率	含量	数量	不含税预算价	不含税市场价
1	00010302	人	二类工		工日		0.08	0.008	82	82
2	80210105	砼	C20砼16mm32.5坍落度35~50mm …		m3		0.051	0.0051	238.27	238.27
7	31150101	材	水		m3		0.03	0.003	4.57	4.57
8	99050152	机	滚筒式混凝土搅拌机(电动)	出料容量4…	台班		0.003	0.0003	150.22	150.22
15	99052108	机	混凝土振捣器	平板式	台班		0.006	0.0006	13.85	13.85
20	GLF	管	管理费		元		1.78	0.178	1	1
21	LR	利	利润		元		0.85	0.085	1	1

b）

图　3-18

换算公式为：40mm 基础定额 ±5mm 基础定额 × 换算厚度差值。

以人工为例：40mm 人工的消耗量为 0.84 个工日，每增加 5mm 增加人工 0.08 个工日，需要增加 10mm 厚。

实际人工数量为：$0.84 + 0.08 \times 2 = 1$（工日）。

以混凝土为例：40mm 混凝土消耗量为 0.404m^3，每增加 5mm 增加混凝土 0.051m^3，需要增加 10mm 厚。

实际混凝土数量为：0.404 + 0.051 × 2 = 0.506（m^3）

软件中可以直接在标准换算中进行操作（图 3-19）。

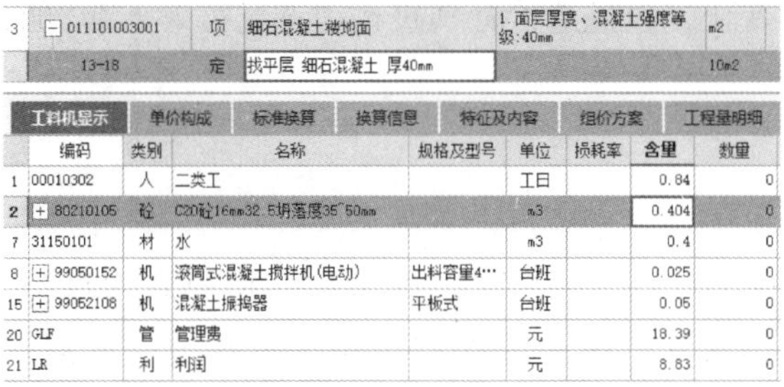

3	011101003001	项	细石混凝土楼地面	1.面层厚度、混凝土强度等级:40mm	m2
	13-18	定	找平层 细石混凝土 厚40mm		10m2

工料机显示 单价构成 标准换算 换算信息 特征及内容 组价方案 工程量明细

	编码	类别	名称	规格及型号	单位	损耗率	含量	数量
1	00010302	人	二类工		工日		0.84	0
2	80210105	砼	C20砼16mm32.5坍落度35~50mm		m3		0.404	0
7	31150101	材	水		m3		0.4	0
8	99050152	机	滚筒式混凝土搅拌机(电动)	出料容量4…	台班		0.025	0
15	99052108	机	混凝土振捣器	平板式	台班		0.05	0
20	GLF	管	管理费		元		18.39	0
21	LR	利	利润		元		8.83	0

3	011101003001	项	细石混凝土楼地面	1.面层厚度、混凝土强度等级:40mm	m2
	13-18	换	找平层 细石混凝土 厚40mm 实际厚度(mm):50		10m2

工料机显示 单价构成 标准换算 换算信息 特征及内容 组价方案 工程量明细

	编码	类别	名称	规格及型号	单位	损耗率	含量	数量
1	00010302	人	二类工		工日		1	0
2	80210105	砼	C20砼16mm32.5坍落度35~50mm		m3		0.506	0
7	31150101	材	水		m3		0.46	0
8	99050152	机	滚筒式混凝土搅拌机(电动)	出料容量4…	台班		0.031	0
15	99052108	机	混凝土振捣器	平板式	台班		0.062	0
20	GLF	管	管理费		元		21.95	0
21	LR	利	利润		元		10.53	0
22	JXFTZ	机	机械费调整		元		-0.01	0

图 3-19

3.4 定额人工和市场人工差异性解决方案

从整个造价构成分析，人工费占比到整个工程造价的 15% ~25%，随着市场供需条件的改变，市场整体环境的变化，市场人工费和定额人工费矛盾日益突出。从前述章节了解到，定额人工和市场人工并不只是人工单价的差异，更是消耗量的差异，以下从几部分详细地分析定额人工和市场人工的差异和解决方案。

3.4.1 定额人工费和市场人工费的差异点

定额工日的构成要素：直接从事工程建设施工的生产工人日工作 8 小时的劳动报酬 × 从事 8 小时的定额工作量。定额编制的基础是社会平均水平。

施工工日的构成要素：市场工人实际每天工作时长 × 实际每天工作工程量。

从前述章节案例中发现，实际工程每天工作时长及实际每天工作工程量，要高于定额工作时长和实际每天的工作量。即便是定额单价低，也可以通过市场的信息价发布动态调整，来找平人工费的差异费用。

3.4.2 人工定额和市场定额找平条件

1. 找平计价单位

（1）定额人工费　直接从事工程建设施工的生产工人日工作 8 小时的劳动报酬，单价是由当地造价管理机构按照每月/季/半年发布的造价信息或者人工费调整文件，进行动态发布与调整。

（2）市场人工费　直接在市场承包的所支出的实际费用，随着市场供需关系的改变和市场环境变化的调整而调整。市场价格行情的变化，也是造价管理机构动态发布人工费价格调整的重要依据。

2. 找平工作产量和时间

当前很多建筑工人每天的工作都达到了10小时以上，以长时间劳动获得更高的报酬。而定额人工仅有8小时，这里相差比例达到10/8 = 1.25倍。即在定额工日基础上要乘以1.25来找平工作时间之间的关系。

而产量也是一样的道理，定额规定的产量虽说是平均水平，但实际是市场比较低效率的水平，工人通过熟练的作业，完全有能力远高于平均水平，按照平均来说工人实际作业效率一般为定额消耗水平的1.5倍。

3. 找平单价

各地造价处均衡当地的人工费发布造价信息的时候，常规的底层逻辑是遵循“以量提价、价量均衡”的原则，以平衡定额人工价格和市场价格的差异。

另外关于人工价格组成也是存在差异的，定额人工费是指直接从事建筑安装工程施工的生产人开支的各项费用，定额人工费包括的内容有：基本工资、工资性补贴、生产工人辅助工资、职工福利、生产工人劳动保护费、参加社保费用等。

而且市场人工费除基本工资外少有附加内容，没有基本的福利保障。这一笔费用支出也被摊销到农民工的实际收入当中。

3.4.3　规避人工费差异的方案

随着建筑市场的人工红利期接近结束，市场的人工竞争越发激烈，施工企业需要采取有效的手段控制人工成本。

1. 已有项目的人工费复用

施工企业结合所使用定额以及企业人工合作情况进行差异性报价，同时对已经完成的项目进行复盘，利用已经结算完成的项目的实际人工费支出与定额人工费支出进行比较。测算时实际差异反映到下一次的投标报价中。

2. 利用合同规避风险

人工费的上涨已经是不可避免的趋势。建设项目存在建设周期长的特点，一定要提前预判合同涨价风险，并在合同里面进行提示；要重点注意一些人工或材料涨价无限风险的合同，谨慎签订，避免出现不必要的损失。

3. 形成劳务分包战略合作机制

形成劳务分包战略合作机制可控制下面的劳务分包队伍肆意涨价，签订中长期的框架合作协议，来进一步遏制涨价的情况，同时对项目人力资源的配置按市场化原则进行优化，可根据市场和实际需求灵活选择配置人力资源。

3.4.4 人工费调差原则和方案

人工费调差方案如图 3-20 所示。

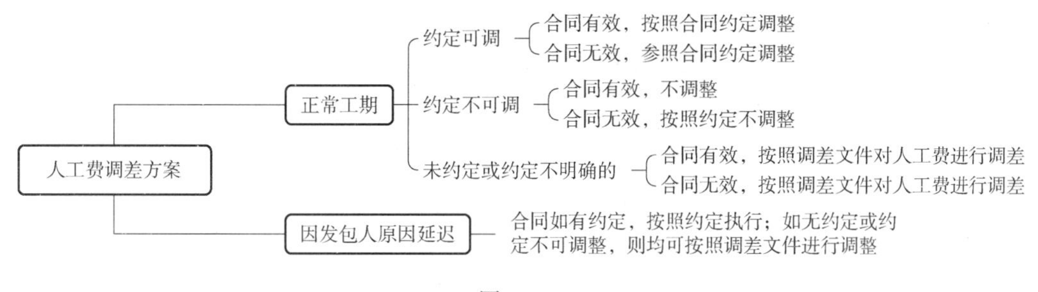

图 3-20

1）合同约定可以调整且合同有效，按照合同进行调整。建设工程施工合同有效，约定人工费调差的，建设行政主管部门发布人工费调整文件后，依据《中华人民共和国民法典》（以下简称《民法典》）第五百零九条第一款规定进行人工费调差。

2）合同约定可以调整且合同无效，参照合同约定进行调整。建设工程施工合同无效，约定人工费调差的，《民法典》第七百九十三条第一款规定，建设工程施工合同无效，但是建设工程经验收合格的，可以参照合同关于工程价款的约定折价补偿；依据《住房和城乡建设部、财政部关于印发〈建筑安装工程费用项目组成〉的通知》（建标〔2013〕44 号）第一条第（一）项规定，工程价款包括人工费；故虽然建设工程施工合同无效，但建设工程经验收合格的，可以参照约定执行人工费调差。

3）合同约定不可以调整且合同有效，不调整。建设工程施工合同有效，约定人工费不予调差的，在建设行政主管部门发布人工费调整文件后，依据《民法典》第五百零九条第一款规定，按照约定不予调差。

4）合同约定不可以调整且合同无效，参照约定不予执行人工费调差。建设工程施工合同无效，约定人工费不予调差的，《民法典》第七百九十三条第一款规定，建设工程施工合同无效，但是建设工程经验收合格的，可以参照合同关于工程价款的约定折价补偿；依据《住房和城乡建设部、财政部关于印发〈建筑安装工程费用项目组成〉的通知》（建标〔2013〕44 号）第一条第（一）项规定，工程价款包括人工费；故虽然建设工程施工合同无效，但建设工程经验收合格的，可以参照约定不予执行人工费调差。

5）未约定或约定不明，且合同有效，建设行政主管部门发布调差文件后，可以按照调差文件对人工费进行调差。建设工程施工合同未约定人工费调差的或者人工费调差约定不明的，建设行政主管部门发布调差文件，《民法典》第五百一十一条第（二）项规定，价款或者报酬不明确的，按照订立合同时履行地的市场价格履行；依法应当执行政府定价或者政府指导价的，依法规定执行；建设行政主管部门发布的调差文件属于政府定价或者政府指导价，故合同未约定人工费调差的或者人工费调差约定不明的，可以按照调差文件对人工费进行调差。

6）未约定或约定不明，且合同无效，建设行政主管部门发布调差文件后，可以按照调差文件对人工费进行调差。建设工程施工合同无效，未约定人工费调差的，建设行政主管部门发布调差文件后，依据（2019）最高法民申4968号裁定书，可以按照调差文件进行人工费调差。

7）《民法典》第五百一十三条规定，执行政府定价或者政府指导价的，在合同约定的交付期限内政府价格调整的，按照交付时的价格计价。逾期交付标的物的，遇价格上涨时，按照原价格执行；价格下降时，按照新价格执行。逾期提取标的物或者逾期付款的，遇价格上涨时，按照新价格执行；价格下降时，按照原价格执行。参照该条法律规定，因发包人导致工期延误且在工期延误期间人工费调整的，承包人可以向发包人主张该期间的人工费差价，但另有约定的从其约定。

3.5 定额中材料询价方案与机械费使用说明

在定额材料价格基础测算时，需要通过市场询价的方式来取得当下合理的价格基础，这些价格可以是当下的市场价格、信息价格或者已经签订的材料采购价格，在价格获取时，要注意获取价格的准确性，以下介绍几种不同的材料价格询价方案。

3.5.1 材料价格询价方案

1. 企业历史价格沉淀

1）企业历史采购材料合同和企业材料数据库，这是企业进行价格测算的主要的依据来源。实际采购材料单价相对于招标投标资料是更有参考价值的。

2）企业招标投标文件、项目部的材料采购协议、项目部的出入库台账等。

2. 当地发布的造价信息

（1）什么是信息价　我国各个省、地市专门的工程造价管理机构（如定额站、造价站、建设工程造价管理协会等）定期发布的当地的《材料价格信息》。

（2）信息价扮演的角色　信息价一般反映的是上个月当地建筑市场中各种材料的价格水平，在合同双方的工程结算中往往扮演“调差”的角色。

注意事项：定额中的材料调差所使用的工程量是工程实际消耗的工程量，而非图纸工程量，此处经常会产生认知争议，建议在合同中明确约定调差工程量的确认。

（3）信息价的价格水平　很多地方信息价所反映的价格水平往往是偏高的，在一些项目部与材料供应商的供需合同中，很多合同的价格是按每月信息价下浮若干个百分点来确定及结算的。

3. 网络询价

主流的询价网站有广材网、慧讯网等，其中钢材可以在兰格网进行询价（图 3-21）。

1）在询价前要准备要询价的所有信息，如型号、规格、材质等。

2）该材料所需要的数量。数量不同会导致单价存在浮动和偏差。

3）是否含税。营改增之后是否含税、开票，会作为材料单价确定的条件之一。

4）付款条件。明确付款周期、付款比例及其他付款条件。

5）网络询价方案的小技巧——口头询价。在询价时，经常会有供应商知道你仅仅是为了询价而不是真正采购，所以在报价时不会给你真正报价，接下来介绍一个技巧叫口头询价。

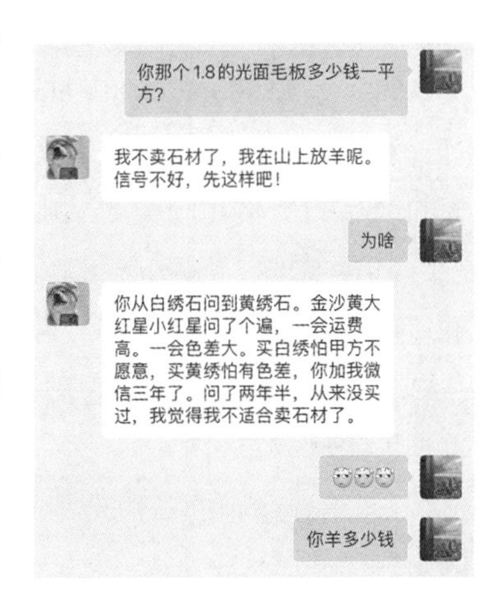

图　3-21

口头询价的前提：摸清定位。你所做的询价工作不是决策工作，而是要给公司领导一个参考的数字，所以保证数据偏差幅度在正常价格区间即可。

口头询价技巧：通过上述网站找到供应商，在电话沟通时，准备好所需要采购材料的采购数量、规格型号、项目所在地、项目名称、是否含票、是否含运费等基础内容。沟通完毕后，对供应商进行口头询价，如“这个材料，您先给我口头报一个价格，我去跟领导汇报，领导觉得合适的话，我们再进一步沟通”，此时供应商一般会给你一个口头价格。

口头报价汇报方案：在得到口头报价后，可以整理成一个表格，视项目的紧急程度进行汇报，如第二天被询价供应商回复了更准确的报价，则对询价表格进行调整；如询价供应商不回复报价，则以口头报价进行上报，这样既不会耽误项目进度，又能较好地完成项目的询价工作。

4. 影响材料价格的主要因素

（1）宏观经济市场的影响　随着建筑材料市场整体供需环境的改变，材料价格会产生动态波动。如2021年上半年国际市场黑色金属价格走向稳高不下，导致国内建筑行业市场钢筋、电缆、钢材供不应求，价格持续走高。作为商务人员要随时关注国内外大宗材料的走向与趋势，做好材料采购的提前预判，为项目及公司规避价格波动风险。

（2）付款条件及对应的材料价格　由于建筑市场在前几年不是很规范，很多材料供应商都遭遇过项目部拖欠材料款的情况，为此花费了大量的精力来追讨欠款。因此，材料供应商为了避免出现回收款困难的情况，针对付款条件及对应的材料价格影响关系会越来越明显。

在“货到付款、现收现付”的供应业务往来活动中，材料单价一般较低，

在“分期结算、预提尾款”的供应合同中，材料单价一般要高一些。

（3）其他需要注意的问题

1）品牌因素。不同品牌会直接影响材料的单价。比如瓷砖等装饰块材要注意采购的品牌及等级，比如800mm×800mm的墙面瓷砖，市场上同一品牌产品的单价从80～800元/m^2都有，不同品牌的价格则相差更大。油漆涂料类也有这种情况，“立邦”“多乐士”等知名品牌的产品的价格在同类产品中往往要高出一截，建议在招标时明确材料品牌表。

2）采购数量。采购数量直接影响采购单价，采购数量多，采购成本会低，反之会多。总承包单位经常和一些长期合作的供应商签订供货合同，来最大限度地降低采购成本。

3）是否含税。营改增之后，价税分离，也出现了在材料购买时是否要含发票的问题，这也是影响材料单价的因素之一。

4）运距。运距的长短会影响整体运费，进而反映到材料价格中，这也是需要引起关注的事项。

3.5.2　定额中的机械费使用说明

1. 定额中的机械费要同企业管理费的机械费进行区分

企业管理费范畴：价值2000元以下的小型机具费按国家规定属于工具用具使用费。

机械费：含税价值在2000元（不含）以上、使用期限超过一年的施工机械计入机械费。大部分地区定额中的机械费均为除税单价。

2. 定额中的机械费分类

（1）自有机械　含安拆、运输及机上人工等。

自有机械台班单价 = 台班折旧费 + 台班大修费 + 台班经常修理费 + 台班安拆费及场外运费 + 台班人工费 + 台班燃料动力费 + 台班养路费及车船使用税

（2）租赁机械　租赁机械费用及其相关的安拆和场外运输费用，如塔式起重机、垂直运输机械等。

施工机械使用费 = Σ（施工机械租赁时间 × 机械租赁单价 + 其他约定的相关费用）

租赁机械费主要考虑的价格因素有：双方协定的租金、约定的机械进出场费用补贴、约定的机械安拆费用补贴、约定的机械操作及应计入总承包方的日常维修费用。

3. 机械费价格计入时的注意事项

1）以工程机械租赁、供应合同作为价格基础，并结合企业利润进行投标报价。

2）企业实际成本测算时要企业签订的合同，进行价格范围的确定，如塔式起重机租赁价格通常包含了塔式起重机司机的工资及塔式起重机维修费用，所以人工费和维修费就不再单独考虑。

3）小型机械的归属。实际施工时，很多小型机械都是由分包方自带的。劳务作业中的部分机械使用费已经包含在劳务分包的合同价款中，这部分费用就不能在机械费用中单独体现。比如在泥工作业中需要的振动棒、钢筋作业中需要的对焊机和弯曲机、木工作业中的圆盘锯等小型机械，在进行定额机械价格确定时，就不用单独体现。

Chapter 4

第4章

全统消耗量定额下的企业定额定制

在2020年7月24日住建部发布《关于印发工程造价改革工作方案的通知》建办标［2020］38号，指出要逐步停止发布定额，推行市场化的计价模式，在此背景下，企业定额的呼声空前强烈。如何编制企业定额，如何动态调整企业定额，变成了广大造价同行思考的一个问题。

4.1 企业定额使用方案及编制总说明

4.1.1 企业定额使用方案

1. 各地区传统定额编制的底层逻辑

首先各地区定额计算规则为什么高度统一，又有细微差别，是因为互相借鉴的吗？其实不然，所有地区的定额编制逻辑都是有底层框架和参考依据的，在2015年之前各地区发布的定额参考依据来源于《95全国统一建筑工程基础定额》，在2015年之后各地区发布的定额参考依据来源于《15全国统一房屋建筑与装饰消耗量定额》，其计算规则、消耗量标准以全统定额为基础，再根据各自地区的经济条件、水文气象、地区的工艺工法等，对全统消耗量定额进行调整。

所以，作为企业，是不是可以思考继续将定额编制逻辑下沉，以地区定额编制思维编制企业定额。企业可以以全统消耗量定额为基础，以自身企业情况为辅助，编制自用的企业定额，这样既能接轨国家的消耗量标准，又能下沉到企业定额自由、动态的编制原则，实现定额使用的一举多得。

2. 企业定额的编制思路

（1）基本框架搭建　企业定额基本框架参考全统和地区定额的基本框架，以说明、计算规则为前提，并结合各个结构板块的定额消耗量标准，搭建初步框架。各地区定额编制原则是非常固定的，除特殊要求之外，定额消耗量不允许调整，但企业定额可以根据自身情况灵活调整，这样能够实现市场的自我调节。

传统定额的思路是：消耗量一般情况下不做调整，单价根据实际情况进行调整。

企业定额的思路是：消耗量、单价均可根据企业实际情况进行调整，更灵活，更适应市场。

（2）计算说明及计算规则搭建　计算说明和计算规则是对定额的使用和计算，进行了详细且充分的约定，面对庞杂的各类定额，只能依托计算说明和规则来规范定额的使用。

各省市以全统消耗量定额为主，通过自己省份灵活调节，编制统一的说明和计算规则。

企业定额编制同样以全统消耗量定额为主，通过详细分析全统消耗量定额说明和计算规则，搭建自身配套的企业定额说明和计算规则。即“用编制地区定额的高度和格局，编制自身的企业定额”。

（3）消耗量动态表格搭建　除此之外，还需编制企业定额的动态管理表格，通过调整含量和单价，对企业定额进行实时动态调整。

3. 企业定额的应用指南

企业定额编制要参考全统和地区定额的编制思路。遵循以下几个原则：①简易计算原则；②系数换算原则；③补充。

4. 关于专业取费

各专业取费系数不同，经常关注到的是土建工程和市政工程取费界限的区分，以及场区小市政应该执行土建还是市政的取费系数。

一般规定：市政工程、房屋建筑与装饰工程（含安装）的界限有围墙的以围墙为界，围墙外为市政工程，围墙内为房屋建筑与装饰工程（含安装）；没有围墙的以规划界限为界，规划界限外纳入市政管理的为市政工程，否则为房屋建筑与装饰工程（含安装）；管道以接入市政管网的第一个井为界，井以外为市政工程，井以内为房屋建筑与装饰工程（含安装）。场区内小市政执行土建系数。

具体根据地区定额说明进行灵活调整。

4.1.2　编制总说明

（1）《房屋建筑与装饰工程消耗量定额》（以下简称本定额），包括：土石方工程，地基处理及边坡支护工程，桩基工程，砌筑工程，混凝土及钢筋混凝土工程，金属结构工程，木结构工程，门窗工程，屋面及防水工程，保温、隔热、防腐工程，楼地面装饰工程，墙、柱面装饰与隔断、幕墙工程，天棚工程，油漆、涂料、裱糊工程，其他装饰工程，拆除工程，措施项目共十七章。

※规则定制说明：

企业定额编制可以参考上述分类，按照从土方工程开始到措施项目结束十七章分类。

（2）本定额是完成规定计量单位分部分项工程、措施项目所需的人工、材料、施工机械台班的消耗量标准，是各地区、部门工程造价管理机构编制建设工程定额确定消耗量、国有投资工程投资估算、设计概算、最高投标限价（标底）的依据。

※规则定制说明：

企业定额的编制主要用于企业投标报价、成本核算、适应市场自主报价、竞争定价的行为。

（3）本定额适用于工业与民用建筑的新建、扩建和改建房屋建筑与装饰工程。涉及室外地（路）面、室外给水排水等工程的项目，按《市政工程消耗量定额》（ZYA 1-31-2015）

的相应项目执行。

※规则定制说明：

明确了全统定额的适用范围，仅适用于建筑的新建、扩建和改建，对于室外市政工程、绿化工程，执行对应板块的定额子目。

（4）本定额以国家和有关部门发布的国家现行设计规范、施工验收规范、技术操作规程、质量评定标准、产品标准和安全操作规程、现行工程量清单计价规范、计算规范和有关定额为依据编制。并参考了有关地区和行业标准、定额，以及典型工程设计、施工和其他资料。

（5）本定额按正常施工条件，按国内大多数施工企业采用的施工方法、机械化程度和合理的劳动组织及工期进行编制。

①材料、设备、成品、半成品、构配件完整无损，符合质量标准和设计要求，附有合格证书和试验记录。

②土建工程和安装工程之间的交叉作业正常。

③正常的气候、地理条件和施工环境。

※规则定制说明：

定额的消耗量水平均按照正常施工条件、国内大多数施工企业采用的平均水平编制，当现场出现了非正常交叉作业，导致了误工，或者出现了不可抗力、不利地质条件时，可以以签证形式落实。

（6）本定额未包括的项目可按其他相应工程消耗量定额计算，如仍缺项的，应编制补充定额，并按有关规定报住建部备案。

（7）关于人工。

①本定额的人工以合计工日表示，并分别列出普工、一般技工和高级技工的工日消耗量。

②本定额的人工包括基本用工、超运距用工、辅助用工和人工幅度差。

③本定额的人工每工日按 8 小时工作制计算。

④机械、土石方、桩基础、构件运输及安装等工程，人工随机械产量计算的，人工幅度差按机械幅度差计算。

※规则定制说明：

关于人工前述章节已进行了详细分析，这里不再赘述。重点注意定额人工和市场人工的差异即可。

（8）关于材料。

①本定额采用的材料（包括构配件、零件、半成品、成品）均为符合国家质量标准和相应设计要求的合格产品。

②本定额中的材料包括施工中消耗的主要材料、辅助材料、周转材料和其他材料。

③本定额中材料消耗量包括净用量和损耗量。损耗量包括：从工地仓库、现场集中堆放地点（或现场加工地点）至操作（或安装）地点的施工场内运输损耗、施工操作损耗、施工现场堆放损耗等，规范（设计文件）规定的预留量、搭接量不在损耗中考虑。

④本定额中除特殊说明外，大理石和花岗岩均按工程半成品石材考虑，消耗量中仅包括了场内运输、施工及零星切割的损耗。

※规则定制说明：

所谓的石材半成品就是按照实际要求规格进场，不包括倒角磨边，比如800mm × 800mm，即按照切割场规定尺寸直接进场。进场后根据要求进行二次处理。

1）混凝土、砌筑砂浆、抹灰砂浆及各种胶泥等均按半成品消耗量以体积“m^3”表示，其配合比由各地区、部门按现行规范及当地材料质量情况进行编制。

2）本定额中所使用的砂浆均按干混预拌砂浆编制，若实际使用现拌砂浆或湿拌预拌砂浆时，按以下方法调整。

①使用现拌砂浆的，除将定额中的干混预拌砂浆调换为现拌砂浆外，砌筑定额按每m^3砂浆增加：一般技工0.382工日、200L灰浆搅拌机1.67台班，同时，扣除原定额中干混砂浆罐式搅拌机台班；其余定额按每m^3砂浆增加人工0.382，同时将原定额中干混砂浆罐式搅拌机调换为200L灰浆搅拌机，台班含量不变。

②使用湿拌预拌砂浆的，除将定额中的干混预拌砂浆调换为湿拌预拌砂浆外，另按相应定额中每m^3砂浆扣除人工0.20工日，并扣除干混砂浆罐式搅拌机台班数量。

※规则定制说明：

基础定额是按照干混预拌砂浆编制的，当实际现场采用现拌砂浆、湿拌预拌砂浆时，应该按照上述人工、机械对基础定额进行调整，以此得到新的综合单价。

预拌砂浆包含干混砂浆和湿拌砂浆，统称为商浆。而现拌砂浆就是现场搅拌砂浆，因为其质量难以保障，基本不允许用在工程主体结构上。

1）本定额中木材不分板材与方材，均以××（指硬木、杉木或松木）板方材取定。木种分类如下：

第一、二类：红松、水桐木、樟木松、白松（云杉、冷杉）、杉木、杨木、柳木、椴木。

第三、四类：青松、黄花松、秋子木、马尾松、东北榆木、柏木、苦楝木、梓木、黄菠萝、椿木、楠木、柚木、樟木、栋木（柞木）、檀木、色木、槐木、荔木、麻栗木（麻株、青刚）、桦木、荷木、水曲柳、华北榆木、棒木、橡木、枫木、核桃木、樱桃木。

本定额装饰项目中以木质饰面板、装饰线条表示的，其材质包括：棒木、橡木、柚木、枫木、核桃木、樱桃木、檀木、色木、水曲柳等。部分列有棒木或橡木、枫布等的项目，如设计使用的材质与定额取定的不符者，可以换算。

※规则定制说明：

当项目有特殊木材要求时，如特殊防腐处理、特殊硬度要求等，当所使用木材与定额所包含的木材不一致时，可以对材质进行换算，按照实际木材进行计算。

2）本定额所采用的材料、半成品、成品的品种、规格型号与设计不符时，可按各章规定调整。

3）本定额中的周转性材料按不同施工方法、不同类别和材质，计算出一次摊销量，计入消耗量定额。一次使用量和摊销次数见附录。

※规则定制说明：

如遇非工程原因导致的混凝土模板造成一次摊销，此时需要及时办理签证。

有些时候，业主为了赶工或由于一些特殊的工艺需求，将模板只使用一次就埋在土里或造成破坏，无法再进行周转，这时候施工单位需要做好详细的依据资料，并及时找建设方签认此事，避免造成额外的损失。

4）对于用量少、低值易耗的零星材料，列为其他材料。

※规则定制说明：

比如编号的油漆、绑丝等用量很少，还有无需度量的材料，直接并入到其他材料中综合考虑。企业在成本分析时，此类内容也不用作为具体分析对象，综合考虑即可。

5）现浇混凝土工程的承重支模架、钢结构或空间网架结构安装使用的满堂承重架以及其他施工用承重架，满足下列条件之一的应另行计算相应费用，不再执行相应增加层定额。

①搭设高度8m及以上。

②搭设跨度18m及以上。

③施工总荷载15kN/m^{2}及以上。

④集中线荷载20kN/m及以上。

※规则定制说明：

当高度、跨度、总荷载、线荷载超过规定数值时，原有承重结构无法承担此部分重量，需要另行计算承重支架，可以根据实际情况另执行满堂脚手架定额子目。

（9）关于机械。

①本定额中的机械按常用机械、合理机械配备和施工企业的机械化装备程度，并结合工程实际综合确定。

②本定额的机械台班消耗量按正常机械施工工效并考虑机械幅度差综合确定。

③挖掘机械、打桩机械、吊装机械、运输机械（包括推土机、铲运机及构件运输机械等）分别按机械容量或性能及工作物对象，按单机或主机与配合辅助机械，分别以台班消耗量表示。

④凡单位价值在2000元以内、使用年限在一年以内的不构成固定资产的施工机械，不列入机械台班消耗量，作为工具、用具在建筑安装工程费中的企业管理费中考虑，其消耗的燃料动力等已列入材料内。

※规则定制说明：

用具属于一般工具、用具，低值易耗品定额不考虑费用摊销，如混凝土振动棒、工地小推车等。此费用列在工程费中的企业管理费中，发生时不再另行计算。

（10）关于水平和垂直运输。

①材料、成品、半成品：包括自施工单位现场仓库或现场指定堆放地点运至安装地点的水平和垂直运输。

②垂直运输基准面：室内以室内地（楼）平面为基准面，室外以设计室外地坪面为基准面。

（11）本定额按建筑面积计算的综合脚手架、垂直运输等，是按一个整体工程考虑的。如遇结构与装饰分别发包，则应根据工程具体情况确定划分比例。

※规则定制说明：

综合脚手架、垂直运输综合考虑了结构和装饰部分的工作内容，主体和装饰工程是两家单位分别施工的，可以用比例进行协商划分。

（12）本定额除注明高度的以外，均按单层建筑物檐高20m、多层建筑物6层（不含地下室）以内编制，单层建筑物檐高在20m以上、多层建筑物在6层（不含地下室）以上的工程，其降效应增加的人工、机械及有关费用，另按本定额中的建筑物超高增加费计算。

※规则定制说明：

此处规定了超高降效的使用场景，单层建筑物檐高在20m以上、多层建筑物在6层（不含地下室）以上的工程，执行超高降效。详见措施费章节说明和规则。

（13）本定额中的工作内容已说明了主要的施工工序，次要工序虽未说明，但均已包括在内。

（14）施工与生产同时进行、在有害身体健康的环境中施工时的降效增加费，本定额未考虑，发生时另行计算。

（15）《房屋建筑与装饰工程量计算规范》（GB 50854—2013）中的安全文明施工及其他措施项目，本定额未编入，由各地区、部门自行考虑。

（16）本定额适用海拔2000m以下的地区，超过上述情况时，由各地区、部门结合高原地区的特殊情况，自行制订调整办法。

（17）本定额中遇有两个或两个以上系数时，按连乘法计算。

（18）本定额注有“××以内”或“××以下”及“小于”者，均包括××本身；“××以外”或“××以上”及“大于”者，则不包括××本身。

定额说明中未注明（或省略）尺寸单位的宽度、厚度、断面等，均以“mm”为单位。

（19）凡本说明未尽事宜，详见各章说明和附录。

4.2 土方工程规则的定制

4.2.1 定额说明的解析与进阶

定额包括土方工程、石方工程、回填及其他等三节。

1）土壤及岩石分类　本章土壤按一、二类土，三类土，四类土分类，其具体分类见表4-1。

表4-1　土壤分类

土壤分类	土壤名称	开挖方法
一、二类土	粉土、砂土（粉砂、细砂、中砂、粗砂、砾砂）、粉质黏土、弱中盐渍土、软土（淤泥质土、泥炭、泥炭质土）、软塑红黏土、冲填土	用锹，少许用镐、条锄开挖。机械能全部直接铲挖满载者
三类土	黏土、碎石土（圆砾、角砾）混合土、可塑红黏土、硬塑红黏土、强盐渍土、素填土、压实填土	主要用镐、条锄，少许用锹开挖。机械需部分刨松方能铲挖满载者，或可直接铲挖但不能满载者
四类土	碎石土（卵石、碎石、漂石、块石）、坚硬红黏土、超盐渍土、杂填土	全部用镐、条锄挖掘，少许用撬棍挖掘。机械需普遍刨松方能铲挖满载者

2）岩石分类　本章岩石按极软岩、软岩、较软岩、较硬岩、坚硬岩分类，其具体分类见表4-2。

表4-2　岩石分类

<table>
<tr><th colspan="2">岩石分类</th><th>代表性岩石</th><th>开挖方法</th></tr>
<tr><td colspan="2">极软岩</td><td>（1）全风化的各种岩石
（2）各种半成岩</td><td>部分用手凿工具、部分用爆破法开挖</td></tr>
<tr><td rowspan="2">软质石</td><td>软岩</td><td>（1）强风化的坚硬岩或较硬岩
（2）中等风化～强风化的较软岩
（3）未风化～微风化的页岩、泥岩、泥质砂岩等</td><td>用风镐和爆破法开挖</td></tr>
<tr><td>较软岩</td><td>（1）中等风化～强风化的坚硬岩或较硬岩
（2）未风化～微风化的凝灰岩、千枚岩、泥灰岩、砂质泥岩等</td><td>用爆破法开挖</td></tr>
</table>

（续）

岩石分类		代表性岩石	开挖方法
硬质石	较硬岩	（1）微风化的坚硬岩 （2）未风化~微风化的大理岩、板岩、石灰岩、白云岩、钙质砂岩等	用爆破法开挖
	坚硬岩	未风化~微风化的花岗岩、闪长岩、辉绿岩、玄武岩、安山岩、片麻岩、石英岩、石英砂岩、硅质砾岩、硅质石灰岩等	用爆破法开挖

※规则定制说明：

因土壤及岩石类型不同，实际施工时所使用的开挖方式不一样，定额的人工、机械消耗量就会有所不同，所以企业在编制定额时，应根据不同土壤及岩石类别划分不同的综合单价。在招标投标时如有地勘报告，则依据地勘报告进行差异性报价编制，如无地勘报告，应描述为综合，依据现场踏勘实际情况进行综合考虑。

3）干土、湿土、淤泥的划分　干土、湿土的划分以地质勘测资料的地下常水位为准。地下常水位以上为干土、以下为湿土。地表水排出后，土壤含水率≥25%时为湿土。

含水率超过液限，土和水的混合物呈现流动状态时为淤泥。

温度在0℃及以下，并夹含有冰的土壤为冻土。本章定额中的冻土指短时冻土和季节冻土。

※规则定制说明：

此部分区分了普通土质与特殊土质（湿土、淤泥、冻土）的划分界限，在进行项目招标投标时，依据地勘报告给出的地质情况。按照上述的划分标准进行土质的划分。企业定额应该对淤泥质土、冻土、湿土等特殊土质进行差异化定额消耗量编制。

判断土方湿度的简易方法：用手抓起土壤，握住，土壤能自然成团，松开手，土壤能自动散开，称为干土；用手抓起土壤，握住，土壤能自然成团，松开手，土壤仍然成团状不散开，称为湿土。

※双方博弈点：

淤泥质土如何办签证。

如果遇到挖淤泥或者流沙，需要及时找业主或者监理进行见证，并确认淤泥或流沙的挖除工程量，以此作为办理签证的依据，方便后期进行结算。

4）沟槽、基坑、一般土石方的划分　底宽（设计图示垫层或基础的底宽，下同）≤7m，且底长>3倍底宽为沟槽；底长≤3倍底宽，且底面积≤15㎡为基坑；超出上述范围，又非平整场地的，为一般土石方。

※规则定制说明：

此处对沟槽（如条形基础、基础梁）、基坑（独立基础、柱墩）、一般土石方的界限进行划分，企业应该根据沟槽、基坑、一般土石方施工作业的难度，定义不用的消耗量。

一般情况下定额人工消耗量：一般土石方≤沟槽≤基坑。

※双方博弈点：

采用大开挖方式，连同基槽与柱墩基坑一起施工时，柱墩基坑是否还可以套用基坑土石方？

可以，大开挖中柱墩的基坑施工难度加大，人工和机械产生不同程度的降效，需要单独算量和套项。

5）挖掘机（含小型挖掘机）挖土方项目　已综合了挖掘机挖土方和挖掘机挖土后，基底和边坡遗留厚度≤0.3m的人工清理和修整。使用时不得调整，人工基底清理和边坡修整不另行计算。

※规则定制说明：

当现场采用挖掘机开挖土方时，消耗量中包含了可以修整到的基底和边坡，但机械挖土工程量是机械实际完成的工程量，不是大开挖的全部挖土工程量，比如集水坑、电梯坑等用人工挖除的就不能计入机械大开挖的工程量。同时对于机械土方无法开挖的部位，要按照人工挖土进行列项，此时要适当提高人工的消耗量。

※双方博弈点：

基底底部人工清槽是否漏算？

一般规定，为了防止土方超挖以及基础底部土壤松动，基坑底部预留200～300mm进行人工清槽，具体高度详见图纸及业主要求，施工单位在投标时不要丢项。定额选用时套用人工清槽定额子目，同时注意与总体土方的扣减关系，人工清槽部位工程量不要重复计算。

6）小型挖掘机　斗容量≤$30m^3$的挖掘机，适用于基础（含垫层）底宽1.20m的沟槽土方工程或底面积≤$8m^2$的基坑土方工程。

※规则定制说明：

企业在编制此条规则时，要依据实际小型机械台班消耗量，对于限额以下的集水坑、下柱墩、沟槽是按照小型机械进行消耗量编制。

7）土石方工程中的系数　下列土石方工程，执行相应项目时乘以规定的系数。

①土方项目按干土编制。人工挖、运湿土时，相应项目人工乘以系数1.18；机械挖、运湿土时，相应项目人工、机械乘以系数1.15。采取降水措施后，人工挖、运土相应项目人工乘以系数1.09，机械挖、运土不再乘以系数。

※规则定制说明：

定额编制时，企业可以仅编制基础定额，在出现差异化时，按照人工机械系数进行调整。当分析地勘报告，发现土方在地下水位以下时，则执行挖干土项目，并对其人工乘以降效系数，以适配湿土降效情况，人工、机械按照所使用的项目进行调整。

※双方博弈点：

当现场已经采取了降水措施，土质仍存在湿度，是否执行挖湿土项目？湿土外运是否执行泥浆外运项目？

当现场已经采取了降水措施，虽仍有湿度，但较降水前已经得到了很大的改善，相应的人工则执行更低的系数调整，机械挖、运土不再乘以系数。挖运的图纸并非泥浆，一般采用晾晒法，按照土方进行外运即可。

②人工挖一般土方、沟槽、基坑深度超过6m时，6m＜深度≤7m，按深度≤6m相应项目人工乘以系数1.25；7m＜深度≤8m，按深度≤6m相应项目人工乘以系数1.25^2；以此类推。

※规则定制说明：

本条给出了人工挖一般土方、沟槽、基坑的基础定额及超厚降效时的系数调整，以6m为界限，每超过1m时乘以系数1.25。

③挡土板内人工挖槽坑时，相应项目人工乘以系数1.43。

※规则定制说明：

当基槽或基坑边坡不能放坡时，支挡土板，由于支撑了挡土板导致人工挖土降效严重，机械正常施展受限，相应的费用需要进行调整。

④桩间挖土不扣除桩体和空孔所占体积，相应项目人工、机械乘以系数1.50。

※规则定制说明：

在编制此处企业定额时，要注意是否要扣除桩体和空孔所占的体积，本企业定额以不扣除桩体为主，在进行人工挖桩间土时人工和机械会产生降效，实际降效系数为1.5。按照实际系数套用即可。

※双方博弈点：

桩间土的单独套项及与土方之间的扣减关系？

在出现桩基工程中，要进行桩间土计算，并且需要单独列项，桩间土的综合单价要高于一般土方，需要重点关注的是以下两点。

1）挖土高度：一般情况下挖土高度为超灌高度+桩顶伸入承台高度+桩头防水厚度，后两项为经常漏算项目。

2）桩间土与土方开挖之间的扣减关系：在计算完毕桩间土之后，土方总体开挖量要扣除桩间土开挖量，不要重复计算。

⑤满堂基础垫层底以下局部加深的槽坑，按槽坑相应规则计算工程量，相应项目人工、机械乘以系数1.25。

※规则定制说明：

企业定额编制时需注意，只有基础底标高低于垫层时，局部加深的槽坑按挖槽坑算乘系数，其余满堂基础还按大开挖算土方。

⑥推土机推土，当土层平均厚度≤0.30m时，相应项目人工、机械乘以系数1.25。

※规则定制说明：

推土机推土是按照推土的厚度以体积计算，但推土机启动后，无论推土还是挖土一样会消耗燃油、人工以及机械的损耗，但推300mm以内厚的土实际发生的土方量要远小于挖土所发生的土方工程量，所以在计算推土机推土时，在土层平均厚度≤0.30m时人工机械消耗量乘以系数 1.25。

⑦挖掘机在垫板上作业时，相应项目人工、机械乘以系数 1.25。挖掘机下铺设垫板。汽车运输道路上铺设材料时，其费用另行计算。

※规则定制说明：

在含水率大的施工部位进行施工作业时，为了避免出现挖掘机下陷的情况，施工时需要铺设垫板。

※双方博弈点：

挖掘机在垫板上作业时应该如何办签证？

此处涉及两笔费用：一是因为操控困难，降效严重，挖掘机的消耗量要按照 1.25 执行；二是垫板材料费应及时办理签证，按照实际发生进行计算。

⑧场区（含地下室顶板以上）回填，相应项目人工、机械乘以系数 0.90。

※规则定制说明：

场区回填不包括房心回填、基槽回填。仅指施工现场实际自然地坪与设计室外地坪之间的高差的回填，这个一般是在楼体施工完成开始室外管网、绿化、道路等施工之前进行的回填，回填到原地面标高以后的回填量，因为此处回填方式简单，速度快，夯实没太多要求，所以不需要太多的人工与机械。故人工、机械乘以系数 0.90。

8）土石方运输。

①本章土石方运输按施工现场范围内运输编制。弃土外运以及弃土处理等其他费用，按各地的有关规定执行。

※规则定制说明：

企业应依据自身情况，编制弃土外运及弃土处理的费用。弃土外运和处理这项工作受地区因素影响较大，企业根据地区环保要求和人文环境，编制对应的外运定额。

※双方博弈点：

渣土消纳费是否计算。

部分地区有渣土消纳需求，渣土需要按照要求进行消纳，并增加渣土消纳费用，此时施工单位实际是否消纳成了结算难题。

1）施工单位主张：施工单位依据合同规定，完成了土方外运工作，即完成工作要求作为合同履行的条件，并不因是否消纳渣土而扣减费用，同时也没有必要提供消纳证。

2）审计及业主主张：按照清单规定并在合同中约定了渣土消纳的费用，施工单位需要提供充分的证明性材料，证明已经按照合同约定进行渣土消纳，这笔费用才可以主张。

乍一看这两者都有道理，但实际来说施工单位还是应该提供渣土消纳证，因为合同有约定，并且结算时提供合理的证明材料是结算的前提条件，所以渣土消纳证需要按实提供。

②土石方运距，按挖土区重心至填方区（或堆放区）重心间的最短距离计算。

※规则定制说明：

重心和中心并不相等，重心指的是平衡重量分界点（通俗地说就是把物体平衡吊起后使得物体平衡的垂直重心点的意思），中心是两边距离相等，所以在编制企业定额时，仅考虑场内运距。场外运输，单独执行场外运输的。建议在土方方案编制阶段，明确推土机功率大小、推土距离等，规避未来可能产生的争议。

③人工、人力车、汽车的负载上坡（坡度≤15%）降效因素，已综合在相应运输项目中，不另行计算。推土机、装载机负载上坡时，其降效因素按坡道斜长乘以表4-3中相应系数计算。

表4-3　重车上坡降效系数

坡度（%）	5～10	≤15	≤20	≤25
系数	1.75	2.00	2.25	2.50

※规则定制说明：

负载上坡降效指的是人工、人力车、汽车，在上坡时，由于坡度关系，只能减小载重，才能正常上坡，由此产生降效。此处负载上坡（坡度≤15%）降效因素，已综合在相应运输项目中，存在歧义。企业在编制企业定额时，建议以5%以内自行考虑，超过5%时，执行对应的坡度系数。

9）平整场地。建筑物所在现场厚度≤30cm的就地挖、填及平整。挖填土方厚度>30cm时，全部厚度按一般土方相应规定另行计算，但仍应计算平整场地。

※规则定制说明：

标高在±300mm以内的挖土找平、铲草皮及清理其他杂物等工作内容。

※双方博弈点：

在计算平整场地时有以下几个注意事项。

1）如上述规则所说，当基坑使用大开挖按照一般土方计算时，仍应计算平整场地。

2）单独的地下车库，没有首层，仍应计算平整场地工程量。如果车库顶板上方没有建筑物，即可以按照车库面积进行计算。

3）前期业主完成了三通一平后，这个场地平整要求指的是施工机械能够正常进出场，而建筑物首层建筑面积的平整场地一般是为满足放线要求而进行的平整场地，两者不同，所以在记取完三通一平后，场地平整仍要计算。

10）基础（地下室）周边回填材料时，执行“4.3　地基处理与边坡支护工程的定制”中“一、地基处理”相应项目，人工、机械乘以系数0.90。

※规则定制说明：

基础（地下室）周边回填材料时，不像基槽回填那么复杂，所消耗的人工和机械较低，所以按照对应的人工、机械乘以系数0.9考虑即可。

11）本章未包括现场障碍物清除、地下常水位以下的施工降水、土石方开挖过程中的地表水排除与边坡支护，实际发生时，另按其他章节相应规定计算。

※规则定制说明：

土方工程不含此部分内容，发生时按照对应的章节落实，因为不利的物质条件在前期无法准确预估，所以此条建议施工单位在实际施工时，以签证的形式落实，按照签证计算即可。

4.2.2 工程量计算规则

1）土石方的开挖、运输均按开挖前的天然密实体积计算。土方回填按回填后的竣工体积计算。不同状态的土石方体积按表4-4换算。

表4-4 土石方体积换算系数

名称	虚方	松填	天然密实	夯填
土方	1.00	0.83	0.77	0.67
	1.20	1.00	0.92	0.80
	1.30	1.08	1.00	0.87
	1.50	1.25	1.15	1.00
石方	1.00	0.85	0.65	—
	1.18	1.00	0.76	—
	1.54	1.31	1.00	—
块石	1.75	1.43	1.00	（码方）1.67
砂夹石	1.07	0.94	1.00	

※规则定制说明：

在使用定额计价时，为了保证消耗量统一，在土方工程量计算时，无论是开挖还是回填，均按照天然密实体积计算，同时如果是基槽夯填，回填的土方按照上述夯填系数以比例计算。

2）基础土石方的开挖深度，应按基础（含垫层）底标高至设计室外地坪标高确定。交付施工场地标高与设计室外地坪标高不同时，应按交付施工场地标高确定。

※规则定制说明：

施工场地标高是发包人在进行三通一平后，移交给施工单位的土方作业面标高，如果交付标高与设计室外地坪标高不同时，应该按照发包人提供的场地高程图或抄测的方格网，进行原始土方开挖的计算。

※双方博弈点：

①原始地面标高可以从地勘报告（原始标高图）中获取，如果遇到交付施工场地标高情况，需要联系建设方、监理等进场测量，形成场地标高签证文件，便于后期土方按实结算。

②如果土方是建设方分包的，总承包进场后要测量坑底标高，判断是否超挖（砂垫层，

增加垫层厚度）或者少挖。如出现超挖或少挖应及时办理签证。

3）基础施工的工作面宽度，按施工组织设计（经过批准，下同）计算；施工组织设计无规定时，按下列规定计算。

①当组成基础的材料不同或施工方式不同时，基础施工的工作面宽度按表4-5计算。

表4-5　基础施工单面工作面宽度计算

基础材料	每面增加工作面宽度/mm
砖基础	200
毛石、方整石基础	250
混凝土基础（支模板）	400
混凝土基础垫层（支模板）	150
基础垂直面做砂浆防潮层	400（自防潮层面）
基础垂直面做防水层或防腐层	1000（自防水层或防腐层面）
支挡土板	100（另加）

※规则定制说明：

规则中有混凝土基础垫层（支模板）的工作面增加宽度，当基础用的不是砖胎膜而是木模板的话，要考虑支设工作面，同时注意的是基础垫层一般比基础宽100mm，加工作面是250mm，而基础支模时是400mm，所以基础和基础垫层都支模时按400mm计算即可。

※双方博弈点：

基础材料多个并存时应该如何计算工作面宽度？

因为要考虑人工能有足够的工作面进行施工，表中基础材料多个并存时，工作面宽度按其中规定的最大宽度计算。

②基础施工需要搭设脚手架时，基础施工的工作面宽度，条形基础按1.50m计算（只计算一面）；独立基础按0.45m计算（四面均计算）。

③基坑土方大开挖需做边坡支护时，基础施工的工作面宽度按2.00m计算。

④基坑内施工各种桩时，基础施工的工作面宽度按2.00m计算。

⑤管道施工的工作面宽度，按表4-6计算。

表4-6　管道施工单面工作面宽度计算

管道材质	管道基础外沿宽度（无基础时管道外径）/mm			
	≤500	≤1000	≤2500	>2500
混凝土管、水泥管	400	500	600	700
其他管道	300	400	500	600

※规则定制说明：

对于基础搭设脚手架、边坡支护、各种桩基、预计管道施工等特殊施工条件时，实际工作面要比常规工作面大，按照上述特殊工作面执行，有垫层的按照垫层边增加对应的工作面宽度。

4）基础土方的放坡。

①土方放坡的起点深度和放坡坡度按施工组织设计计算；施工组织设计无规定时，按表4-7计算。

表4-7　土方放坡起点深度和放坡坡度

土壤类别	起点深度（>m）	放坡坡度			
		人工挖土	机械挖土		
			基坑内作业	基坑上作业	沟槽上作业
一、二类土	1.20	1∶0.50	1∶0.33	1∶0.75	1∶0.50
三类土	1.50	1∶0.33	1∶0.25	1∶0.67	1∶0.33
四类土	2.00	1∶0.25	1∶0.10	1∶0.33	1∶0.25

※规则定制说明：

土方放坡的坡度系数由发包人认可的施工组织设计或者专项施工方案确定，没有方案或者规定时，执行上述放坡系数。坡度系数＝坡的高度与坡的宽度之比。挖土深度均是下限值，比如超过1.5m，其实就是1.5～2.0的意思。

②基础土方放坡，自基础（含垫层）底标高算起。

③混合土质的基础土方，其放坡的起点深度和放坡坡度，按不同土类厚度加权平均计算。

④计算基础土方放坡时，不扣除放坡交叉处的重复工程量。

⑤基础土方支挡土板时，土方放坡不另行计算。

※规则定制说明：

计算放坡时的几个注意事项，放坡起始高度自基础底标高起算，计算基槽或者基坑，当需要计算放坡时，放坡重叠工程量不扣除。支设挡土板的项目不设置放坡，则放坡无须另行计算。

5）爆破岩石的允许超挖量分别为：极软岩、软岩0.20m，较软岩、较硬岩、坚硬岩0.15m。

※规则定制说明：

因为岩石爆破具有不可控性，所以再次约定了可以进行超挖的工程量，超挖部分岩石并入相应的工程量内，爆破后的清理、修整执行人工清理的定额。因爆破为扩散性，因此其超挖部分深度和扩充宽度均可控制在0.2m或对应允许超挖数值。

6）沟槽土石方，按设计图示沟槽长度乘以沟槽断面面积，以体积计算。

①条形基础的沟槽长度，按设计规定计算；设计无规定时，按下列规定计算：

外墙沟槽，按外墙中心线长度计算。突出墙面的墙垛，按墙垛突出墙面的中心线长度，并入相应工程量内计算。

内墙沟槽、框架间墙沟槽，按基础（含垫层）之间垫层（或基础底）的净长度计算。

②管道的沟槽长度，按设计规定计算；设计无规定时，以设计图示管道中心线长度（不扣除下口直径或边长 >1.5m 的井池）计算。下口直径或边长 >1.5m 的井池的土石方，另按基坑的相应规定计算。

③沟槽的断面面积，应包括工作面宽度、放坡宽度或石方允许超挖的面积。

※规则定制说明：

企业在编制定额规则时，建议按照上述规则执行。

7）基坑土石方，按设计图示基础（含垫层）尺寸，另加工作面宽度、土方放坡宽度或石方允许超挖乘以开挖深度，以体积计算。

※规则定制说明：

基坑土石方和上述规则相同，在计算时根据基础结构形式或者施工组织设计规定工作面宽以及放坡宽度，并结合石方破碎时产生的超挖量，以体积计算。

8）一般土石方，按设计图示基础（含垫层）尺寸，另加工作面宽度、土方放坡宽度或石方允许超挖量乘以开挖深度，以体积计算。机械施工坡道的土石方工程量并入相应工程内计算。

※规则定制说明：

土方坡道的归属问题要引起关注，一般情况下土方为专业分包，土方作业时会预留土方坡道，在施工完毕后清除，但土方作业完毕后，总承包单位会对基础部分进行施工，仍然会用到土方坡道，一般情况下总承包单位会预留土方坡道，最终由总承包单位负责清理外运。

※双方博弈点：

汽车坡道：机械上下行驶坡道的土方工程量，按批准的施工组织设计计算，没有施工组织设计的可按土方工程量的5%计算，并入土方工程量。

9）挖淤泥流沙，以实际挖方体积计算。

10）人工挖（含爆破后挖）冻土，按设计图示尺寸，另加工作面宽度，以体积计算。

11）岩石爆破后人工清理基底与修整边坡，按岩石爆破的规定尺寸（含工作面宽度和允许超挖量）以面积计算。

※规则定制说明：

挖淤泥、流沙、冻土、岩石爆破因为范围不确定，在发生时要及时会同甲方、监理进行见证，确定实际发生工程量，以签证形式落实。

12）回填及其他。

①平整场地，按设计图示尺寸，以建筑物首层建筑面积计算。建筑物地下室结构外边线突出首层结构外边线时，其突出部分的建筑面积合并计算。

※规则定制说明：

计算首层建筑面积时的注意事项：

1）外墙外边线。外墙外边线含保温厚度以此计算建筑面积，同时注意保温基层及粘结层不包括在内。

2）阳台。计算阳台属于主体结构外阳台，按阳台底板计算1/2面积，且阳台保温全部计算。

3）雨篷。有柱雨篷按照结构板1/2计算面积，无柱雨篷按照结构外边线至外墙结构外边线2.1m以上的，按照雨篷结构板的投影面积计算1/2面积。

4）室外楼梯。室外楼梯应并入所依附建筑物自然层，并应按其水平投影面积的1/2计算建筑面积。

②基底钎探，以垫层（或基础）底面积计算。

※规则定制说明：

界面划分：首先明确钎探是否在总承包范围内，还是业主直接委托地勘单位施工。如果在总承包范围内，并且明确需进行钎探，则需要计算此费用。

分析地形情况：在甲方没有明确要去的情况下，视情况分析是否需要钎探，以此来决定报价。

※双方博弈证点：

前期地勘报告明确的情况下，钎探费用能否记取？

首先明确的是钎探和地勘，性质不同，探测内容不同、发生时间不一样。地勘是发生在工程施工前，主要是对地址情况进行全方位探测，而钎探是土方施工完毕后，对基础下方是否有软弱地基进行勘探。此时踏勘和钎探不冲突，可以同时发生。

③原土夯实与碾压，按施工组织设计规定的尺寸，以面积计算。

④回填，按下列规定，以体积计算：

a. 沟槽、基坑回填，按挖方体积减去设计室外地坪以下建筑物、基础（含垫层）的体积计算。

※规则定制说明：

回填土分夯填与松填，一般基坑（槽）回填执行夯填，房心回填执行夯填，地下车库顶板上、绿化带内回填土执行松填。

b. 管道沟槽回填，按挖方体积减去管道基础和表4-8所示管道折合回填体积计算。

表4-8 管道折合回填体积 （单位：m^3/m）

管道	公称直径（mm以内）					
	500	600	800	1000	1200	1500
混凝土管及钢筋混凝土管道	—	0.33	0.60	0.92	1.15	1.45
其他材质管道	—	0.22	0.46	0.74	—	—

※规则定制说明：

管外径小于500mm时，不扣除管道所占的回填土体积，此时回填土工程量=挖土工程量。

c. 房心（含地下室内）回填，按主墙间净面积（扣除连续底面积$2m^2$以上的设备基础等面积）乘以回填深度以体积计算。

d. 场区（含地下室顶板以上）回填，按照回填面积乘以平均回填厚度以体积计算。

※规则定制说明：

回填土按照实际体积计算，而非外购土按照实际运输的体积计算。

※双方博弈点：

如果是外购土回填，土方价格要进行认质认价，其中包括外购土价格及土方运输费用，最终以签证形式落实。

13）土方运输，以天然密实体积计算。

挖土总体积减去回填土（折合天然密实体积），体积为正则为余土外运，体积为负则为取土内运。

※规则定制说明：

填土如果是夯填形式，应该按照系数换算表乘以对应的系数进行换算。夯实体积会较实方体积变小，外运量会相应增多。

无论是夯填还是松填，均不包括场内运输，场内运输需要根据不同运距另外计算。

运土距离可以综合考虑，但建议以签证形式落实实际运距，确认场地堆积土位置到回填土位置的距离。

如果需要购买土方，需要及时办理签证签认单价及运距。

4.3 地基处理与边坡支护工程的定制

课前扫盲：地基处理与桩基工程的区别

（1）地基处理：用于改善支承建筑物的地基（土或岩石）的承载能力或改善其变形性质或渗透性质而采取的工程技术措施。竖向增强体（比如大直径素混凝土桩）与桩间土共同承担荷载，充分利用了桩间土的承载作用

（2）桩基础：通过承台把若干根桩的顶部联结成整体，共同承受动静荷载的一种深基础，而桩是设置于土中的竖直或倾斜的基础构件。荷载由桩来承担，桩间土不起承载作用

简而言之：早上吃的小米粥，你如果直接在小米粥上放一颗鸡蛋，鸡蛋会直接陷下去。

但把小米粥里面的汤沥干或者小米粥中间换成干米饭，这时候放鸡蛋不会下陷，这就是地基处理的原理的形象说明。

在鸡蛋上插几根牙签，把鸡蛋立在粥里，鸡蛋和牙签形成一体，鸡蛋也不会下陷，这就是桩基的原理的形象说明。

4.3.1 定额说明的解析与进阶

定额包括地基处理和基坑与边坡支护两节。

1. 地基处理

1）填料加固。

①填料加固项目适用于软弱地基挖土后的换填材料加固工程。

②填料加固夯填灰土就地取土时，应扣除灰土配比中的黏土。

※规则定制说明：

填料加固工程适用于软弱基地挖土后的换填情况；现场利用原状土，不必外购土时，回填灰土是按照全部外购土考虑的，此时可以直接将灰土中的土的价格修改为0。

2）强夯。

①强夯项目中每单位面积夯点数，是指设计文件规定单位面积内的夯点数量，若设计文件中夯点数量与定额不同时，采用内插法计算消耗量。

②强夯的夯击次数是指强夯机械就位后，夯锤在同一夯点上下起落的次数。

③强夯工程量应区别不同夯击能量和夯点密度，按设计图示夯击范围及夯击遍数分别计算。

※规则定制说明：

强夯项目中每单位面积夯点数，一般以≤4个夯击点数作为定额套用界限。如果设计文件中夯点数量和定额规定的数量不同时，采用内插法进行换算。

企业在编制强夯定额时，要根据夯击能量、夯击次数、单平方米夯点数进行定额编制。

※思维拓宽：

什么是内插法？

所谓内插法，是指定额两个子目消耗量差对应的内差均值，如当定额中只有7夯点及4夯点时（其中对应的机械台班消耗是7/3），但是实际设计为5个点，则根据内插法，实际台班消耗量为$(5-4)\times[(7-4)/(7-3)]+3=3.75$。

3）填料桩。

碎石桩与砂石桩的充盈系数为1.3，损耗率为2%。实测砂石配合比及充盈系数不同时可以调整。其中，灌注砂石桩除上述充盈系数和损耗率外，还包括级配密实系数1.334。

※规则定制说明：

填料桩包括碎石桩、砂石桩、水泥粉煤灰碎石桩、灰土挤密桩等。定额消耗量中包含了充盈系数。设计不同时，可以进行调整。

※思维拓宽：

什么是充盈系数？

灌桩的混凝土充盈系数是指一根桩实际灌注的混凝土方量与按桩外径计算的理论方量之比（$V_{实}/V_{理论}$）。在实际施工过程中，成孔出现的偏差大于设计尺寸，以及由于施工过程中可能会出现桩身侧壁裂缝、孔洞及塌孔等原因，导致实际灌入量大于理论计算量。振动灌注桩和锤击式灌注桩的充盈系数一般为 1.05 ~ 1.20；静压灌注桩一般为 1.02 ~ 1.10。对充盈系数小于 1 的桩，判定为废桩，应立即实行复打。

4）搅拌桩。

①深层搅拌水泥桩项目按一喷两搅施工编制，实际施工为两喷四搅时，项目的人工、机械乘以系数 1.43；实际施工为两喷两搅、四喷四搅时分别按一喷两搅、两喷四搅计算。

※规则定制说明：

水泥搅拌桩一般下钻再提升，再下钻再提升，来回两次，无论下钻还是提升都要搅拌，称为四搅，只有提升时喷浆，下钻不喷浆称为两喷，这根桩的施工过程称为两喷四搅。

两喷两搅，喷浆的人工和机械不会变化，只是喷浆的差异，所以与一喷两搅相同。

②水泥搅拌桩的水泥掺入量按加固土重（1800kg/m^3）的 13% 考虑，如设计不同时，按每增减 1% 项目计算。

③深层水泥搅拌桩项目已综合了正常施工工艺需要的重复喷浆（粉）和搅拌。空搅部分按相应项目的人工及搅拌桩机台班乘以系数 0.5 计算。

※规则定制说明：

桩顶标高一般都在自然地坪以下一段距离，这段高度只需一次空搅将钻头提出地面即可，其消耗的人工和机械较少，按照乘以系数 0.5 考虑计算。

④三轴水泥搅拌桩项目水泥掺入量按加固土重（1800kg/m^3）的 18% 考虑，如设计不同时，按深层水泥搅拌桩每增减 1% 项目计算；按两搅两喷施工工艺考虑，设计不同时，每增（减）一搅一喷按相应项目人工和机械费增（减）40% 计算。空搅部分按相应项目的人工及搅拌桩机台班乘以系数 0.5 计算。

※规则定制说明：

三轴水泥搅拌桩同时有三个螺旋钻孔，施工时三条螺旋钻孔同时向下施工，三轴搅拌桩和上述规则类似，按照上述规则执行即可。

⑤三轴水泥搅拌桩设计要求全断面套打时，相应项目的人工及机械乘以系数 1.5，其余不变。

※规则定制说明：

三轴搅拌桩全断面套打就是每根桩都和上一根桩有部分截面重合（图 4-1）。

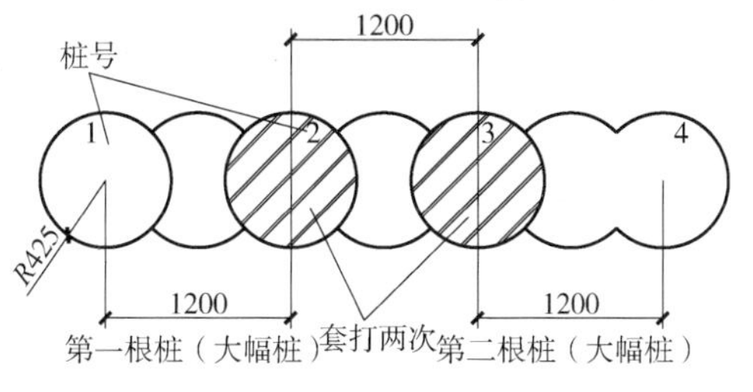

图 4-1

5）注浆桩　高压旋喷桩项目已综合接头处的复喷工料；高压喷射注浆桩的水泥设计用量与定额不同时，应予以调整。

6）注浆地基所用的浆体材料用量应按照设计含量调整。

7）注浆项目中注浆管消耗量为摊销量，若为一次性使用，可进行调整。废浆处理及外运执行本定额“第一章土石方工程”相应项目。

※规则定制说明：

接头处为了避免使用中出现漏水现象，要进行二次喷浆，同时不论是高压旋喷桩还是注浆地基，当材料用量和设计用量不符时，允许调整。

8）打桩工程按陆地打垂直桩编制　设计要求打斜桩时，斜度≤1∶6时，相应项目的人工、机械乘以系数1.25；斜度>1∶6时，相应项目的人工、机械乘以系数1.43。

9）桩间补桩或在地槽（坑）中及强夯后的地基上打桩时，相应项目的人工、机械乘以系数1.15。

10）单独打试桩、锚桩，按相应项目的打桩人工及机械乘以系数1.5。

11）若单位工程的碎石桩、砂石桩的工程量≤60m^3时，其相应项目的人工、机械乘以系数1.25。

※规则定制说明：

当出现特殊工艺做法，导致了人工、机械发生降效时，应乘以对应系数。如打斜桩、桩间补桩或在地槽（坑）中及强夯后的地基上打桩、试桩、锚桩或小于一定限额时，应将对应的人工、机械进行调整。

12）本章凿桩头适用于深层水泥搅拌桩、三轴水泥搅拌桩、高压旋喷水泥桩等项目。

2. 基坑支护

1）地下连续墙未包括导墙挖土方、泥浆处理及外运、钢筋加工，实际发生时，按相应规定另行计算。

※规则定制说明：

企业在编制定额时，要依据企业定额包含的内容，对实际工序进行划分，对于未包含的内容需要单独列项计算，如导墙土方、泥浆处理、钢筋加工等。

2）钢制桩。

①打拔槽钢或钢轨，按钢板桩项目，其机械乘以系数0.77，其他不变。

②现场制作的型钢桩、钢板桩，其制作执行本定额“第六章金属结构工程”中钢柱制作相应项目。

③定额内未包括型钢桩、钢板桩的制作、除锈、刷油。

※规则定制说明：

此定额只包括钢板桩的打拔和在打拔中的辅助性工作，同时对于槽钢或者钢轨打拔难度系数要低于钢板桩，所以机械费用要按照规定系数调整使用。

3）挡土板项目分为疏板和密板。疏板是指间隔支挡土板，且板间净空≤150cm 的情况；密板是指满支挡土板或板间净空≤30cm 的情况。

※规则定制说明：

密撑和疏撑，密撑是指满支挡土板；疏撑是指间隔支挡土板。实际间距不同时，定额不作调整。

4）若单位工程的钢板桩的工程量≤50t 时，其人工、机械量按相应项目乘以系数 1.25 计算。

※规则定制说明：

打钢板桩的支撑用量是材料摊销量，如果钢板支撑不拆除时，则对钢支撑含量进行调整。

5）钢支撑仅适用于基坑开挖的大型支撑安装、拆除。

6）注浆项目中注浆管消耗量为摊销量，若为一次性使用，可进行调整。

※规则定制说明：

注浆管如果是一次性使用，在使用时可以进行调整，以签证的形式落实，列明一次性使用的原因。

4.3.2　工程量计算规则

1. 地基处理

1）填料加固，按设计图示尺寸以体积计算。

2）强夯，按设计图示强夯处理范围以面积计算。设计无规定时，按建筑物外围轴线每边各加 4m 计算。

※规则定制说明：

企业可以根据强夯处理范围以面积计算，或者根据夯锤底面积定制计算，当无规定时，按照给定规则处理即可。

3）灰土桩、砂石桩、碎石桩、水泥粉煤灰碎石桩均按设计桩长（包括桩尖）乘以设计桩外径截面面积，以体积计算。

※规则定制说明：

企业定额在编制时要注意桩基的超灌高度，桩基的超灌高度要体现在定额工程量中，但在清单量中不予体现，应直接反映在清单综合单价里。这点要重点关注。

4）搅拌桩。

①深层水泥搅拌桩、三轴水泥搅拌桩、高压旋喷水泥桩按设计桩长加 50cm 乘以设计桩外径截面面积，以体积计算。

②三轴水泥搅拌桩中的插、拔型钢工程量按设计图示型钢以质量计算。

※规则定制说明：

在计算时，工程量是设计无要求时按设计桩长+500mm计算，设计有要求按设计要求计算。一般规定在双轴和三轴搅拌桩之间重叠部分面积不进行计算，此规则建议在编制企业定额时加以明确。

5）高压喷射水泥桩成孔按设计图示尺寸以桩长计算。

※规则定制说明：

成孔按长度计算，喷浆按体积计算。

6）分层注浆钻孔数量按设计图示以钻孔深度计算。注浆数量按设计图纸注明加固土体的体积计算。

※规则定制说明：

成孔按设计长度计算，加固土体按体积计算。

7）压密注浆钻孔数量按设计图示以钻孔深度计算。注浆数量按下列规定计算：

①设计图纸明确加固土体体积的，按设计图纸注明的体积计算。

②设计图纸以布点形式图示土体加固范围的，则按两孔间距的一半作为扩散半径，以布点边线各加扩散半径，形成计算平面，计算注浆体积。

③如果设计图纸注浆点在钻孔灌注桩之间，按两注浆孔的一半作为每孔的扩散半径，依此圆柱体积计算注浆体积。

※规则定制说明：

成孔按设计长度计算，加固土体按体积计算。加固场地面积=[纵向两最远孔点间距+2×扩散半径(纵向可以是曲线，则取中线长)]×[横向两最远孔点间距+2×扩散半径]。

加固体积=成孔面积×平均孔深

8）凿桩头按凿桩长度乘桩断面面积以体积计算。

2. 基坑支护

1）地下连续墙。

①现浇导墙混凝土按设计图示以体积计算。现浇导墙混凝土模板按混凝土与模板接触面的面积，以面积计算。

②成槽工程量按设计长度乘以墙厚及成槽深度（设计室外地坪至连续墙底），以体积计算。

③锁口管以“段”为单位（段是指槽壁单元槽段），锁口管吊拔按连续墙段数计算，定额中已包括锁口管的摊销费用。

④清底置换以“段”为单位。

⑤浇筑连续墙混凝土工程量按设计长度乘以墙厚及墙深加0.5m，以体积计算。

⑥凿地下连续墙超灌混凝土，设计无规定时，其工程量按墙体断面面积乘以0.5m，以体积计算。

※规则定制说明：

1）混凝土导墙和地下连续墙分开计算，混凝土导墙挖方及导墙混凝土按照设计图示尺寸以体积计算，模板按照接触面积以面积计算。

2）成槽土方按照导墙底标高至设计底标高计算，不要同导墙土方重复计算。

3）锁口管吊拔单独套取定额，定额中已包括锁口管的摊销费用。

4）清底置换就是将底部的杂质清除，然后按设计图纸以段进行计算。

5）因为机械开挖成槽后，还需要清底置换，以及超灌高度，定额综合考虑增加0.5m的工程量。

2）钢板桩：打拔钢板桩按设计桩体以质量计算。安、拆导向夹具按设计图示尺寸以长度计算。

※规则定制说明：

1）打拔钢板桩打入超过一年或者基坑底部为岩石时，导致钢板桩一次性摊销，要办理签证，增加打拔费用。

2）导向夹具就是打钢板桩时用于为钢板桩定位的一种周转使用的工具性的材料。工程量按设计图纸规定的长度以延长米计算。

3）砂浆土钉、砂浆锚杆的钻孔、灌浆，按设计文件或施工组织设计规定（设计图示尺寸）的钻孔深度，以长度计算。喷射混凝土护坡区分土层与岩层，按设计文件（或施工组织设计）规定尺寸，以面积计算。钢筋、钢管锚杆按设计图示以质量计算。锚头制作、安装、张拉、锁定按设计图示以“套”计算。

※规则定制说明：

实际施工时要根据设计文件，对钻孔孔径、钻孔砂浆进行调整。钢筋挂网要根据实际挂网间距对定额进行调整。同时注意边坡挂网上部的横向1m挂网。

※双方博弈点：

1）当现场护坡使用脚手架时，需要综合考虑计算，施工方应在前期明确施工方案，明确脚手架措施，以此作为后期办理脚手架费用的依据。

2）锚杆实际实施中水泥用量远大于定额用量，结算时水泥用量可否调整？

不可以，如果是设计水泥用量大于定额水泥用量时，可以调整，此处属于设计与定额规定不符；但施工中水泥用量远大于定额用量时，不可以调整。施工方应该综合考虑自身的施工工艺。

3）锚索是否考虑入岩增加费？

不考虑，入岩费用已经包括在定额综合单价当中，定额已经综合考虑了各种土层。

4）挡土板按设计文件（或施工组织设计）规定的支挡范围，以面积计算。

5）钢支撑按设计图示尺寸以质量计算，不扣除孔眼质量，焊条、铆钉、螺栓等也不另增加质量。

※规则定制说明：

挡土板和钢支撑按照规则进行计算即可。

4.4 桩基工程的定制

4.4.1 定额说明的解析与进阶

本章定额包括打桩、灌注桩两节。

本章定额适用于陆地上桩基工程，所列打桩机械的规格、型号是按常规施工工艺和方法综合取定，施工场地的土质级别也进行了综合取定。

※规则定制说明：

定额的基础消耗量编制是以陆地上桩基工程取定的，当企业需要定制水上桩基，或者山区桩基时，要对消耗量进行重新测定和取值。

桩基施工前场地平整、压实地表、地下障碍处理等定额均未考虑，发生时另行计算。

探桩位已综合考虑在各类桩基定额内，不另行计算。

※规则定制说明：

上述明确了桩基工程的定额消耗量中的界面划分，其中场地平整、压实地表、地下障碍物处理，可以单独套项，或者以签证的形式落实。

其中，探桩是指对地床、地层构造、土壤性质等，用钻机向地下钻孔，取出土壤或岩心分析，以确保使用哪种桩基形式，此费用包含在各类桩基定额中，发生时不再另行计算。

单位工程的桩基工程量少于表4-9对应数量时，相应项目人工、机械乘以系数1.25。灌注桩单位工程的桩基工程量是指灌注混凝土量。

表4-9 单位工程的桩基工程量

项目	单位工程的工程量	项目	单位工程的工程量
预制钢筋混凝土方桩	$200m^3$	钻孔、旋挖成孔灌注桩	$150m^3$
预应力钢筋混凝土管桩	1000m	沉管、冲孔成孔灌注桩	$100m^3$
预制钢筋混凝土板桩	$100m^3$	钢管桩	50t

※规则定制说明：

当桩基浇筑中整体数量过小时，协调成本会增加，导致人工、机械的消耗量增加，在企业浇筑桩基时，以表4-9数值为界限，在超过规定界限时，人工、机械乘以系数1.25。

1. 打桩

1）单独打试桩、锚桩，按相应定额的打桩人工及机械乘以系数1.5。

※规则定制说明：

实际施工时如果非成片作业，在仅打1～3根试桩的情况下，人工和机械的消耗量会增加，所以人工和机械要乘以1.5的系数。

※思维拓宽：

试桩是指在正式桩施工之前，要进行试验性桩施工，以此判定该桩基能否达到承载力要求。锚桩是用于与桩基检测的静载试验时使用的桩，是一种试桩的辅助桩，受拉力作用。如静压试验一般一根试桩配四根锚桩，试验桩承受压力，锚桩承受上拔力。通常试验结束后锚桩兼做工程桩。

2）打桩工程按陆地打垂直桩编制。设计要求打斜桩时，斜度≤1∶6时，相应项目人工、机械乘以系数1.25；斜度>1∶6时，相应项目人工、机械乘以系数1.43。

3）打桩工程以平地（坡度≤15°）打桩为准，坡度>15°打桩时，按相应项目人工、机械乘以系数1.15。如在基坑内（基坑深度>1.5m，基坑面积≤500m²）打桩或在地坪上打坑槽内（坑槽深度>1m）桩时，按相应项目人工、机械乘以系数1.11。

※规则定制说明：

斜度为1∶6，即深度与宽度的比值，即垂直1m深度，水平宽度就是6m。

企业在编制定额时，要综合考虑特殊情况对原始消耗量的影响，打斜桩、基坑内打桩等特殊地质情况，人工和机械会产生降效，按照对应特殊情况乘以对应的比例系数即可。

4）在桩间补桩或在强夯后的地基上打桩时，相应项目人工、机械乘以系数1.15。

※规则定制说明：

在已打完桩的地区内间隔的补打预制或现浇桩，称为桩间补桩，也就是在桩与桩之间补足。强夯部分的地基，较原始地基坚硬，打桩难度系数高。所以此时人工、机械会产生降效。

5）打桩工程，如遇送桩时，可按打桩相应项目人工、机械乘以表4-10中的系数。

表4-10　送桩深度系数

送桩深度	系数
≤2m	1.25
≤4m	1.43
>4m	1.67

※规则定制说明：

由于额外送桩需要送桩器，或者使用另一段管桩将桩基压入地面，所以打桩对应的人工及机械要乘以对应系数。

※思维拓宽：

预制桩由于设计的桩顶标高低于桩机开打的地面高度，但预制桩必须从开打的地面高度开始打入地下，开打的地面标高至设计桩顶标高段部分需要用送桩器送入地下，这段空桩部分称为送桩。

6）打压预制钢筋混凝土桩、预应力钢筋混凝土管桩，定额按购入成品构件考虑，已包含桩位半径在15m范围内的移动、起吊、就位；超过15m时的场内运输，按本定额“第五章混凝土及钢筋混凝土工程”第四节构件运输1km以内的相应项目计算。

7）本章定额内未包括预应力钢筋混凝土管桩钢桩尖制安项目，实际发生时按本定额“第五章混凝土及钢筋混凝土工程”中的预埋铁件项目执行。

※规则定制说明：

在打压预制钢筋混凝土桩、预应力钢筋混凝土管桩时，企业定额消耗量中已包括移动、起吊、就位，发生时不再另行计算。超额的运输费用以及预应力钢筋混凝土的桩尖制安项目，需要单独计算费用。

8）预应力钢筋混凝土管桩桩头灌芯部分按人工挖孔桩灌桩芯项目执行。

※规则定制说明：

因为预应力钢筋混凝土管桩以及人工挖孔桩灌桩桩头灌芯做法一致，人工、机械消耗量相似，故执行相同定额即可，企业在后续定额编制时，也可以按照此思路在消耗量一致时，在说明中进行规定，使用相同或类似定额即可。

※双方博弈点：

预制空心管桩，桩内壁需做处理时，费用应该按照签证计算，包括清孔、刷水泥浆或混凝土界面剂，及时做好施工方案方便后期结算。

2. 灌注桩

1）钻孔、冲孔、旋挖成孔等灌注桩设计要求进入岩石层时执行入岩子目。入岩是指钻入中风化的坚硬岩。

※规则定制说明：

企业在定制此条时要注意，执行入岩的长度并非全部桩长，而是实际入岩的桩长。如桩长15m其中3m入岩，在执行定额时，应执行12m钻孔费用，3m入岩费用。

2）旋挖成孔、冲孔桩机带冲抓锤成孔灌注桩项目按湿作业成孔考虑，如采用干作业成孔工艺时，则扣除定额项目中的黏土、水和机械中的泥浆泵。

※规则定制说明：

一般只有人工挖孔桩是干作业法施工的，旋挖桩一般采用湿作业法。只要孔里有水的话也能给孔壁一个压力，所以不容易塌孔。

干作业法和湿作业法的最主要区别，主要在于桩。灌注桩施工时，干作业法不使用泥浆（包括水）护壁，而湿作业法必须使用泥浆（包括水）护壁。干作业法是指不受水影响条件下的作业，对灌注桩干作业法多数采用人工成孔或旋挖成孔，孔壁稳定一般采用护壁混凝土，成孔后孔内处于无水状态。

湿作业法是指受水影响条件下的作业，对灌注桩湿作业法一般采用回转钻或冲击钻等，此法需泥浆护壁，成孔后孔内充满泥浆，灌桩混凝土时一般采用置换法。

※双方博弈点：

旋挖桩采用湿作业时，挖出的渣土按照泥浆子目还是土方子目执行？

一般情况下，旋挖桩采用湿作业时，会产生大量的泥浆，需要将泥浆进行外运，但很多施工单位会采用晾晒法，将泥浆晾干后进行外运，应该按照具体的施工方案确定，此处为施工单位的增利点。

3）定额各种灌注桩的材料用量中，均已包括了充盈系数和材料损耗，见表4-11。

表4-11　灌注桩充盈系数和材料损耗率

项目名称	充盈系数	损耗率（%）
冲孔桩机成孔灌注混凝土桩	1.30	1
旋挖、冲击钻机成孔灌注混凝土桩	1.25	1
回旋、螺旋钻机钻孔灌注混凝土桩	1.20	1
沉管桩机成孔灌注混凝土桩	1.15	1

注：灌注桩充盈系数各省根据实际情况可适当调整。

※规则定制说明：

企业在编制充盈系数时，建议按照以下原则编制：招标时暂按表4-11中充盈系数进行计算，但实际结算时，应该按照实际的打桩记录灌入量进行调整，损耗保持不变。

※思维拓宽

充盈系数在前述地基处理中已经说明，灌桩的混凝土充盈系数是指一根桩实际灌注的混凝土方量与按桩外径计算的理论方量之比（$V_{实}/V_{理论}$）。

例：一根长度12m直径800mm的灌注桩，它的定额工程量是：$0.4\times0.4\times3.14\times(10+0.8)\text{m}^3=5.42\text{m}^3$。但是实际灌入混凝土是$6.5\text{m}^3$，则充盈系数是$6.5/5.42=1.2$。

4）人工挖孔桩土石方子目中，已综合考虑了孔内照明、通风。人工挖孔桩，桩内垂直运输方式按人工考虑，深度超过16m时，相应定额乘以系数1.2计算；深度超过20m时，相应定额乘以系数1.5计算。

※规则定制说明：

人工挖孔桩应明确定额中所包括范围，含照明通风等内容，当人工挖孔桩超过一定深度时，人工降效会严重，如挖出的土和石利用卷扬机上下移动时间增长，所以人工和机械要对应乘以系数。

5）人工清桩孔石渣子目，适用于岩石被松动后的挖除和清理。

※规则定制说明：

规定了人工清桩孔石渣子目的适用条件，岩石被松动后的挖除和清理时套用此定额。

6）桩孔空钻部分回填应根据施工组织设计要求套用相应定额，填土者按本定额“第一章土石方工程”松填土方项目计算，填碎石者本定额按“第二章地基处理与边坡支护工程”碎石垫层项目乘以系数0.7计算。

※规则定制说明：

有些工程为了保证进度，在场地未达到场平标高的情况下，即要求施工单位进行挖桩，这时候便会产生空孔，空桩长度＝孔深－桩长，孔深为自然地面至设计桩底的深度。

※双方博弈点：

空孔的情况需要及时办理签证，明确开挖时的自然地面标高，同时需要记取空孔护壁混凝土、护壁钢筋、模板及空孔外运的费用，将所述资料备齐，避免后期结算产生争议。

同时为了保证安全，有时候桩孔空钻部分要进行回填，按照回填要求套用对应定额即可。

7）旋挖桩、螺旋桩、人工挖孔桩等干作业成孔桩的土石方场内、场外运输，执行本定额“第一章土石方工程”相应的土石方装车、运输项目。

8）本章定额内未包括泥浆池制作，实际发生时按本定额“第四章砌筑工程”的相应项目执行。

9）本章定额内未包括泥浆场外运输，实际发生时执行本定额“第一章土石方工程”泥浆罐车运淤泥流沙相应项目。

10）本章定额内未包括桩钢筋笼、铁件制安项目，实际发生时按本定额“第五章混凝土及钢筋混凝土工程”中的相应项目执行。

11）本章定额内未包括沉管灌注桩的预制桩尖制安项目，实际发生时按本定额“第五章混凝土及钢筋混凝土工程”中的小型构件项目执行。

※规则定制说明：

在编制企业定额中要充分分析定额中的工作内容，对于定额未包含的工作内容要单独套用相应的其他定额，比如旋挖桩、螺旋桩、人工挖孔桩的土石方外运、泥浆池砌筑、泥浆外运、钢筋笼制作、沉管灌注桩的预制桩尖制安等，都可以另外执行对应章节的定额子目。

12）灌注桩后压浆注浆管、声测管埋设，注浆管、声测管如遇材质、规格不同时，可以换算，其余不变。

※规则定制说明：

此部分在定额范围内，发生时按照设计要求进行套用和换算，当材质和规格和定额消耗量不同时，可以根据实际规则型号，对材质进行调整。

※双方博弈点：

桩基特殊检测费用，应由甲方承担。声测管（可以换算）检测费应由甲方承担。但注浆管用来增加混凝土与土的粘结力，此费用包括在总承包范围内，需要单独计算。

13）注浆管埋设定额按桩底注浆考虑，如设计采用侧向注浆，则人工、机械乘以系数1.2。

※规则定制说明：

一般设计图纸会规定注浆方式是桩底还是桩侧，桩侧注浆定额的人工和机械乘以1.2，因为定额是按照桩底的施工方法编制的，要补充消耗量。

4.4.2 计算规则

1. 打桩

1）预制钢筋混凝土桩。打、压预制钢筋混凝土桩按设计桩长（包括桩尖）乘以桩截面面积，以体积计算。

※规则定制说明：

按照实际体积计算，其中桩尖所占的长度要合并到桩长中统一考虑计算。

2）预应力钢筋混凝土管桩

①打、压预应力钢筋混凝土管桩按设计桩长（不包括桩尖），以长度计算。

②预应力钢筋混凝土管桩钢桩尖按设计图示尺寸，以质量计算。

③预应力钢筋混凝土管桩，如设计要求加注填充材料时，填充部分另按本章定额钢管桩填芯相应项目执行。

④桩头灌芯按设计尺寸以灌注体积计算。

※规则定制说明：

1）预应力钢筋混凝土管桩要和预制混凝土桩进行区分，预制桩的桩长包括桩尖，而预应力混凝土管桩不包括桩尖，因为定额内未包括预应力钢筋混凝土管桩钢桩尖制安项目，实际发生时按本定额“第五章混凝土及钢筋混凝土工程”中的预埋铁件项目执行。

2）管桩空心部分体积要进行扣除，但空心部分需要灌注的时候，按本章定额钢管桩填芯相应项目执行即可。

3）钢管桩。

①钢管桩按设计要求的桩体质量计算。

②钢管桩内切割、精割盖帽按设计要求的数量计算。

③钢管桩管内钻孔取土、填芯，按设计桩长（包括桩尖）乘以填芯截面面积，以体积计算。

※规则定制说明：

1）钢管桩沉管一般按照质量计算，但计算的是摊销的工程量，因为钢管桩打拔会重复使用。

2）钢管桩内切割、精割盖帽按设计要求的数量计算。建议以签证形式后期落实。

3）钢管桩添芯长度包含桩尖乘以钢管外芯界面尺寸计算。

4）打桩工程的送桩均按设计桩顶标高至打桩前的自然地坪标高另加0.5m计算相应的送桩工程量。

※规则定制说明：

因为要考虑超灌高度，所以要从实际桩顶标高计算到设计自然地坪标高，另外加0.5m，此高度为送桩高度。

5）预制混凝土桩、钢管桩电焊接桩，按设计要求接桩头的数量计算。

※规则定制说明：

接桩当预制桩长度固定，但设计桩长较长时，要对桩进行接桩，如预制桩为9m但实际设计桩长为18m，此时要对桩进行接桩处理，接桩工程量按照实际数量计算。

6）预制混凝土桩截桩按设计要求截桩的数量计算。截桩长度≤1m时，不扣减相应桩的打桩工程量；截桩长度>1m时，其超过部分按实扣减打桩工程量，但桩体的价格不扣除。

※规则定制说明：

在计算截桩时，综合考虑截桩的损耗情况，如果截桩≤1m，截桩风险包括在桩基中，发生时不扣减打桩工程量，但是截桩长度>1m，风险及损耗过高时，对于超过部分打桩的工程量及费用要做扣减，但桩体本身的材料价格不做扣除。

7）预制混凝土桩凿桩头按设计图示桩截面积乘以凿桩头长度，以体积计算。凿桩头长度设计无规定时，桩头长度按桩体高40d（d为桩体主筋直径，主筋直径不同时取大者）计算；灌注混凝土桩凿桩头按设计超灌高度（设计有规定的按设计要求，设计无规定的按0.5m）乘以桩身设计截面面积，以体积计算。

8）桩头钢筋整理，按所整理的桩的数量计算。

※规则定制说明：

此处定义了凿桩头的计算方式，有规定执行规定，按照体积计算，无规定预制桩按照主筋的40d（如最大直径为25mm的钢筋，其超灌高度为40×25mm=1m），灌注桩按照0.5m计算。

桩头人工调直钢筋，按照桩的数量计算。

2. 灌注桩

1）钻孔桩、旋挖桩成孔工程量按打桩前自然地坪标高至设计桩底标高的成孔长度乘以设计桩径截面面积，以体积计算。入岩增加项目工程量按实际入岩深度乘以设计桩径截面面积，以体积计算。

※规则定制说明：

灌注桩分成孔、灌注两大部分工作内容，成孔和入岩费用单独计算，未入岩长度按照普通成孔计算，入岩长度套用入岩增加费。

2）冲孔桩基冲击（抓）锤冲孔工程量分别按进入土层、岩石层的成孔长度乘以设计桩径截面面积，以体积计算。

※规则定制说明：

按照实际长度，并区分土方和岩层进行区分套项，如总桩长12m，其中9m入土，3m入岩石。在套定额时，总长度还是应该按照12m长度取定，同时9m套用土层，3m套用入岩。

3）钻孔桩、旋挖桩、冲孔桩灌注混凝土工程量按设计桩径截面面积乘以设计桩长（包括桩尖）另加超灌长度，以体积计算。超灌长度设计有规定者，按设计要求计算；无规定者，按0.5m计算。

※规则定制说明：

钻孔桩、旋挖桩、冲孔桩灌注混凝土计算工程量时，除了计算桩尖所包括的体积之外，还应该包括超灌的长度，有规定从规定，无规定按照超灌0.5m取定。此时要注意成孔不包括超灌高度，而桩芯混凝土需要考虑超灌高度，在计入清单时，不能按照统一清单工程量执行，应该按实际发生量区分计算。

4）沉管成孔工程量按打桩前自然地坪标高至设计桩底标高（不包括预制桩尖）的成孔长度乘以钢管外径截面面积，以体积计算。

5）沉管桩灌注混凝土工程量按钢管外径截面面积乘以设计桩长（不包括预制桩尖）另加超灌长度，以体积计算。加灌长度设计有规定者，按设计要求计算；无规定者，按0.5m计算。

※规则定制说明：

钢管灌注桩成孔，因为存在钢管壁厚，所以在定义桩径的时候会有所差异，要明确的是灌注桩的体积按照设计桩长乘以钢管管箍的外径截面面积计算，不包括预制桩尖体积。

※双方博弈点：

这里特别需要注意的是，混凝土灌注的体积依然是按照外径计算，同时计算超灌高度。要区分超灌高度和成孔高度的不同。

6）人工挖孔桩挖孔工程量分别按进入土层、岩石层的成孔长度乘以设计护壁外围截面面积，以体积计算。

※规则定制说明：

人工挖孔桩的桩径应以护壁外围截面面积计算，同时土层和岩层应该区分列项，和上述钻孔桩、旋挖桩成孔计算方式一致。

7）人工挖孔桩模板工程量，按现浇混凝土护壁与模板的实际接触面积计算。

8）人工挖孔桩灌注混凝土护壁和桩芯工程量分别按设计图示截面面积乘以设计桩长另加加灌长度，以体积计算。加灌长度设计有规定者，按设计要求计算；无规定者，按0.25m计算。

※规则定制说明：

混凝土模板按照内壁接触面积计算，此时要考虑模板的搭设斜度，按照勾股定理计算实际的接触面积。

护壁和桩芯混凝土按照设计要求计算，超灌高度有要求时按照要求，没有要求时按照0.25m计算。

9）钻（冲）孔灌注桩、人工挖孔桩，设计要求扩底时，其扩底工程量按设计尺寸，以体积计算，并入相应的工程量内。

※规则定制说明：

扩底按照设计尺寸计算，分别计算圆台、圆柱、圆锥体积，然后汇总计算工程量。

10）泥浆运输按成孔工程量，以体积计算。

※规则定制说明：

钻（冲）孔灌注桩，钻孔钻出的土是带水作业，所以会产生泥浆，泥浆运输按照成孔工程量以体积计算。

11）桩孔回填工程量按打桩前自然地坪标高至桩加灌长度的顶面乘以桩孔截面面积，以体积计算。

※规则定制说明：

此部分为了安全考虑，在打桩完毕之后，在设计桩顶标高至设计室外地坪标高处应该进行土方回填。但有些单位如果桩基本身有维护结构，则以维护结构为主，不进行土方回填，待后期直接做桩承台或基础即可。

12）钻孔压浆桩工程量按设计桩长，以长度计算。

13）注浆管、声测管埋设工程量按打桩前的自然地坪标高至设计桩底标高另加0.5m，以长度计算。

※规则定制说明：

此处规定了钻孔压浆桩工程量的计算方式，以及注浆管、声测管埋设工程量的计算规则，明确的高度为打桩前的自然地坪标高至设计桩底标高另加0.5m，而非桩顶标高至桩底标高。

14）桩底（侧）后压浆工程量按设计注入水泥用量，以质量计算。如水泥用量差别大，允许换算。

※规则定制说明：

灌注桩后注浆是指灌注桩成桩后一定时间，通过预设于桩身内的注浆导管及与之相连的桩端、桩侧注浆阀注入水泥浆，使桩端、桩侧土体（包括沉渣和泥皮）得到加固，从而提高单桩承载力，减小沉降。

按照注入体积计算，当部分地区存在地下溶洞等情况，水泥用量大，此时可以对水泥含量进行换算，应及时办理签证落实实际灌注数量。

4.5 砌体工程的定制

4.5.1 定额说明的解析与进阶

定额包括砖砌体、砌块砌体、轻质隔墙、石砌体和垫层五节。

1. 砖砌体、砌块砌体、石砌体

1）定额中砖、砌块和石料按标准或常用规格编制，设计规格与定额不同时，砌体材料和砌筑（粘结）材料用量应作调整换算，砌筑砂浆按干混预拌砌筑砂浆编制。定额所列砌筑砂浆种类和强度等级、砌块专用砌筑粘结剂品种，如设计与定额不同时，应作调整换算。

※规则定制说明：

企业编制的定额为基础定额，在实际使用时，经常会因为使用的砌筑材料、粘结材料、砌筑砂浆等不同会有所不同，此部分定额按照规定可以进行换算，以此得到实际的项目成本。

2）定额中的墙体砌筑层高是按3.6m编制的，如超过3.6m时，其超过部分工程量的定额人工乘以系数1.3。

※规则定制说明：

当砌体层高超过3.6m时，人工会产生超高降效，此时要对人工乘以1.3的系数，要注意的是只有超过3.6m的部分要计算超高降效，而非全部工程量。诸如此类问题只要认真分析定额消耗量就可以知道答案。

3）基础与墙（柱）身的划分。

①基础与墙（柱）身使用同一种材料时，以设计室内地面为界（有地下室者，以地下室室内设计地面为界），以下为基础，以上为墙（柱）身。

②基础与墙（柱）身使用不同材料时，位于设计室内地面高度≤±300mm时，以不同材料为分界线，高度>±300mm时，以设计室内地面为分界线。

③砖砌地沟不分墙基和墙身，按不同材质合并工程量套用相应项目。

④围墙以设计室外地坪为界，以下为基础，以上为墙身。

※规则定制说明：

根据图示就能更好地理解砖基础和砖墙身的区分（图4-2），其中石围墙内外地坪标高不同时，应以较低地坪标高为界，以下为基础。

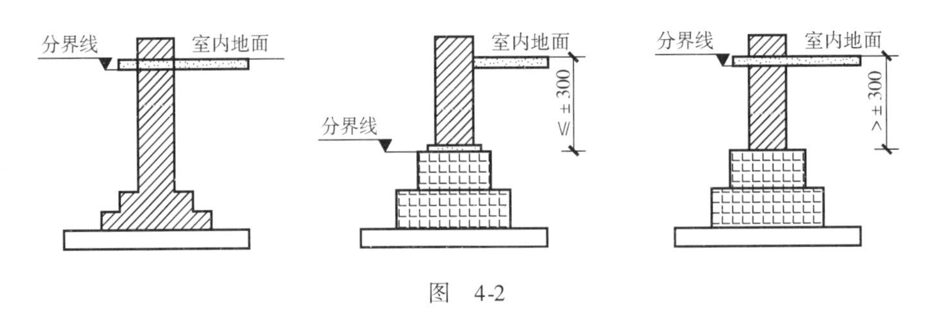

图 4-2

4）石基础、石勒脚、石墙的划分。基础与勒脚应以设计室外地坪为界，勒脚与墙身应以设计室内地面为界。石围墙内、外地坪标高不同时，应以较低地坪标高为界，以下为基础；内、外标高之差为挡土墙时，挡土墙以上为墙身。

※规则定制说明（图 4-3）：

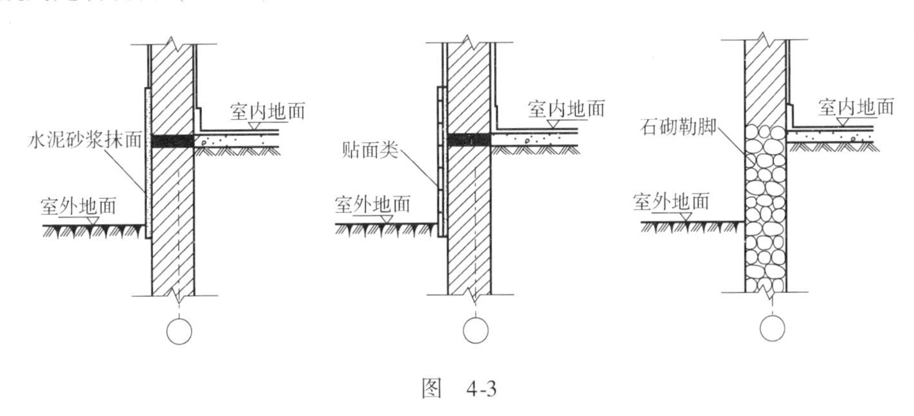

图 4-3

5）砖基础不分砌筑宽度及有否大放脚，均执行对应品种及规格砖的同一项目。地下混凝土构件所用砖模及砖砌挡土墙套用砖基础项目。

※规则定制说明：

砖基础不论墙厚以及是否有放大脚均套用砖基础子目，执行砖基础的消耗量标准。

6）砖砌体和砌块砌体不分内、外墙，均执行对应品种的砖和砌块项目，其中：

①定额中均已包括了立门窗框的调直以及腰线、窗台线、挑檐等一般出线用工。

②清水砖砌体均包括了原浆勾缝用工，设计需加浆勾缝时，应另行计算。

③轻集料混凝土小型空心砌块墙的门窗洞口等镶砌的同类实心砖部分已包含在定额内，不单独另行计算。

※规则定制说明：

企业定额在编制时，也应该参考地区定额的编制思路，对于一些计算复杂、容易产生争议的地方，包括在定额消耗量中，发生的时候不再另行计算，比如定额中均已包括了立门窗框的调直以及腰线、窗台线、挑檐等一般出线用工。

※思维拓宽：

原浆勾缝是指砌筑工程中在砌筑砌体时，在砂浆未硬化前，用勾刀将灰缝中的砂浆勾出一道凹缝的勾缝方法；浆勾缝是另外用水泥砂浆进行勾缝。所以水泥砂浆勾凸缝就是加浆勾缝，而水泥砂浆勾平缝不一定是原浆勾缝。

轻集料混凝土小型空心砌块墙门窗洞口等镶砌的同类实心砖部分的补槎砌体，包含在定额消耗量中，发生时不再另行计算。

7）填充墙以填炉渣、炉渣混凝土为准，如设计与定额不同时应作换算，其余不变。

※规则定制说明：

填充墙内需要调成材料时，定额以经济的炉渣和炉渣混凝土为准，当填充材料不同时应进行换算。

8）加气混凝土类砌块墙项目已包括砌块零星切割改锯的损耗及费用。

※规则定制说明：

为了尽量减少砌块墙的损耗，在进行砌块墙砌筑时，要对砌块进行零星的切割改锯，此费用包括在材料损耗费用中发生时不再另行计算。

9）零星砌体是指台阶、台阶挡墙、梯带、锅台、炉灶、蹲台、池槽、池槽腿、花台、花池、楼梯栏板、阳台栏板、地垄墙、$\leqslant 0.3\text{m}^2$ 的孔洞填塞、凸出屋面的烟囱、屋面伸缩缝砌体、隔热板砖墩等。

※规则定制说明：

零星砌体较普通砌体消耗量高，所以在上述小型结构发生时，可以直接套用零星砌体定额子目。

10）贴砌砖项目适用于地下室外墙保护墙部位的贴砌砖；框架外表面的镶贴砖部分，套用零星砌体项。

※规则定制说明：

在实际工程中经常会因为补充原有结构宽度或作为原有结构保护层，在墙体或柱边进行小体量砌筑，此砌筑费用一般比普通砌筑人材机消耗量大，综合单价高，发生时应单独列项计算。

※思维拓宽：

砖模和砖胎模的区别：砖模为贴砌，如基础筏板侧壁、原有建筑结构的保护层等；而砖胎膜属于平砌，如基础梁砖胎膜。

11）多孔砖、空心砖及砌块砌筑有防水、防潮要求的墙体时，若以普通（实心）砖作为导墙砌筑的，导墙与上部墙身主体需分别计算，导墙部分套用零星砌体项目。

※规则定制说明：

一般在有水房间，比如卫生间或者厨房会进行砌体墙根部防水防潮，现阶段大部分是以混凝土浇筑，但如果按照实心砖作为导墙，则导墙部分应和砌体墙主体部分分别计算，分别套用定额。导墙部分套用零星砌体项目。

12）围墙套用墙相关定额项目，双面清水围墙按相应单面清水墙项目，人工用量乘以系数 1.15 计算。

※规则定制说明：

清水砖墙是指进行外饰面勾砖缝砖墙，墙体砌成后，只嵌缝，不用再进行抹灰；堆砌要求较高，堆砌必须整齐。混水砖墙是不勾明缝而需要抹灰的墙体。一般来说，清水砖墙的砌筑质量要求要高。

单面清水墙子目包括了一面混水墙的价格。所以在调整双面清水墙时，仅需要将人工系数乘以 1.15 即可。

13）石砌体项目中粗、细料石（砌体）墙按 400mm×220mm×200mm 规格编制。

14）毛料石护坡高度超过 4m 时，定额人工乘以系数 1.15。

※规则定制说明：

此处要引起关注，是定额人工乘以系数 1.15，而非超过部分乘以 1.15，即只要超过 4m 时，整体工程量的人工均乘以系数 1.15。

15）定额中各类砖、砌块及石砌体的砌筑均按直形砌筑编制，如为圆弧形砌筑者，按相应定额人工用量乘以系数 1.10，砖、砌块及石砌体及砂浆（粘结剂）用量按乘以系数 1.03 计算。

※规则定制说明：

圆弧形砖砌体，人工和材料消耗量会较原定额增加，所以使用和编制定额时，人工和材料要对应乘以系数。

16）砖砌体钢筋加固，砌体内加筋、灌注混凝土，墙体拉结筋的制作、安装，以及墙基和墙身的防潮、防水、抹灰等，按本定额其他相关章节的项目及规定执行。

※规则定制说明：

此部分明确了不包含在砌体内容的工作，其中包括钢筋加固、砌体加筋、拉结筋、防潮、防水、抹灰等单独执行其他章节的定额子目。

2. 垫层

人工级配砂石垫层是按中（粗）砂 15%（不含填充石子空隙）、砾石 85%（含填充砂）的级配比例编制的。

※规则定制说明：

与混凝土垫层的区别：

1）垫层材料品类不同。上述有碎石垫层、砂石垫层，而混凝土垫层是混凝土材质。

2）作用不同。碎石垫层主要用于提高路面的结构强度增强路面排水。砂石垫层适用于粉土、粉质土、湿陷性黄土、平原填土、杂填土基础，不平整基坑、暗沟、暗池等的浅层处理。可以直接替代地基承载层中的弱土。而混凝土垫层，是便于顶部绑扎钢筋，并且它还起到保护基础的作用。

4.5.2 工程量计算规则

1. 砖砌体、砌块砌体

1）砖基础工程量按设计图示尺寸以体积计算。

①附墙垛基础宽出部分体积按折加长度合并计算，扣除地梁（圈梁）、构造柱所占体积，不扣除基础大放脚T形接头处的重叠部分及嵌入基础内的钢筋、铁件、管道、基础砂浆防潮层和单个面积≤0.3m^2的孔洞所占体积，靠墙暖气沟的挑檐不增加。

②基础长度。外墙按外墙中心线长度计算，内墙按内墙基净长线计算。

※规则定制说明：

企业定额在编制时，依然建议沿用定额编织者思维，对于难以计算的在定额消耗量中综合考虑。

1）合并计算工程量：墙垛。

2）扣除工程量：地梁（圈梁）、构造柱。

3）不扣除工程量：大放脚接头部分的重叠部分以及嵌入基础内的钢筋、铁件、管道、基础砂浆防潮层和单个面积≤0.3m^2 的孔洞。

4）不增加工程量：靠墙暖气沟的挑檐。

2）砖墙、砌块墙按设计图示尺寸以体积计算。

①扣除门窗、洞口、嵌入墙内的钢筋混凝土柱，梁、圈梁、挑梁、过梁及凹进墙内的壁龛、管槽、暖气槽、消火栓箱所占体积，不扣除梁头、板头、檩头、垫木、木楞头、沿缘木、木砖、门窗走头、砖墙内加固钢筋、木筋、铁件、钢管及单个面积≤0.3m^2 的孔洞所占的体积。凸出墙面的腰线、挑檐、压顶、窗台线、虎头砖、门窗套的体积也不增加。凸出墙面的砖垛并入墙体体积内计算。

②墙长度：外墙按中心线、内墙按净长线计算。

※规则定制说明：

1）合并计算工程量：墙垛。

2）扣除工程量：门窗、洞口、嵌入墙内的钢筋混凝土柱，梁、圈梁、挑梁、过梁及凹进墙内的壁龛、管槽、暖气槽、消火栓箱。

3）不扣除工程量：梁头、板头、檩头、垫木、木楞头、沿缘木、木砖、门窗走头、砖墙内加固钢筋、木筋、铁件、钢管及单个面积≤0.3m^2 的孔洞。

4）不增加工程量：腰线、挑檐、压顶、窗台线、虎头砖、门窗套。

③墙高度。

a. 外墙。斜（坡）屋面无檐口天棚者算至屋面板底；有屋架且室内、外均有天棚者算至屋架下弦底另加200mm；无天棚者算至屋架下弦底另加300mm，出檐宽度超过600m时按实砌高度计算；有钢筋混凝土楼板隔层者算至板顶。平屋顶算至钢筋混凝土板底。

※规则定制说明：

斜（坡）屋面无檐口天棚者算至屋面板底；有屋架且室内、外均有天棚者算至屋架下弦底另加200mm（图4-4）。

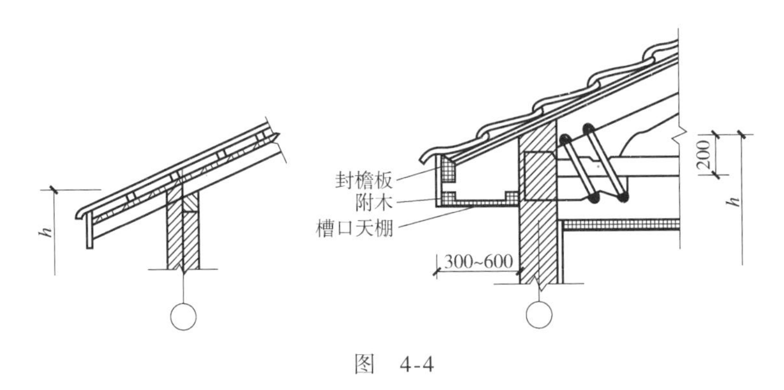

图 4-4

无天棚者算至屋架下弦底另加300mm；平屋顶算至钢筋混凝土板底（图4-5）。

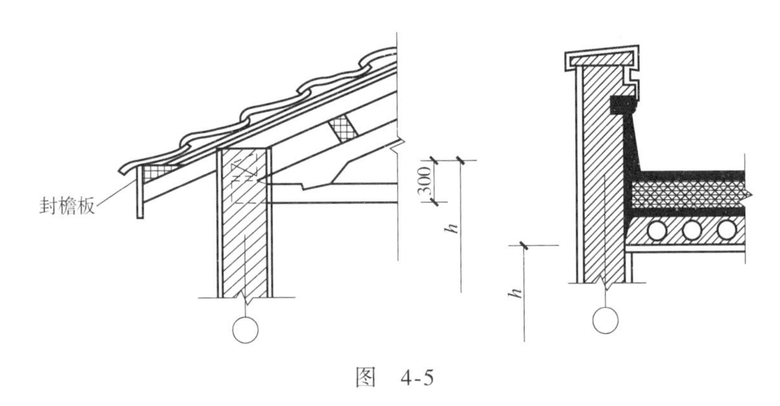

图 4-5

b. 内墙。位于屋架下弦者，算至屋架下弦底；无屋架者算至天棚底另加100mm；有钢筋混凝土楼板隔层者算至楼板底；有框架梁时算至梁底（图4-6）。

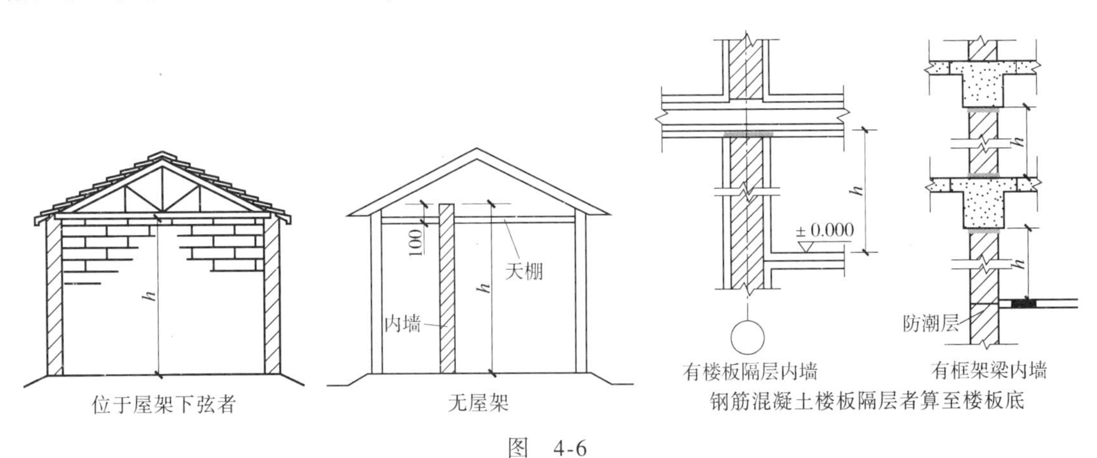

图 4-6

c. 女儿墙。从屋面板上表面算至女儿墙顶面（如有混凝土压顶时算至压顶下表面）（图4-7）。

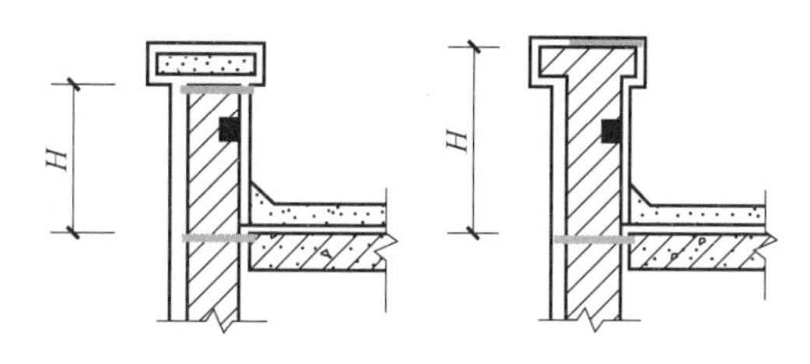

图 4-7

d. 内、外山墙。按其平均高度计算。

④墙厚度。

a. 标准砖以240mm×115mm×53mm为准，其砌体厚度按表4-12计算。

表4-12 标准砖砌体计算厚度

砖数（厚度）	1/4	1/2	3/4	1	3/2	2	5/2	3
计算厚度/mm	53	115	178	240	365	490	615	740

b. 使用非标准砖时，其砌体厚度应按砖实际规格和设计厚度计算；如设计厚度与实际规格不同时，按实际规格计算。

※规则定制说明：

表4-12为标准砖的尺寸表。这里要引起注意的是，砌块墙图纸宽度与砌块尺寸不同时，例如图纸中墙宽200mm、实际砌块宽190mm，图纸中墙宽100mm、实际砌块宽90mm。计算工程量的墙宽应该以图示尺寸为准。

※思维拓宽：

实用砖规格为190mm×90mm×90mm，定额砖规格为240mm×115mm×90mm，定额消耗量为3.37千块，求实用砖消耗量。

每立方米实用砖块数：1块/(0.19×0.1×0.1)m^3=526.32块/m^3

每立方米定额砖块数：1块/(0.24×0.125×0.1)m^3=333.3块/m^3

实用砖消耗量=526.32×3.37/333.33=5.32

⑤框架间墙。不分内外墙按墙体净尺寸以体积计算。

※规则定制说明：

框架间墙，一般框架结构中的砌块填充墙就是框架间墙。一般砖混结构中的是实心砖墙，不是框架间墙。

⑥围墙。高度算至压顶上表面（如有混凝土压顶时算至压顶下表面），围墙柱并入围墙体积内。

3）空斗墙按设计图示尺寸以空斗墙外形体积计算。

①墙角、内外墙交接处、门窗洞口立边、窗台砖、屋檐处的实砌部分体积已包括在空斗墙体积内。

②空斗墙的窗间墙、窗台下、楼板下、梁头下等的实砌部分应另行计算，套用零星砌体项目。

※规则定制说明：

在编制企业定额时，根据简易计算原则，空斗墙按照设计图示尺寸以空斗墙外形体积计算，不扣除空斗部分体积（图4-8）。

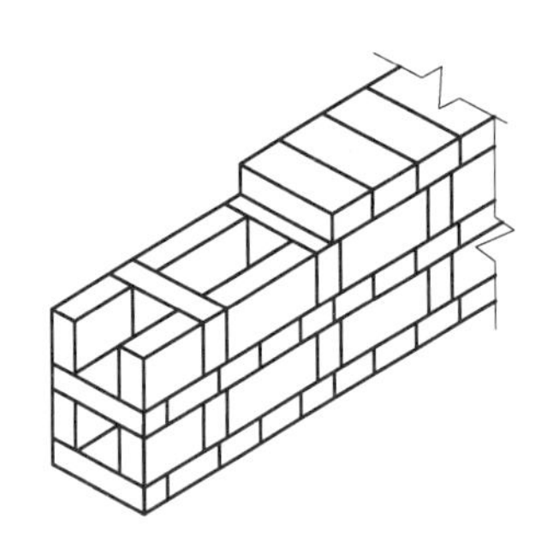

图　4-8

4）空花墙按设计图示尺寸以空花部分外形体积计算，不扣除空花部分体积。

※规则定制说明：

在编制企业定额时，根据简易计算原则，空花墙按照设计图示尺寸以空花外形体积计算，不扣除空花部分体积。

5）填充墙按设计图示尺寸以填充墙外形体积计算。

6）砖柱按设计图示尺寸以体积计算，扣除混凝土及钢筋混凝土梁垫、梁头、板头所占体积。

7）零星砌体、地沟、砖碹按设计图示尺寸以体积计算。

8）砖散水、地坪按设计图示尺寸以面积计算。

※规则定制说明：

砖结构一般均按照图示尺寸以体积计算，但砖散水、地坪按照设计图示尺寸以面积计算，注意之间的扣减关系，对于超限的构件工程量要进行扣减。

9）砌体砌筑设置导墙时，砖砌导墙需单独计算，厚度与长度按墙身主体，高度以实际砌筑高度计算，墙身主体的高度相应扣除。

※规则定制说明：

砌体导墙按照实际砌筑高度计算，扣除所占砌体墙体积。

10）附墙烟囱、通风道、垃圾道应按设计图示尺寸以体积（扣除孔洞所占体积）计算并入所依附的墙体体积内。当设计规定孔洞内需抹灰时，另按本定额“第十二章墙、柱面装饰与隔断、幕墙工程”相应项目计算。

※规则定制说明：

附墙烟囱、通风道、垃圾道不单独计算工程量，均并入到依附的墙体工程量中，其中孔洞内抹灰单独执行抹灰的定额子目。

11）轻质砌块L形专用连接件的工程量按设计数量计算。

※规则定制说明：

实际施工时，L形连接件是砌筑上去的，和拉结筋的作用类似，按设计图的要求间距进行计算个数。

2. 轻质隔墙

按设计图示尺寸以面积计算。

3. 石砌体

石基础、石墙的工程量计算规则参照砖砌体相应规定。

石勒脚、石挡土墙、石护坡、石台阶按设计图示尺寸以体积计算，石坡道按设计图示尺寸以水平投影面积计算，墙面勾缝按设计图示尺寸以面积计算。

4. 垫层

工程量按设计图示尺寸以体积计算。

※规则定制说明：

按照实际类型选择特定的数字计算面积，如轻质隔墙按照面积计算，石基础、石墙按照体积计算，坡度按照水平投影面积计算，勾缝按照面积计算，垫层按照体积计算，用对单位即可。

4.6 钢筋及钢筋混凝土的定制

4.6.1 定额说明的解析与进阶

本章定额包括混凝土、钢筋、模板、混凝土构件运输与安装四节。

1. 混凝土

1）混凝土按预拌混凝土编制，当采用现场搅拌时，执行相应的预拌混凝土项目，再执行现场搅拌混凝土调整费项目。现场搅拌混凝土调整费项目中，仅包含了冲洗搅拌机用水量，如须冲洗石子，用水量另行处理。

※规则定制说明：

混凝土分为预拌混凝土和现场搅拌混凝土。

预拌混凝土是混凝土搅拌站按照一定比例配比进行预制，然后送往现场，也称商品混凝土。

现场搅拌混凝土是在施工现场由施工单位自行配比的，质量不容易保障。预拌混凝土工程一般是指零星的浇筑构件，一般不允许使用在工程主体中。

※思维扩宽：

预拌和现拌换算方案：套用预拌定额，将人、材、机中的预拌换为现场搅拌，再增加一项非泵送现场搅拌混凝土调整费即可。

2）预拌混凝土是指在混凝土厂集中搅拌、用混凝土罐车运输到施工现场并入模的混凝土（圈过梁及构造柱项目中已综合考虑了因施工条件限制不能直接入模的因素）。

固定泵、泵车项目适用于混凝土送到施工现场未入模的情况，泵车项目仅适用于泵送高度在15m以内的，固定泵项目则适用于所有高度。

※规则定制说明：

当需要计算混凝土泵送费时，需要单独套取混凝土泵送费的定额子目，企业编制企业定额时要根据当下的实际情况，现阶段混凝土泵车能够达到70～80m的泵送高度。超过固定高度时可以使用地泵。

※双方博弈点：

是否计算混凝土泵送费要从以下几个角度分析：

1）现场施工条件是否需要泵送费。如果能够直接入模则不记取，但因现场条件无法直接入模需要泵送的则需要计算。具体应根据现场施工组设设计或者施工方案确定。

2）混凝土信息价或者混凝土搅拌站的出厂价格。当出厂价格包含混凝土的泵送费，则发生时不再另行计算。

3）混凝土按常用强度等级考虑，当设计强度等级不同时可以换算；混凝土各种外加剂统一在配合比中考虑；图纸设计要求增加的外加剂另行计算。

※规则定制说明：

混凝土按照常用强度等级考虑，在使用不同强度等级时，按照强度等级进行换算。当设计要求增加外加剂时，可以单独考虑外加剂费用。

※双方博弈点：

混凝土冬季养护中使用了棉被，此部分费用可否争取？

混凝土子目中，已经综合考虑了塑料薄膜等养护材料，但北方地区冬季寒冷，需要使用棉被养护，此时此部分已经包括在总价措施冬雨季施工增加费中，发生时不再另行计算。

4）毛石混凝土，按毛石占混凝土体积的20%计算，如设计要求不同时，可以换算。

※规则定制说明：

毛石混凝土一般多用在基础工程中，如毛石混凝土带形基础、毛石混凝土垫层等。在浇筑混凝土时可加入一定量的毛石。当浇筑的混凝土墙体较厚时，也掺入一定量的毛石，如毛石混凝土挡土墙等。毛石混凝土施工中，掺入的毛石一般为其体积的20%左右，毛石的粒径控制在200mm以下；毛石含量不同时需要进行换算。

5）独立桩承台执行独立基础项目，带形桩承台执行带形基础项目，与满堂基础相连的桩承台执行满堂基础项目。

※规则定制说明：

当承台与筏板同一顶标高，且承台上部与筏板重叠时，桩承台并入满堂基础，执行满堂基础定额子目。

6）二次灌浆，如灌注材料与设计不同时，可以换算；空心砖内灌注混凝土，执行小型构件项目。

※规则定制说明：

二次灌浆是指用细碎石混凝土或水泥浆将设备底座与基础表面空间的空隙填满，并将垫铁埋在混凝土里，以固定垫铁和承受设备负荷的一种技术。灌注材料和定额材料不同时可以进行换算。

7）现浇钢筋混凝土柱、墙项目，均综合了每层底部灌注水泥砂浆的消耗量。地下室外墙执行直形墙项目。

※规则定制说明：

这里灌浆是指铺底砂浆，作用是使分段浇筑的混凝土更好地结合。发生时不再另行计算，直接考虑在混凝土墙柱定额子目中。

8）钢管柱制作、安装执行本定额“第六章金属结构工程”相应项目；钢管柱浇筑混凝土使用反顶升浇筑法施工时，增加的材料、机械另行计算。

※规则定制说明：

此时要区分套定额，钢管柱制作安装执行金属结构工程，钢管柱浇筑混凝土执行混凝土定额子目，但当使用反顶升浇筑法时（在钢柱的下部柱壁上开一个比输送管略大的孔洞，用输送管将混凝土输送泵的出口与之连接，混凝土靠泵压通过输送管连续注入钢柱内，直至柱内注满混凝土），因为施工工序较常规复杂，容易造成材料和机械消耗量增加，此时增加的材料和机械费用另行计算。

9）当斜梁（板）按坡度大于10°且≤30°时综合考虑。斜梁（板）坡度在10°以内的执行梁、板项目；坡度在30°以上、45°以内时，人工乘以系数1.05；坡度在45°以上、60°以内时，人工乘以系数1.10；坡度在60°以上时，人工乘以系数1.20。

※规则定制说明：

此处定义了斜板的使用范围，在10°以内时，均执行普通梁板的定额子目；当同时超过30°和60°时，分别执行人工降效系数。

10）叠合梁、板分别按梁、板相应项目执行。

※规则定制说明：

此处建议企业编制装配式企业定额，在目前阶段装配式工程使用时，叠合梁、板，分别执行梁、板的定额子目。

11）压型钢板上浇捣混凝土，执行平板项目，人工乘以系数1.10。

※规则定制说明：

压型钢板混凝土楼板在计算时应该扣除压型钢板及嵌入板内的凹槽所占的体积，发生时注意扣减关系，此项内容也是容易多算的项目（图4-9）。

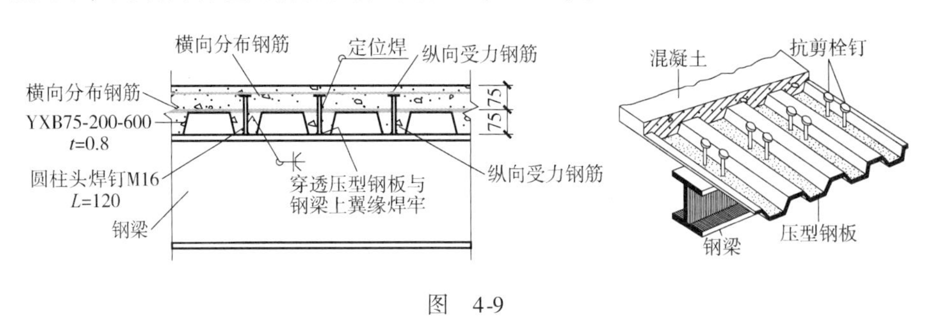

图 4-9

12）型钢组合混凝土构件，执行普通混凝土相应构件项目，人工、机械乘以系数1.20。

※规则定制说明：

型钢混凝土组合结构是把型钢埋入钢筋混凝土中的一种独立的结构形式。由于在钢筋混凝土中增加了型钢，增强了强度和延性。此处注意型钢所占混凝土的体积要进行扣减，人工、机械执行普通混凝土的项目，人工、机械乘以系数1.2。

13）挑檐、天沟壁高度≤400mm，执行挑檐项目；挑檐、天沟壁高度＞400mm，按全高执行栏板项目；单体体积0.1m³以内，执行小型构件项目。

※规则定制说明：

企业在使用此条规则时应注意，当挑檐、天沟壁高度＞400mm时，并非挑檐、天沟壁合并执行栏板，而是天沟壁执行栏板定额子目。同时壁高指的是内壁高度，不加挑檐板的厚度。如图4-10所示，外壁是400mm，内壁是320mm，此时套用定额，应执行挑檐的定额子目。

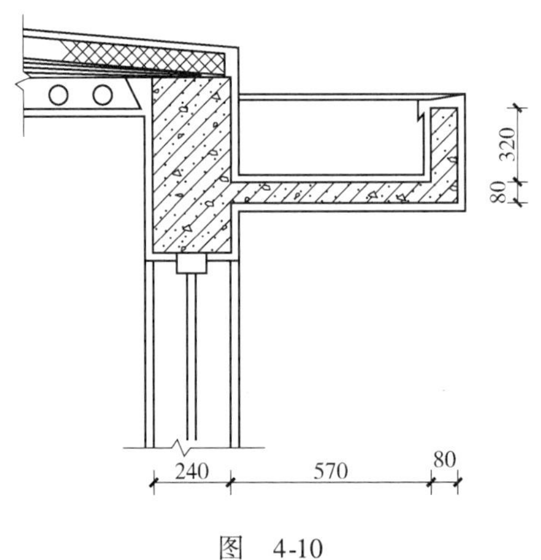

图 4-10

14）阳台不包括阳台栏板及压顶内容。

15）预制板间补现浇板缝，适用于板缝小于预制板的模数，但需支模才能浇筑的混凝土板缝。

※规则定制说明：

板缝小于预制板的模数指的是预制板的宽度，就是板缝要小于预制板宽度，需支模才能浇筑的混凝土板缝，此时可以使用本定额。

16）楼梯是按建筑物一个自然层双跑楼梯考虑的，如单坡直行楼梯（即一个自然层、无休息平台）按相应项目定额乘以系数1.2；三跑楼梯（即一个自然层、两个休息平台）按相应项目定额乘以系数0.9；四跑楼梯（即一个自然层、三个休息平台）按相应项目定额乘以系数0.75。

当设计图纸板式楼梯梯段底板（不含踏步三角部分）厚度大于150mm、梁式楼梯梯段底板（不含踏步三角部分）厚度大于80mm时，混凝土消耗量按实调整，人工按相应比例调整。

弧形楼梯是指一个自然层旋转弧度小于180°的楼梯，螺旋楼梯是指一个自然层旋转弧度大于180°的楼梯。

※规则定制说明：

定额楼梯按照自然层双跑楼梯编制，楼梯不同时按照对应系数进行调整（图4-11）。

因为楼梯按照水平投影面积计算，一般设计楼梯厚度为120mm，但对特殊楼梯（如板式楼梯，当厚度超过150mm，梁式楼梯，当厚度超过80mm时），则要对应调整混凝土的含量。

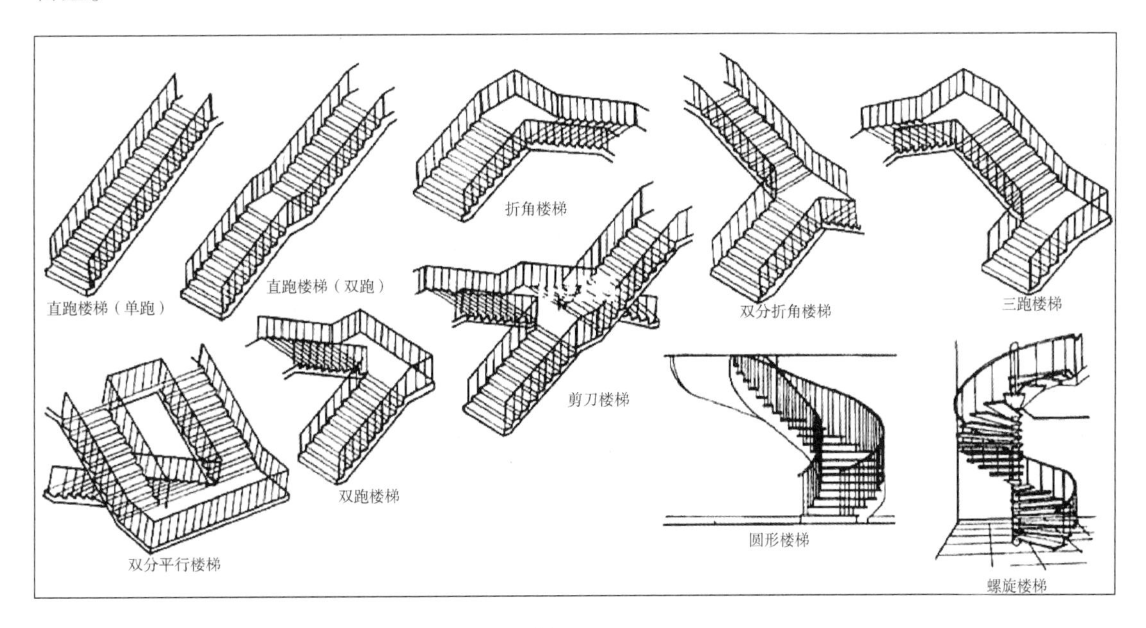

图 4-11

17）散水混凝土按厚度60mm编制，如设计厚度不同时，可以换算；散水包括混凝土浇筑、表面压实抹光及嵌缝内容，未包括基础夯实、垫层内容。

※规则定制说明：

散水按照水平投影面积计算，如果设计厚度不同时，应该按照定额整体系数调整，因为人工、材料、机械均发生了降效。

18）台阶混凝土含量是按1.22m^3/10m^2综合编制的，如设计含量不同时，可以换算；台阶包括混凝土浇筑及养护内容，未包括基础夯实、垫层及面层装饰内容，发生时执行其他章节相应项目。

※规则定制说明：

台阶和散水计算规则类似，均按照水平投影面积计算，如果设计厚度不同时，应该按照定额整体系数调整。

19）与主体结构不同时浇捣的厨房、卫生间等处墙体下部的现浇混凝土翻边执行圈梁相应项目。

※规则定制说明：

此处规定了混凝土反坎的定额套用规则，如果是与主体不同时浇筑的厨房、卫生间，直接套用圈梁定额；但如果有梁板做完模板，当圈梁同模板同时浇筑时，则按照有梁板进行定额套用。

20）独立现浇门框按构造柱项目执行。

※规则定制说明：

独立浇筑的包框柱子，按照构造柱定额执行。

21）凸出混凝土柱、梁的线条，并入相应柱、梁构件内；凸出混凝土外墙面、阳台梁、栏板外侧≤300mm的装饰线条，执行扶手、压顶项目；凸出混凝土外墙、梁外侧>300mm的板，按伸出外墙的梁、板体积合并计算，执行悬挑板项目。

※规则定制说明：

此处明确了一些附属小型构件的归属关系及定额套用注意事项。

合并计算：凸出混凝土柱、梁的线条。

执行扶手压顶：凸出混凝土外墙面、阳台梁、栏板外侧≤300mm的装饰线条。

执行悬挑板：凸出混凝土外墙、梁外侧>300mm的板。

22）外形尺寸体积在1m^3以内的独立池槽执行小型构件项目，1m^3以上的独立池槽及与建筑物相连的梁、板、墙结构式水池，分别执行梁、板、墙相应项目。

※规则定制说明：

此处规定了独立池槽的计算关系，按照外形体积小于1m^3时按照小型构件，体积大于1m^3时分别执行梁、板、墙相应项目。

23）小型构件是指单件体积0.1m^3以内，且本节未列项目的小型构件。

※规则定制说明：

定额中没有的子目构件，当体积小于 0.1m^3 时，可以执行小型构件定额子目。

24）后浇带包括了与原混凝土接缝处的钢丝网用量。

※规则定制说明：

后浇带定额包括了钢丝网用量，发生时不再另行计算。

25）本节仅按预拌混凝土编制了施工现场预制的小型构件项目，其他混凝土预制构件定额均按外购成品考虑。

26）预制混凝土隔板，执行预制混凝土架空隔热板项目。

※规则定制说明：

此处规定了预制混凝土构件的定价标准，除了小型构件项目外，均按照成品构件考虑。其中，隔热板执行混凝土架空隔热板项目。

27）有梁板及平板的区分（图 4-12）。

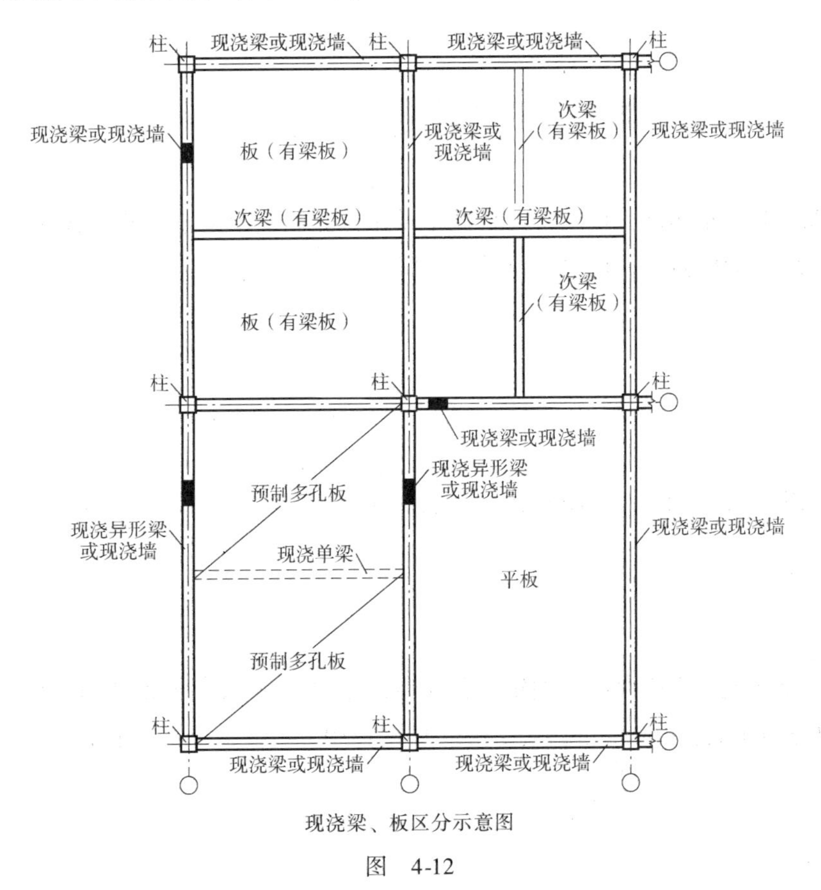

现浇梁、板区分示意图

图 4-12

※规则定制说明：

当框架梁上只作用板时，此梁板结构称为框架梁体系，框架梁执行单梁子目，板执行平板子目。当框架梁上作用次梁和现浇板时，框架梁、次梁、板合称为有梁板体系，合并工程量执行有梁板相关子目。简而言之，以梁为支座的为有梁板，以墙为支座的为平板。

2. 钢筋

1）钢筋工程按钢筋的不同品种和规格以现浇构件、预制构件、预应力构件以及箍筋分别列项，钢筋的品种、规格比例按常规工程设计综合考虑。

※规则定制说明：

企业在编制钢筋的定额时，按照规格范围进行编制即可，并不用每一个钢筋型号都编制定额。在实际使用时，须重复套子目，修改钢筋名称，进行区分不同直径和级别的钢筋子目，以此进行区分报价。

2）除定额规定单独列项计算以外，各类钢筋、铁件的制作成形、绑扎、安装、接头、固定所用的人工、材料、机械消耗均已综合在相应项目内；设计另有规定者，按设计要求计算。直径25mm以上的钢筋，其连接按机械连接考虑。

※规则定制说明：

企业在定制此条时应注意，钢筋应包括从材料进场到安装到工程上的全部操作流程。钢筋搭接长度应该计入钢筋数量中，包括绑扎搭接和焊接搭接长度，有设计规定时，按照设计规定，无设计规定时，按照不同结构、不同构件、不同抗震等级、不同搭接长度会有所不同。当直径大于25mm的时候，其连接按照机械连接考虑。

3）钢筋工程中措施筋，按设计图纸规定及施工验收规范要求计算，按品种、规格执行相应项目。如采用其他材料时，另行计算。

※规则定制说明：

钢筋中的措施筋一般有马凳筋、定位筋、梁垫铁等，措施筋一般按照钢筋施工方案执行，双方往往参照的唯一依据就是经建设方、施工方、监理单位共同签字认可的钢筋专项施工方案。所以施工方在施工前必须要做好钢筋专项施工方案，方案要细化，不能有遗漏。

4）现浇构件冷拔钢丝按 $\phi10$ 以内钢筋制安项目执行。

※规则定制说明：

在预应力中较常见，冷拔钢丝一般用于刚性屋面混凝土内的配筋，有的单层筋腰梁也用作短向筋使用。发生时按照 $\phi10$ 以内钢筋制安项目执行。

5）型钢组合混凝土构件中，型钢骨架执行本定额“第六章金属结构工程”相应项目；钢筋执行现浇构件钢筋相应项目，人工乘以系数1.50、机械乘以系数1.15。

※规则定制说明：

型钢混凝土组合结构是把型钢埋入钢筋混凝土中的一种独立的结构形式。型钢、钢筋、混凝土三位一体地工作使型钢混凝土结构具备了比传统的钢筋混凝土结构承载力更大、刚度更大、抗震性能更好的优点。

其中，型钢执行金属结构工程对应项目，钢筋按照现浇构件钢筋，其人工和机械乘以固定系数进行调整。

6）弧形构件钢筋执行钢筋相应项目，人工乘以系数1.05。

※规则定制说明：

弧形构件人工降效较严重，人工按照系数1.05进行调整。

7）混凝土空心楼板（ADS空心板）中钢筋网片，执行现浇构件钢筋相应项目，人工乘以系数1.30、机械乘以系数1.15。

※规则定制说明：

空心楼板是一种预制楼板。内设一个或几个纵向孔道，以节省材料，并减轻重量。通常用预应力混凝土制成，其尺寸根据房屋开间大小和吊装机械的能力而定。板中孔道有利于隔声和隔热。

空心楼板中如设置钢筋网片，应执行现浇构件钢筋相应项目，人工乘以系数1.3，机械乘以系数1.15。

8）预应力混凝土构件中的非预应力钢筋按钢筋相应项目执行。

9）非预应力钢筋未包括冷加工，如设计要求冷加工时，应另行计算。

10）预应力钢筋如设计要求人工时效处理时，应另行计算。

※规则定制说明：

非预应力钢筋就是平常用的钢筋，比如一级钢筋、二级钢筋、三级钢筋，它在混凝土施工过程中是不加任何外力的。

预应力钢筋是在浇筑混凝土前后（分先张法和后张法），用机械类专用工具先给钢筋加上一个外力，当构件承受由外荷载产生的拉力时，首先抵消混凝土中已有的预压力，然后随荷载增加，才能使混凝土受拉而后出现裂缝，因而延迟了构件裂缝的出现和开展。这样可以减少混凝土与钢筋拉应变之间的差距，使钢筋混凝土更加牢固。

预应力混凝土中依然会存在不受张力的普通钢筋，此时按照普通钢筋执行即可。

如果非预应力钢筋需要冷加工，另执行相应费用。

人工时效处理指的是将铸件加热到550～650℃进行去应力退火，它比自然时效处理节省时间，残余应力去除较为彻底，此时应另计费用。

11）后张法钢筋的锚固是按钢筋帮条焊、U形插垫编制的，如采用其他方法锚固时，应另行计算。

※规则定制说明：

先张法是先张拉钢筋后浇筑混凝土，后张法是先浇筑混凝土后张拉钢筋（图4-13）。

后张法使用其他锚具时，可以另行计算费用，以签证形式落实。

12）预应力钢丝束、钢绞线综合考虑了一端、两端张拉；锚具按单锚、群锚分别列项，单锚按单孔锚具列入，群锚按3孔列入。预应力钢丝束、钢绞线当长度大于50m时，应采用分段张拉；当用于地面预制构件时，应扣除项目中张拉平台摊销费。

※规则定制说明：

预应力钢丝束和钢绞线，在使用时可以仅按照一端考虑，在两端时锚具乘以系数调整即可，当用于地面预制构件时，应扣除张拉平台摊销费。

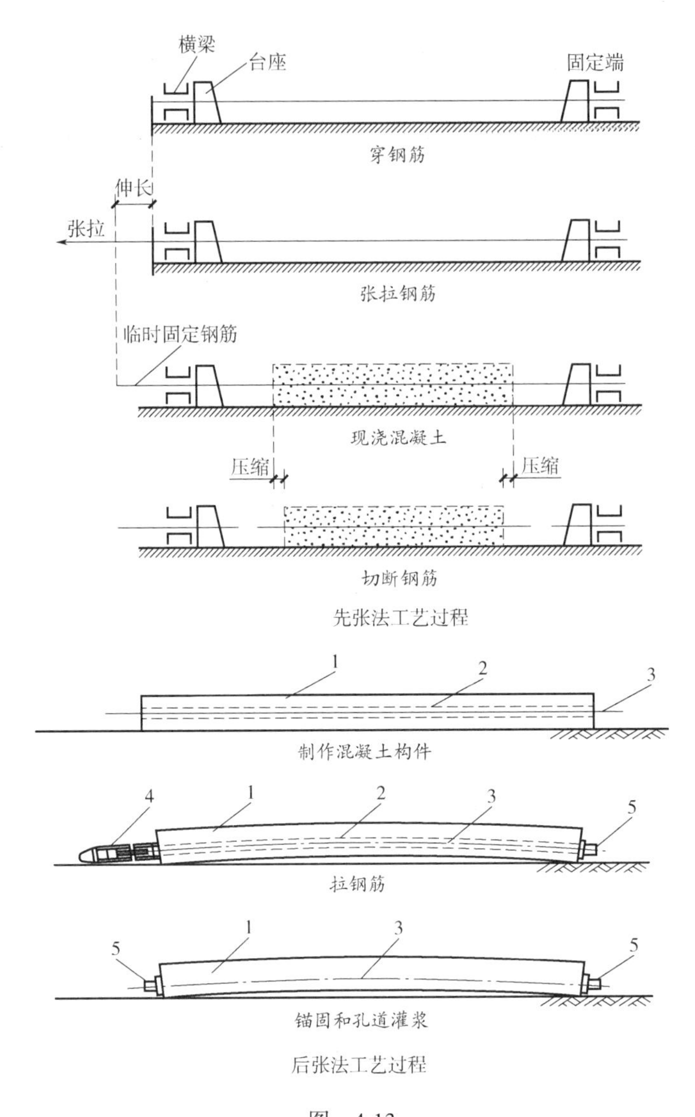

图 4-13

1—混凝土构件 2—预留孔道 3—预应力筋 4—千斤顶 5—锚具

13）植筋不包括植入的钢筋制作、化学螺栓，钢筋制作按钢筋制安相应项目执行，化学螺栓另行计算；使用化学螺栓，应扣除植筋胶的消耗量。

※规则定制说明：

植筋只包含了植筋施工的费用，不含材料费，植筋的材料需要另外执行钢筋制安对应定额子目。化学螺栓是靠与混凝土之间的握裹力和机械咬合力共同作用来抗拔和螺栓本身来抗剪。当使用化学螺栓时，植筋胶的费用要进行扣减。

※双方博弈点：

植筋按以下原则进行计算：

1）图纸或者合同规定要求采用预埋的，施工单位为了施工便利，自行决定使用植筋的不予计算。

2）图纸或合同没有明确的，且在图纸会审又没提出的，则不计算。

3）图纸明确规定或者合同规定可以使用植筋的，或者经过图纸会审后明确可以使用的，可以计算。

14）地下连续墙钢筋笼安放，不包括钢筋笼制作，钢筋笼制作按现浇钢筋制安相应项目执行。

15）固定预埋铁件（螺栓）所消耗的材料按实计算，执行相应项目。

16）现浇混凝土小型构件，执行现浇构件钢筋相应项目，乘以人工、机械降效系数2。

※规则定制说明：

钢筋的小型构件，按照实际情况计入即可，固定预埋件的螺栓按照实际计算，混凝土小型构件按照钢筋相应项目，乘以人工、机械降效系数2。

3. 模板

1）模板分为组合钢模板、大钢模板、复合模板、木模板，定额未注明模板类型的，均按木模板考虑。

※规则定制说明：

模板的选定要根据施工组织设计或者专项方案进行确定，不同模板的价格相差较大，因此合理界定所使用的模板就变得非常重要。

2）模板按企业自有编制。组合钢模板包括装箱，且已包括回库维修消耗量。

※规则定制说明：

企业在编制模板定额时要定义消耗量中所含内容，一般按照企业自有编制，并计算模板每一次的周转和损耗，同时钢模板包括装箱和回库维修消耗量，发生时不再另行计算。

3）复合模板适用于竹胶、木胶等品种的复合板。

※规则定制说明：

1）复合模板。适用于各类构件。面板通常使用由涂塑多层板、竹胶板等材料现场制作的模板及支架体系，面板按摊销考虑。

2）组合钢模板。适用于直形构件。面板通常使用60系列、15~30系列、10系列的组合钢模板，面板按租赁考虑。

3）木模板。适用于小型、异型（弧形）构件。面板通常由木板材和木方经现场加工拼装组成，面板按摊销考虑。

4）清水装饰混凝土模板。适用于设计要求为清水装饰混凝土结构的构件。面板材质可为钢、复合木模板等，面板按摊销考虑。清水模板主要是为了节省一道抹灰程序，而采用50mm厚的竹签板，下面用木坊支撑在钢管上。板与板之间的缝隙采用胶带粘贴，施工后的混凝土表面质量好、光滑，拆除后混凝土整体平整。

4）圆弧形、带形基础模板执行带形基础相应项目，人工、材料、机械乘以系数1.15。

※规则定制说明：

企业在编制定额时，按照“圆弧定律”出圆弧，调降效。其中，人工、材料、机械乘以系数 1. 15。

5）地下室底板模板执行满堂基础，满堂基础模板已包括集水井模板杯壳。

※规则定制说明：

此处明确的是地下室基础模板规则，按照满堂基础模板执行即可，同时所谓的集水井模板杯壳就是集水坑模板测算，同满堂基础合并计算。

6）满堂基础下翻构件的砖胎模，砖胎模中砌筑执行本定额“第四章砌筑工程”砖基础相应项目；抹灰执行本定额“第十一章楼地面装饰工程”和“第十二章墙、柱面装饰与隔断、幕墙工程”抹灰的相应项目。

※规则定制说明：

所谓的砖胎模是用砖来代替无法施工，或者不好施工的木模板，执行时按照砌筑工程的砖基础定额子目执行即可，砖胎模抹灰按照抹灰章节执行。

7）独立桩承台执行独立基础项目；带形桩承台执行带形基础项目；与满堂基础相连的桩承台执行满堂基础项目。高杯基础杯口高度大于杯口大边长度 3 倍以上时，杯口高度部分执行柱项目，杯形基础执行柱项目。

※规则定制说明：

桩承台按照不同的归属，套用不同的定额，很多时候桩承台因为木模板不好使用，转而使用砖胎模，发生时不要漏算。高杯基础杯口高度大于杯口大边长度 3 倍以上时高度执行柱项目（图 4-14 和图 4-15）。

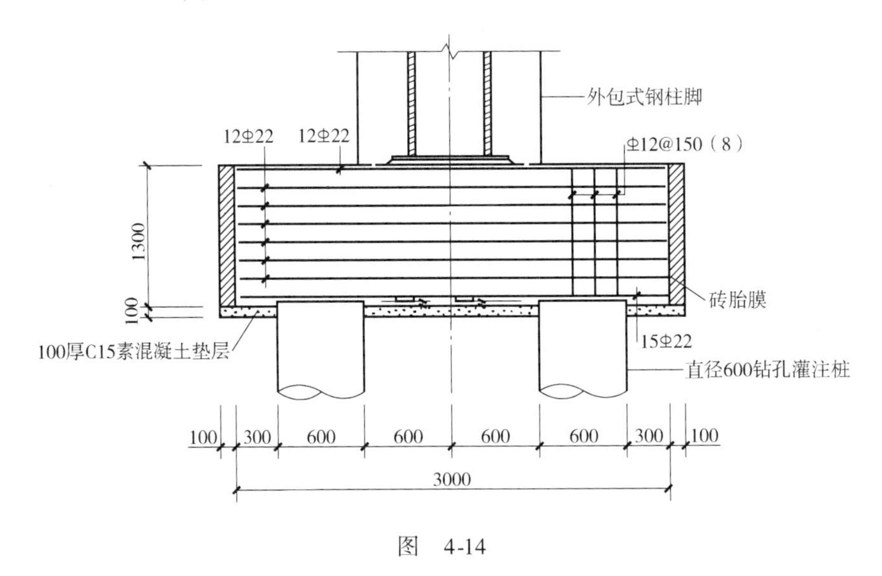

图 4-14

8）现浇混凝土柱（不含构造柱）、墙、梁（不含圈、过梁）、板是按高度（板面或地面、垫层面至上层板面的高度）3. 6m 综合考虑的。如遇斜板面结构时，柱分别以各柱的中心高度为准；墙以分段墙的平均高度为准；框架梁以每跨两端的支座平均高度为准；板（含梁板合计的梁）以高点与低点的平均高度为准。

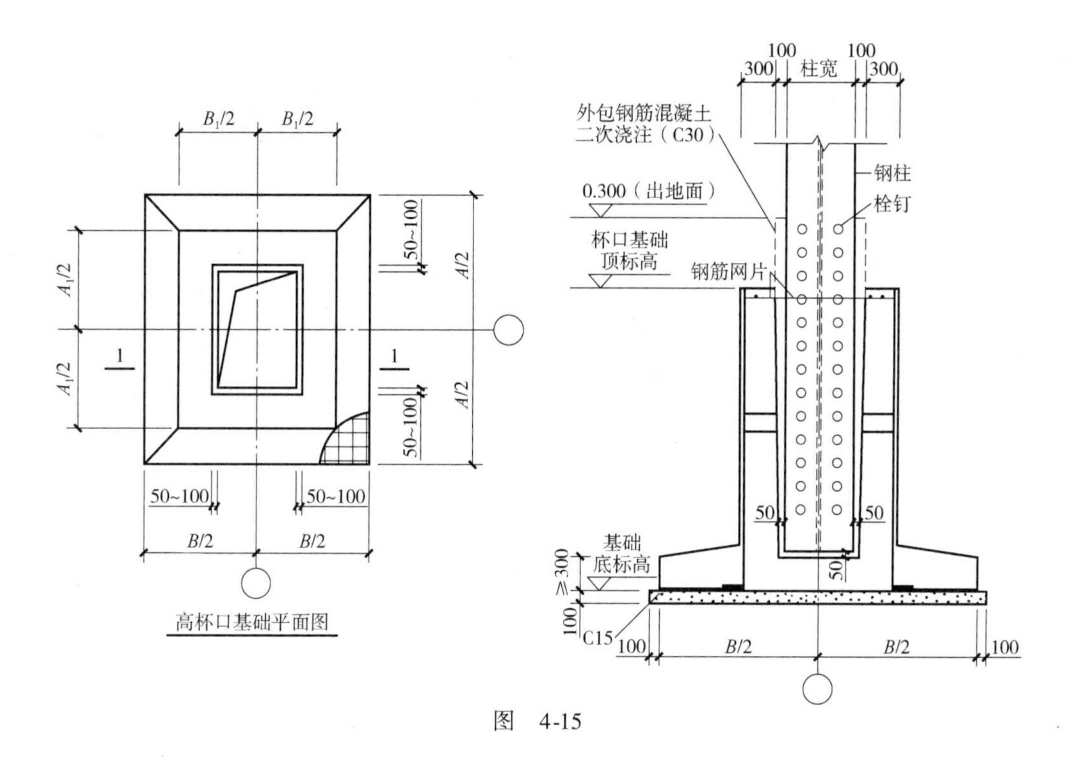

图 4-15

异形柱和梁是指柱、梁的断面形状为L形、十字形、T形、Z形的柱和梁。

※规则定制说明：

模板高度按照3.6m进行编制，超过3.6m时要考虑超高降效，增加钢支撑、卡具等费用。当遇见斜板时，按照平均值原则计算即可。软件已经综合考虑此类问题。

9）柱模板如遇弧形和异形组合时，执行圆柱项目。

※规则定制说明：

异形结构执行异形结构定额即可，但当异形结构和弧形组合时，要执行弧形的定额子目。

10）短肢剪力墙是指截面厚度≤300mm，各肢截面高度与厚度之比的最大值>4但≤8的剪力墙；各肢截面高度与厚度之比的最大值≤4的剪力墙执行柱项目。

※规则定制说明：

短肢剪力墙要同时满足两个条件，即界面厚度≤300mm，高度与厚度的比值>4但≤8，执行短肢剪力墙，当≤4时执行柱或者异形柱项目。当厚度大于300mm时执行墙的定额子目（图4-16）。

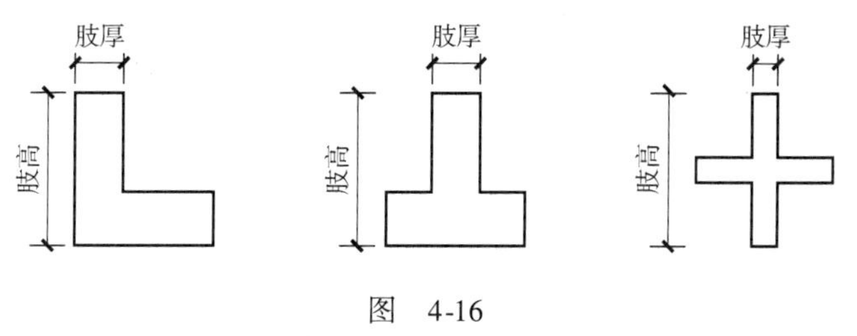

图 4-16

11）外墙设计采用一次摊销止水螺杆方式支模时，将对拉螺栓材料换为止水螺杆，其消耗量按对拉螺栓数量乘以系数12，取消塑料套管消耗量，其余不变。墙面模板未考虑定位支撑因素。

柱、梁面对拉螺栓堵眼增加费，执行墙面螺栓堵眼增加费项目，柱面螺栓堵眼人工、机械乘以系数0.3，梁面螺栓堵眼人工、机械乘以系数0.35。

※规则定制说明：

一次摊销止水螺杆指的是止水螺杆不去掉，切断两头，其余在剪力墙里面。其消耗量按照一次性损耗计算，材料消耗量乘以系数12。

※思维拓宽：

对拉螺栓（图4-17）：对拉螺栓是周转性的，安装时需要加PVC套管，混凝土施工完毕后取出。对拉螺栓多用于地上部分，目的是防止混凝土发生胀模。施工完毕后要进行堵眼，一般用发泡胶、防水砂浆和聚氨酯进行封堵。柱面螺栓堵眼人工、机械乘以系数0.3，梁面螺栓堵眼人工、机械乘以系数0.35。

止水螺栓（图4-18）：止水螺栓是一次性的，安装时不需要套管，埋入混凝土中不取出来，目的是防止水渗入。要考虑止水螺栓一次性摊销。

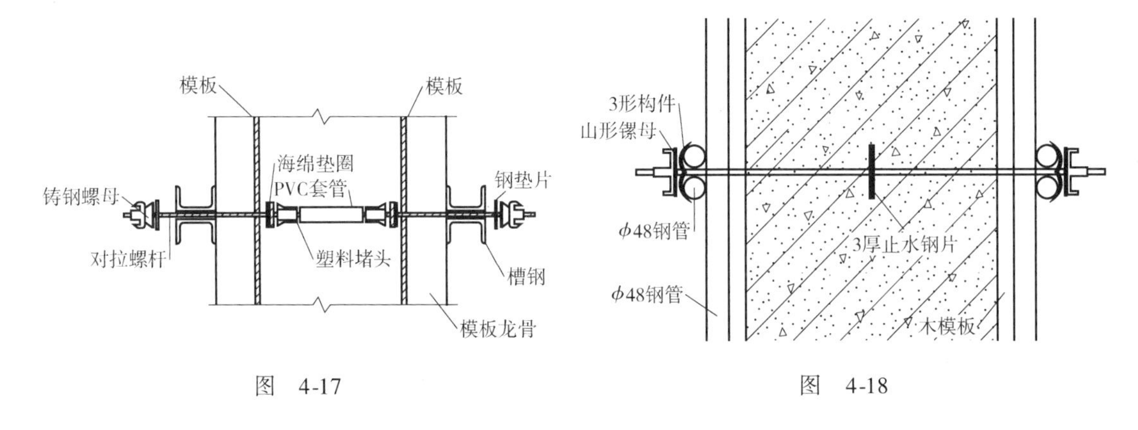

图 4-17　　　　图 4-18

12）板或拱形结构按板顶平均高度确定支模高度，电梯井壁按建筑物自然层层高确定支模高度。

※规则定制说明：

板或拱形结构支设高度按照平均高度计算；电梯井壁按正常的房间处理即可，不管有没有楼层板都按照楼层自然层计算。

13）斜梁（板）按坡度大于10°且≤30°综合考虑。斜梁（板）坡度在10°以内的执行梁、板项目；坡度在30°以上、45°以内时人工乘以系数1.05；坡度在45°以上60°以内时人工乘以系数1.10；坡度在60°以上时人工乘以系数1.20。

※规则定制说明：

此处划分了平板和斜板的界限，当小于10°时按照普通梁板考虑，大于10°时按照斜板考虑，同时在大于45°、大于60°时应对应乘以施工降效系数。

14）混凝土梁、板分别计算执行相应项目，混凝土板适用于截面厚度≤250mm；板中暗梁并入板内计算；墙、梁弧形且半径≤9m时，执行弧形墙、梁项目。

※规则定制说明：

当板厚大于250mm时，需要按专项方案或专家论证的方案计算，高度增加所使用材料也会增加，要考虑加固措施，同时需要有专项方案和资料，可以增加费用。

15）现浇空心板执行平板项目，内模安装另行计算。

※规则定制说明：

企业在定制空心楼板模板定额时，可以直接执行空心板定额子目，当空心楼板需要安置内模时，要单独考虑计算，以签证形式落实。

16）薄壳板模板不分筒式、球形、双曲形等，均执行同一项目。

※规则定制说明：

薄壳结构是用混凝土等刚性材料以各种曲面形式构成的薄板结构，是一种不同于框架结构、剪力墙结构的结构形式，类似于半个鸡蛋壳的受力状态。模板部分形式均按照薄壳板执行。

17）型钢组合混凝土构件模板，按构件相应项目执行。

18）屋面混凝土女儿墙高度>1.2m时执行相应墙项目，≤1.2m时执行相应栏板项目。

19）混凝土栏板高度（含压顶扶手及翻沿），净高按1.2m以内考虑，超1.2m时执行相应墙项目。

※规则定制说明：

企业在编制企业定额时，也要根据消耗量和难度系数的高低进行区别使用，当女儿墙或者混凝土栏板高度大于1.2m时可以执行墙模板定额子目。

20）现浇混凝土阳台板、雨篷板按三面悬挑形式编制，如一面为弧形栏板且半径≤9m时，执行圆弧形阳台板、雨篷板项目；如非三面悬挑形式的阳台、雨篷，则执行梁、板相应项目。

※规则定制说明：

此处规定了阳台板和雨篷板的定额编制规则：

1）三面悬挑执行阳台板、雨篷。

2）一面弧形且≤9m，执行圆弧形雨篷，阳台板。

3）非三面悬挑，执行梁板定额子目。

21）挑檐、天沟壁高度≤400mm，执行挑檐项目；挑檐、天沟壁高度>400mm时，按全高执行栏板项目。单件体积0.1m^3以内，执行小型构件项目。

※规则定制说明：

企业在使用此条规则时应注意壁高和全高，壁高指的是挑檐和天沟内壁高度，全高指的是从从檐板底面开始的高度。此处要进行区分（图4-19）。

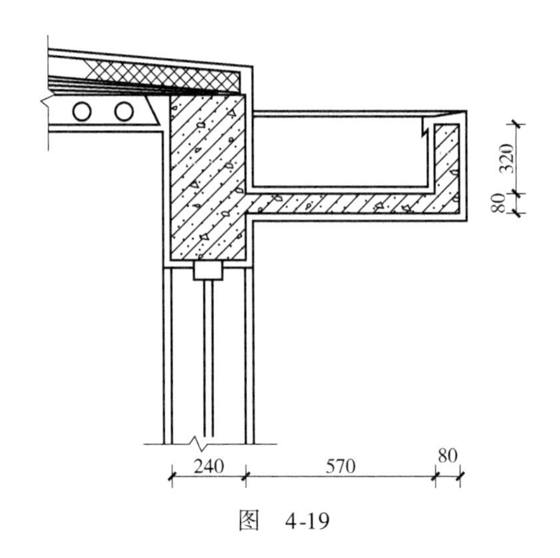

图 4-19

22）预制板间补现浇板缝执行平板项目。

※规则定制说明：

板缝要小于预制板宽度，需支模才能浇筑的混凝土板缝，此时模板执行平板模板定额子目。

23）现浇飘窗板、空调板执行悬挑板项目。

24）楼梯是按建筑物一个自然层双跑楼梯考虑的，如单坡直行楼梯（即一个自然层、无休息平台）按相应项目人工、材料、机械乘以系数 1.2；三跑楼梯（即一个自然层、两个休息平台）按相应项目人工、材料、机械乘以系数 0.9；四跑楼梯（即一个自然层、三个休息平台）按相应项目人工、材料、机械乘以系数 0.75。剪刀楼梯执行单坡直行楼梯相应系数。

※规则定制说明：

此处定额计算规则和混凝土计算规则类似，以双跑楼梯为基础，其余楼梯按照双跑楼梯乘以对应系数即可。

25）与主体结构不同时浇捣的厨房、卫生间等处墙体下部现浇混凝土翻边的模板执行圈梁相应项目。

※规则定制说明：

此处定额计算规则和混凝土计算规则类似，不同时浇筑执行圈梁定额子目，同时浇筑执行有梁板定额子目即可。

26）散水模板执行垫层相应项目。

27）凸出混凝土柱、梁、墙面的线条，并入相应构件内计算，再按凸出的线条道数执行模板增加费项目；但单独窗台板、拦板扶手、墙上压顶的单阶挑沿不另计算模板增加费；其他单阶线条凸出宽度大于 200mm 的执行挑檐项目。

※规则定制说明：

凸出的线条除了要并入计算之外，因为其支设模板较复杂，需要增加模板增加费的项目。

28）外形尺寸体积在 $1m^3$ 以内的独立池槽执行小型构件项目，$1m^3$ 以上的独立池槽及与建筑物相连的梁、板、墙结构式水池，分别执行梁、板、墙相应项目。

29）小型构件是指单件体积 $0.1m^3$ 以内且本节未列项目的小型构件。

※规则定制说明：

企业在编制小型构件的定额时要进行区分套用，如当独立池槽在 $1m^3$ 以内时，或者单件体积 $0.1m^3$ 以内且本节未列项目的小型构件执行小型构件。其余按照对应结构执行对应定额即可。

30）当设计要求为清水混凝土模板时，执行相应模板项目，并作如下调整：复合模板材料换算为镜面胶合板，机械不变，其人工按表 4-13 增加工日。

表 4-13　清水混凝土模板增加工日　　（单位：$100m^2$）

项目	柱			梁			墙		有梁板、无梁板、平板
	矩形柱	圆形柱	异形柱	矩形梁	异形梁	弧形、拱形梁	直形墙、弧形墙、电梯井壁墙	短肢剪力墙	
工日	4	5.2	6.2	5	5.2	5.8	3	2.4	4

※规则定制说明：

清水模板施工要求较高，平面光洁程度需要有所保障，除了材料进行换算之外，人工要按照每 $100m^2$ 增加表 4-13 中的工日数量。

31）预制构件地模的摊销，已包括在预制构件的模板中。

※规则定制说明：

所谓的地模就是作为地面来使用的模板，这样浇筑混凝土之后无法拆除，需要按照一次性摊销考虑。此时已经包括在预制构件的模板消耗量中，发生时不再另行计算。

4. 混凝土构件运输与安装

（1）混凝土构件运输

1）构件运输适用于构件堆放场地或构件加工厂至施工现场的运输。运距以 30km 以内考虑，30km 以上另行计算。

2）构件运输基本运距按场内运输 1km、场外运输 10km 分别列项。实际运距不同时，按场内每增减 0.5km、场外每增减 1km 项目调整。

※规则定制说明：

定额按照规定运距考虑，超过规定运距时应该按照实际运距进行调整。实际运距应及时办理签证，方便后期进行结算。

3）定额已综合考虑施工现场内、外（现场、城镇）运输道路等级、路况、重车上下坡等不同因素。

4）构件运输不包括桥梁、涵洞、道路加固、管线、路灯迁移及因限载、限高而发生的加固、扩宽、公交管理部门要求的措施等因素。

※规则定制说明：

特殊情况的运输费用，均可以按照签证形式落实，但实际项目中一般不会发生，施工单位应该按照实际情况考虑构件的运输工作。

5）预制混凝土构件运输，按表4-14预制混凝土构件分类。表4-14中1、2类构件的单体体积、面积、长度三个指标中，以符合其中一项指标为准（按就高不就低的原则执行）。

表4-14　预制混凝土构件分类

类别	项目
1	桩、柱、梁、板、墙单件体积≤$1m^3$、面积≤$4m^2$、长度≤5m
2	桩、柱、梁、板、墙单件体积>$1m^3$、面积>$4m^2$、5m<长度≤6m
3	6~14m的桩、柱、梁、板、屋架、桁架、托架（14m以上另行计算）
4	天窗架、侧板、端壁板、天窗上下档及小型构件

※规则定制说明：

按照不同种构件的规则尺寸，执行对应类别的定额。

（2）预制混凝土构件安装

1）构件安装不分履带式起重机或轮胎式起重机，以综合考虑编制。构件安装是按单机作业考虑的，如因构件超重（以起重机械起重量为限）须双机台吊时，按相应项目人工、机械乘以系数1.20。

2）构件安装是按机械起吊点中心回转半径15m以内距离计算。如超过15m时，构件须用起重机移运就位，且运距在50m以内的，起重机械乘以系数1.25；运距超过50m的，应另按构件运输项目计算。

※规则定制说明：

企业在定制构件安装时要充分分析现场的施工条件以及施工方案，当采用双机台吊时，要乘以对应系数，塔式起重机只能处理15m半径距离，超过15m则执行起重机移运，同时超过50m时应该另外执行构件运输定额子目。

3）小型构件安装是指单体构件体积小于$0.1m^3$以内的构件安装。

4）构件安装不包括运输、安装过程中起重机械、运输机械场内行驶道路的加固、铺垫工作的人工、材料、机械消耗，发生该费用时另行计算。

※规则定制说明：

当构件安装需要采用起重机械时，则需要单独执行机械费用，同时当场内道路因为运输构件采用额外的加固、铺垫等工作时，应该及时办理签证，发生费用以签证形式落实。

5）构件安装高度以20m以内为准，安装高度（除塔式起重机施工外）超过20m并小于30m时，按相应项目人工、机械乘以系数1.20，安装高度（除塔式起重机施工外）超过

30m时，另行计算。

※规则定制说明：

构件超过一定高度时，进行起重机系数调整时，需要同步调整起重机的吨位，同时超过40m，按实际情况另行处理。一般需要编制专项施工方案，计算实际发生的费用，用签证或者补充协议方式进行认价签证。

6）构件安装需另行搭设的脚手架，按批准施工组织设计要求，执行本定额“第十七章 措施项目”脚手架工程相应项目。

7）塔式起重机的机械台班均已包括在垂直运输机械费项目中。

单层房屋屋盖系统预制混凝土构件，必须在跨外安装的，按相应项目的人工、机械乘以系数1.18；但使用塔式起重机施工时，不乘系数。

※规则定制说明：

吊装机械依据施工组织设计规定按相应项目计算，其使用的塔式起重机的机械台班已经包括在垂直运输定额中，发生时不再另行计算。同时如果是跨外安装，消耗量增高，人工、机械乘以系数1.18。

（3）装配式建筑构件安装

1）装配式建筑构件按外购成品考虑。

2）装配式建筑构件包括预制钢筋混凝土柱、梁、叠合梁、叠合楼板、叠合外墙板、外墙板、内墙板、女儿墙、楼梯、阳台、空调板、预埋套管、注浆等项目。

3）装配式建筑构件未包括构件卸车、堆放支架及垂直运输机械等内容。

4）构件运输执行本节混凝土构件运输相应项目。

5）如预制外墙构件中已包含窗框安装，则计算相应窗扇费用时应扣除窗框安装人工。

6）柱、叠合楼板项目中已包括接头、灌浆工作内容，不再另行计算。

※规则定制说明：

装配式构件安装项目不包括构件卸车费用，发生时可以包括在材料费用中，按实计算，构件运输均执行混凝土运输定额子目即可。

※双方博弈点：

当构件含窗框安装时，计算窗扇的费用时要扣除窗扇的人工费，不要重复计算。另外，柱、叠合楼板项目中已包括接头、灌浆工作内容，不再另行计算。

4.6.2 工程量计算规则

1. 混凝土

（1）现浇混凝土

1）混凝土工程量除另有规定者外，均按设计图示尺寸以体积计算。不扣除构件内钢筋、预埋铁件及墙、板中 0.3m² 以内的孔洞所占体积。型钢混凝土中型钢骨架所占体积按（密度）7850kg/m 扣除。

※规则定制说明：

混凝土按设计图示尺寸以体积计算。不扣除构件内钢筋、预埋铁件所占体积。型钢混凝土扣除构件内型钢所占体积。

2）基础。按设计图示尺寸以体积计算，不扣除伸入承台基础的桩头所占体积。

※规则定制说明：

承台中桩头所占体积不扣除，同时基础垫层所占体积也不扣除。

①带形基础。不分有肋式与无肋式均按带形基础项目计算，有肋式带形基础，肋高（是指基础扩大顶面至梁顶面的高）≤1.2m 时，合并计算；>1.2m 时，扩大顶面以下的基础部分，按无肋带形基础项目计算，扩大顶面以上部分，按墙项目计算。

※规则定制说明（图 4-20）：

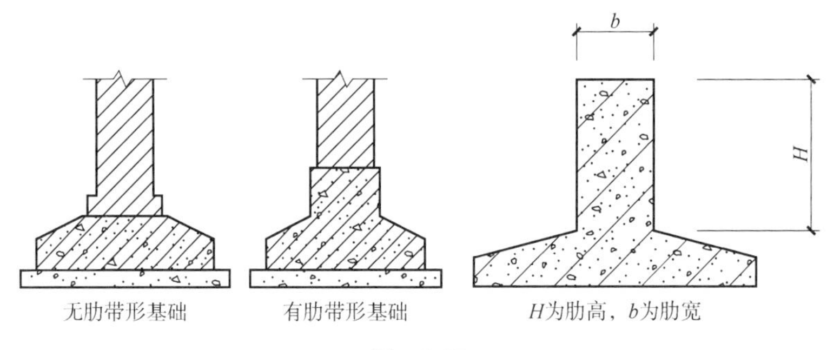

图 4-20

当肋高≤1.2m 时，执行基础定额子目；当 >1.2m 时执行墙定额子目。

②箱式基础分别按基础、柱、墙、梁、板等有关规定计算。

※规则定制说明：

用板、梁、墙、柱组合浇筑而成的基础，称为满堂基础。一般有板式（也称无梁式）满堂基础、梁板式（也称片筏式）满堂基础和箱形满堂基础三种形式。箱形基础按照基础、柱、墙、梁、板分别计算（图 4-21）。

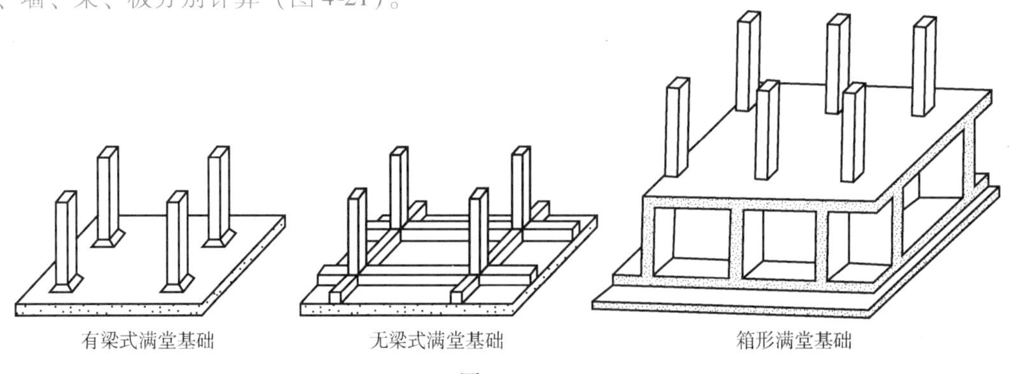

图 4-21

③设备基础。除块体（块体设备基础是指没有空间的实心混凝土形状）以外，其他类型设备基础分别按基础、柱、墙、梁、板等有关规定计算。

3）柱。按设计图示尺寸以体积计算（图 4-22～图 4-25）。

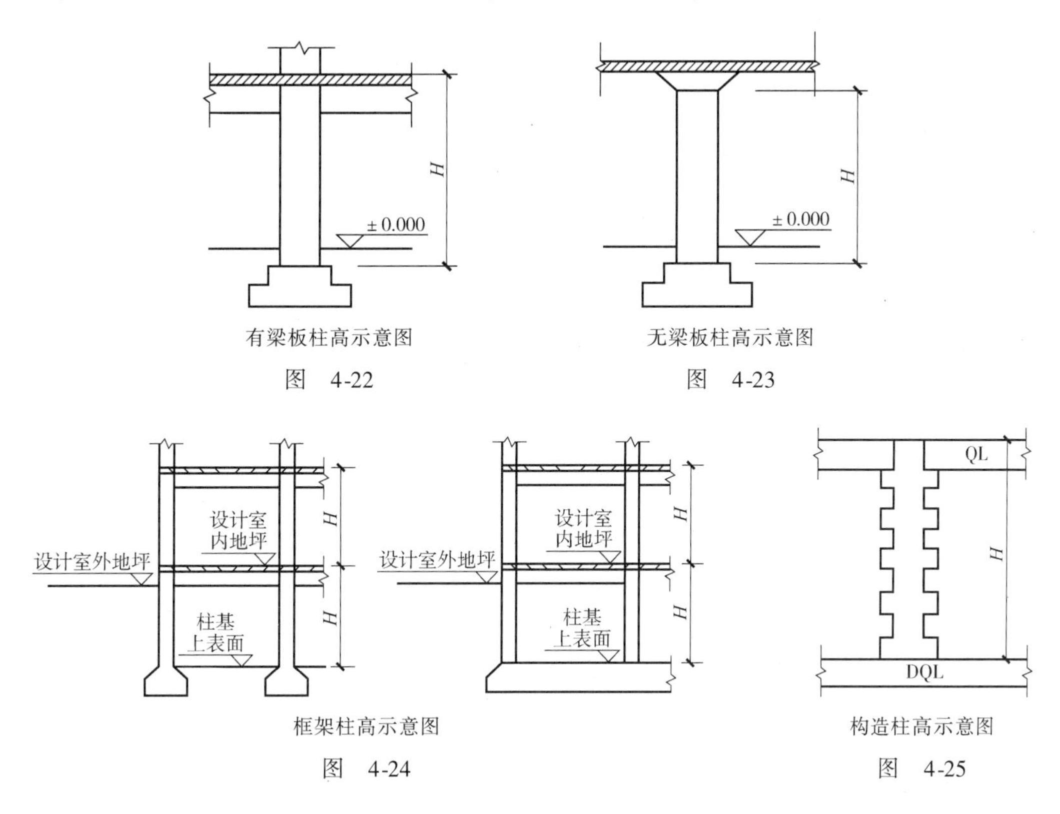

有梁板柱高示意图

图 4-22

无梁板柱高示意图

图 4-23

框架柱高示意图

图 4-24

构造柱高示意图

图 4-25

①有梁板的柱高，应自柱基上表面（或楼板上表面）至上一层楼板上表面之间的高度计算。

②无梁板的柱高，应自柱基上表面（或楼板上表面）至柱帽下表面之间的高度计算。

③框架柱的柱高，应自柱基上表面至柱顶面高度计算。

④构造柱按全高计算，嵌接墙体部分（马牙槎）并入柱身体积。

⑤依附柱上的牛腿，并入柱身体积内计算。

⑥钢管混凝土柱以钢管高度按照钢管内径计算混凝土体积。

※规则定制说明：

柱子高度的定义按照图 4-22～图 4-25 所示即可，其中构造柱牛腿并入柱子当中，钢管混凝土按照内径进行计算。

4）墙。按设计图示尺寸以体积计算，扣除门窗洞口及 0.3m^2 以外孔洞所占体积，墙垛及凸出部分并入墙体积内计算。直形墙中门窗洞口上的梁并入墙体积；短肢剪力墙结构砌体内门窗洞口上的梁并入梁体积。

墙与柱连接时墙算至柱边；墙与梁连接时墙算至梁底；墙与板连接时板算至墙侧；未凸出墙面的暗梁、暗柱并入墙体积。

※规则定制说明：

此处明确了墙的计算规则：

需扣除：门窗洞口及0.3m^2以外孔洞所占体积。

合并计算：墙垛及凸出部分，直形墙中门窗洞口上的梁，肢剪力墙结构砌体内门窗洞口上的梁，未凸出墙面的暗梁、暗柱。

5）梁。按设计图示尺寸以体积计算，伸入砖墙内的梁头、梁垫并入梁体积内。

①梁与柱连接时，梁长算至柱侧面。

②主梁与次梁连接时，次梁长算至主梁侧面。

※规则定制说明：

按照图4-26所示计算即可，伸入砖墙内的梁头、梁垫并入梁体积内。此处需要注意的是，墙指的只是砖墙，不是所有墙都需要扣梁，剪力墙不扣梁。剪力墙需要进行满算。

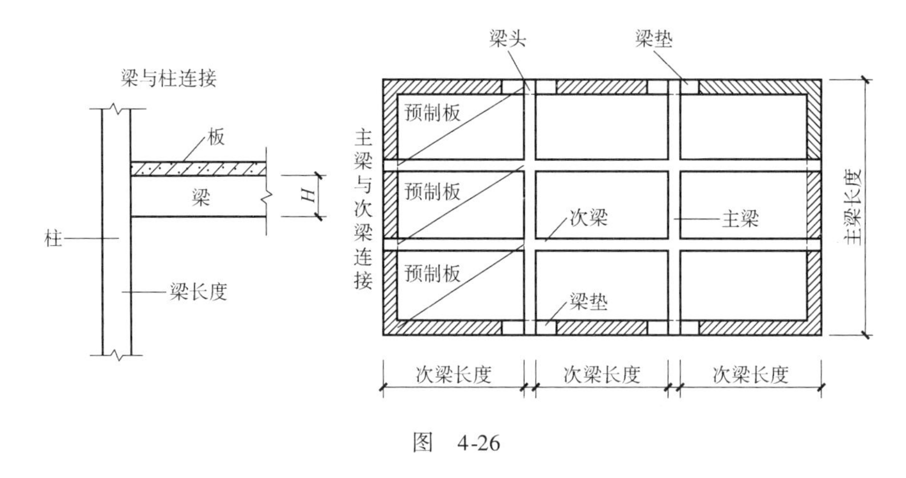

图 4-26

6）板。按设计图示尺寸以体积计算，不扣除单个面积0.3m^2以内的柱、垛及孔洞所占体积。

有梁板包括梁与板，按梁、板体积之和计算。

无梁板按板和柱帽体积之和计算。

各类板伸入砖墙内的板头并入板体积内计算，薄壳板的肋、基梁并入薄壳体积内计算。

空心板按设计图示尺寸以体积（扣除空心部分）计算。

※规则定制说明：

按照图4-27所示计算即可，在定制时要注意归属问题，伸入砖墙内的板头并入板体积内计算，壳板的肋、基梁并入薄壳体积内计算。空心板扣除空心所占体积。

7）栏板、扶手按设计图示尺寸以体积计算，伸入砖墙内的部分并入栏板、扶手体积计算。

8）挑檐、天沟按设计图示尺寸以墙外部分体积计算。挑檐、天沟板与板（包括屋面板）连接时，以外墙外边线为分界线；与梁（包括圈梁等）连接时，以梁外边线为分界线；外墙外边线以外为挑檐、天沟。

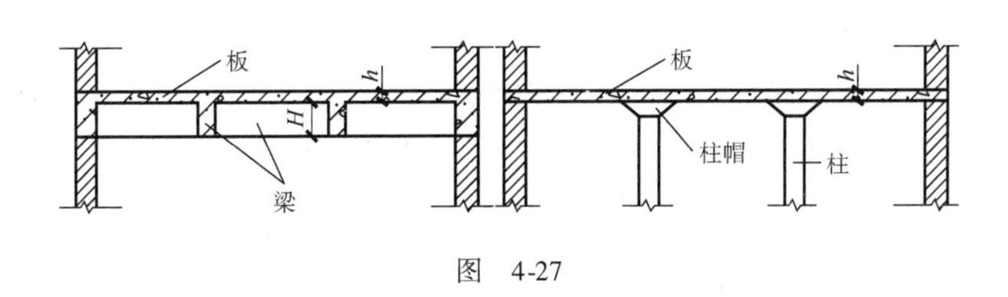

图 4-27

※规则定制说明：

按照图 4-28 所示计算即可，注意不同构件之间的分界。

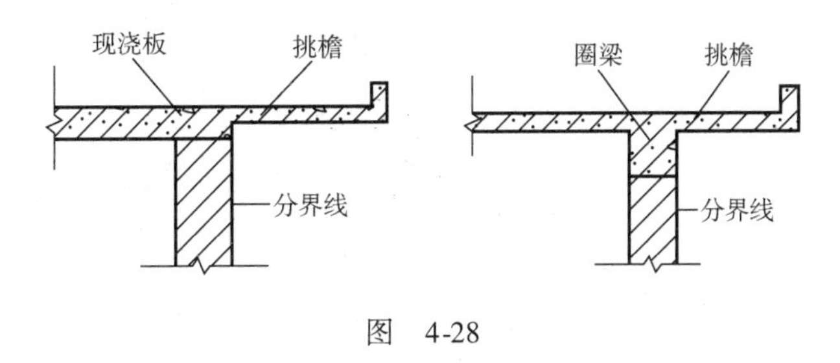

图 4-28

9）凸阳台（凸出外墙外侧用悬挑梁悬挑的阳台）按阳台项目计算；凹进墙内的阳台，按梁、板分别计算，阳台栏板、压顶分别按栏板、压顶项目计算。

※规则定制说明：

凸阳台直接执行阳台的定额子目，凹阳台因为属于工程内部构件，其消耗量更加贴近于梁、板等，但阳台的栏杆、压顶，均需要按照栏杆、压顶的定额子目计算（图 4-29）。

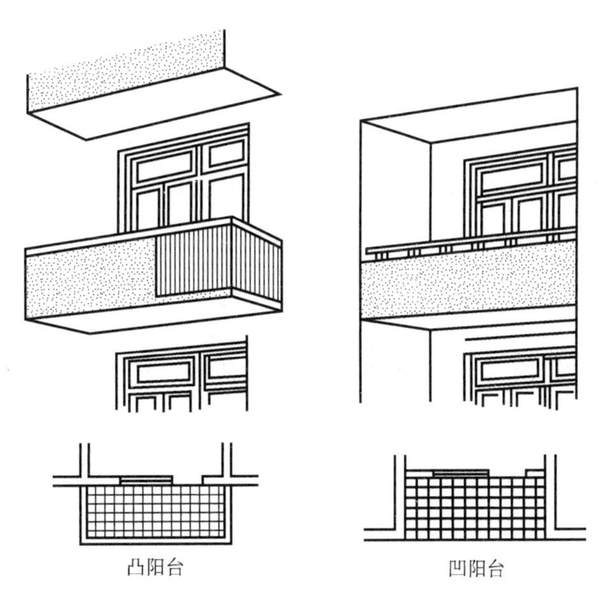

图 4-29

10）雨篷梁、板工程量合并，按雨篷以体积计算，高度≤400mm 的栏板并入雨篷体积内计算，栏板高度＞400mm 时，其超过部分，按栏板计算。

11）楼梯（包括休息平台、平台梁、斜梁及楼梯的连接梁）按设计图示尺寸以水平投影面积计算，不扣除宽度小于500mm楼梯井所占面积，伸入墙内部分不计算。当整体楼梯与现浇楼板无梯梁连接时，以楼梯的最后一个踏步边缘加300mm为界。

※规则定制说明：

此项明确了楼梯的计算规则，有梯梁的时候按照梯梁边计算，无梯梁连接时按照最后一个踏步边缘加300mm为界（图4-30）。

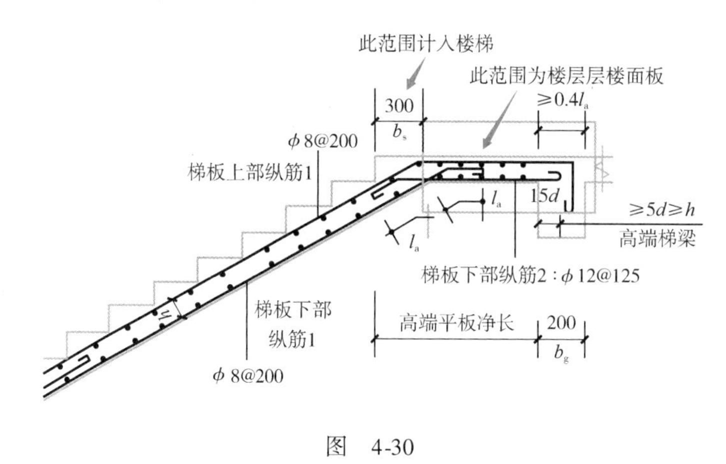

图 4-30

12）散水、台阶按设计图示尺寸，以水平投影面积计算。台阶与平台连接时其投影面积应以最上层踏步外沿加300mm计算。

※规则定制说明：

台阶计算规则和楼梯类似，按照水平投影面积计算工程量，台阶与平台连接时按照最上层踏步外沿加300mm计算。

13）场馆看台、地沟、混凝土后浇带按设计图示尺寸以体积计算。

14）二次灌浆、空心砖内灌注混凝土，按照实际灌注混凝土体积计算。

15）空心楼板筒芯、箱体安装，均按体积计算。

※规则定制说明：

后浇带、二次灌浆、空心砖内的混凝土、空心楼板筒芯均按照体积计算。

（2）预制混凝土　预制混凝土均按图示尺寸以体积计算，不扣除构件内钢筋、铁件及小于0.3m^2以内孔洞所占体积。

※规则定制说明：

预制混凝土和现浇混凝土规则类似，以体积计算，预制混凝土里面预埋铁件、钢筋以及0.3m^2的孔洞所占体积不做扣减。

（3）预制混凝土构件接头灌缝。预制混凝土构件接头灌缝，均按预制混凝土构件体积计算。

※规则定制说明：

“接头灌缝”是指在预制钢筋混凝土构件吊装过程中，将分段和分部位预制的构件用相应混凝土连接的施工过程。在装配式建筑中，混凝土预制构件要组装，构件与构件接头处会有缝隙，要用混凝土把缝填满振实。

2. 钢筋

1）现浇、预制构件钢筋，按设计图示钢筋长度乘以单位理论质量计算。

※规则定制说明：

钢筋按照设计展开长度（展开长度、保护层、搭接长度应符合规范规定）乘单位理论质量计算。

2）钢筋搭接长度应按设计图示及规范要求计算；设计图示及规范要求未标明搭接长度的，不另计算搭接长度。

3）钢筋的搭接（接头）数量应按设计图示及规范要求计算；设计图示及规范要求未标明的，按以下规定计算：

①ϕ10 以内的长钢筋按每 12m 计算一个钢筋搭接（接头）。

②ϕ10 以上的长钢筋按每 9m 计算一个搭接（接头）。

※规则定制说明：

钢筋搭接及接头方案应根据设计图纸要求搭接长度规范执行，设计要求未明确时不计算搭接长度，接头按照 ϕ10 以内 12m 计算一个接头，ϕ10 以上 9m 计算一个接头。

4）先张法预应力钢筋按设计图示钢筋长度乘以单位理论质量计算。

5）后张法预应力钢筋按设计图示钢筋（绞线、丝束）长度乘以单位理论质量计算。

①低合金钢筋两端均采用螺杆锚具时，钢筋长度按孔道长度减 0.35m 计算，螺杆另行计算。

※规则定制说明：

企业应根据不同锚具种类，区别计算钢筋长度。

※思维拓宽：

低合金钢是相对于碳钢而言的，是指合金元素总量小于 5% 的合金钢。为了改善钢的性能，而有意向钢中加入一种或几种合金元素。当采用螺杆锚具张拉是直接采用螺杆进行张拉，待张拉完毕后凹入部分浇筑封锚混凝土，此时螺杆另行计算。

②低合金钢筋一端采用镦头插片，另一端采用螺杆锚具时，钢筋长度按孔道长度计算，螺杆另行计算。

※规则定制说明：

镦头插片指的是锚固钢筋的工具，通过镦头的方式使钢筋的端部变粗从而达到锚固的作用（图 4-31）。

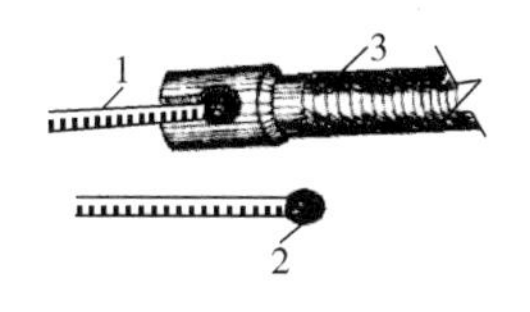

图 4-31

1—钢筋 2—镦粗头 3—张拉螺杆

③低合金钢筋一端采用镦头插片，另一端采用帮条锚具时，钢筋按增加 0.15m 计算；两端均采用帮条锚具时，钢筋长度按孔道长度增加 0.3m 计算。

※规则定制说明：

帮条锚具由帮条和衬板组成。帮条采用与预应力筋同级别的钢筋，衬板采用普通低碳钢的钢板。一端墩头插片，一端帮条锚具，钢筋增加0.15m；两端都采用帮条锚具，钢筋增加0.3m（图4-32）。

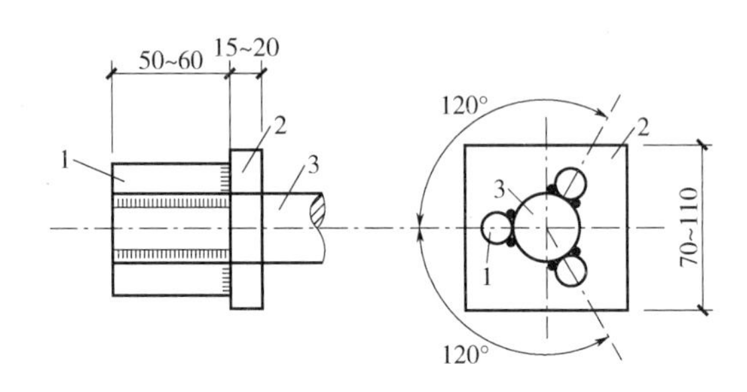

图 4-32

1—帮条 2—衬板 3—预应力钢筋

④低合金钢筋采用后张混凝土自锚时，钢筋长度按孔道长度增加0.35m计算。

※规则定制说明：

低合金钢筋采用后张法混凝土自锚，是指直接通过预应力钢筋自身的设置，将钢筋和混凝土锚固在一起。采用自锚时钢筋长度增加0.35m。

⑤低合金钢筋（钢绞线）采用JM、XM、QM型锚具，孔道长度≤20m时，钢筋长度按孔道长度增加1m计算；孔道长度>20m时，钢筋长度按孔道长度增加1.8m计算。

※规则定制说明：

夹片式锚具，代号J，如JM型锚具（JM12）；QM型、XM型（多孔夹片锚具）、OVM型锚具；夹片式扁锚（BM）体系。

孔道长度≤20m时，钢筋长度按孔道长度增加1m计算；孔道长度>20m时，钢筋长度按孔道长度增加1.8m计算。

⑥碳素钢丝采用锥形锚具，孔道长度≤20m时，钢丝束长度按孔道长度增加1m计算；孔道长度>20m时，钢丝束长度按孔道长度增加1.8m计算。

⑦碳素钢丝采用墩头锚具时，钢丝束长度按孔道长度增加0.35m计算。

※规则定制说明：

碳素钢锚具等计算规则和低合金钢筋类似，按照不同锚固形式，计算不同的孔道长度即可。

⑧预应力钢丝束、钢绞线锚具安装按套数计算。

※规则定制说明：

锚具计算时按照套数计算，按实计入即可。

⑨当设计要求钢筋接头采用机械连接时，按数量计算，不再计算该处的钢筋搭接长度。

⑩植筋按数量计算，植入钢筋按外露和植入部分之和长度乘以单位理论质量计算。

※规则定制说明：

植筋就是为了加固建筑物或是续建，在原建筑上钻孔，插入钢筋，用特用胶水灌缝，使钢筋锚固在其中，钢筋和原建筑成为一体。

可以利用砌体拉结筋进行绘制，软件中设置即生成砌体加筋。外露和植入部分之和长度乘以单位理论质量计算，套取植筋定额子目即可。

植筋如果采用化学螺栓，材料按照化学螺栓调整，并扣除植筋胶的含量。

⑪钢筋网片、混凝土灌注桩钢筋笼、地下连续墙钢筋笼按设计图示钢筋长度乘以单位理论质量计算。

⑫混凝土构件预埋铁件、螺栓，按设计图示尺寸，以质量计算。

※规则定制说明：

钢筋网片部分定额是按照面积计算的，在实际网片间距和定额不同时，要进行换算。

预埋铁件、螺栓按照实际发生质量计算。

3. 模板

（1）现浇混凝土构件模板

1）现浇混凝土构件模板，除另有规定者外，均按模板与混凝土的接触面积（扣除后浇带所占面积）计算。

※规则定制说明：

混凝土构件按照实际接触面积计算，后浇带所使用的模板应在构件中扣除，并单独执行后浇带模板定额子目。

2）基础。

①有肋式带形基础。肋高（是指基础扩大顶面至梁顶面的高）≤1.2m 时，合并计算；>1.2m 时，基础底板模板按无肋带形基础项目计算，扩大顶面以上部分模板按混凝土墙项目计算。

※规则定制说明：

和混凝土部分计算规则一致。对混凝土基础带肋部分进行划分，并按照规定计入对应定额（图 4-33）。

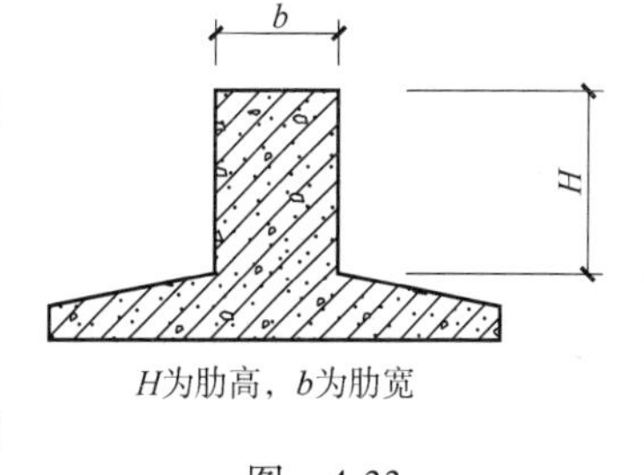

图 4-33

②独立基础。高度从垫层上表面计算到柱基上表面。

※规则定制说明：

根据图 4-34 所示执行即可，独立基础模板面积按照垫层上表面算至柱基上表面。

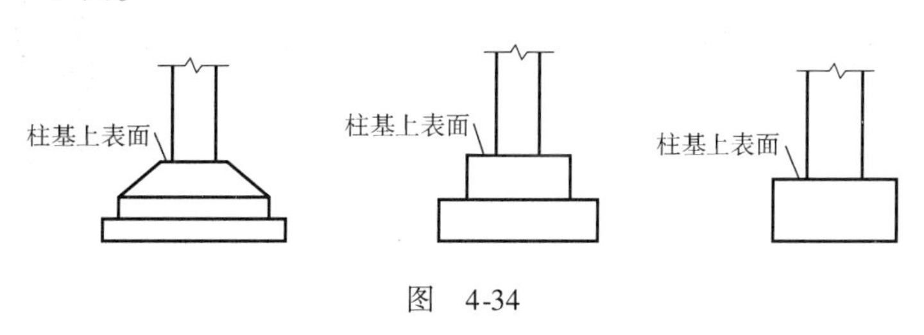

图 4-34

③满堂基础。无梁式满堂基础有扩大或角锥形柱墩时，并入无梁式满堂基础内计算。有梁式满堂基础梁高（从板面或板底计算，梁高不含板厚）≤1.2m时，基础和梁合并计算；>1.2m时，底板按无梁式满堂基础模板项目计算，梁按混凝土墙模板项目计算。箱式满堂基础应分别按无梁式满堂基础、柱、墙、梁、板及有关规定计算。地下室底板按无梁式满堂基础模板项目计算。

※规则定制说明：

满堂基础分不同形式分别计算模板面积：

1）无梁式满堂基础。有柱墩时，柱墩模板并入基础模板中。

2）有梁式满堂基础。梁高（不含板厚）≤1.2m模板并入基础，梁高>1.2m执行墙模板。

3）箱式满堂基础。按照基础、柱、梁、墙、板分别套用定额。

④设备基础。块体设备基础按不同体积，分别计算模板工程量。框架设备基础应分别按基础、柱以及墙的相应项目计算；楼层面上的设备基础并入梁、板项目计算，如在同一设备基础中部分为块体、部分为框架时，应分别计算。框架设备基础的柱模板高度应由底板或柱基的上表面算至板的下表面；梁的长度按净长计算，梁的悬臂部分应并入梁内计算。

※规则定制说明：

1）块体设备基础（实心）。按照接触面积计算模板工程量，套用设备基础模板定额子目。

2）框架设备基础（空心）。按照基础、柱、墙分别计算模板。

3）屋面的设备基础。模板量并入梁、板。

4）块体设备基础（实心）与框架设备基础（空心）。模板单独计算。

⑤设备基础地脚螺栓套孔以不同深度以数量计算。

3）构造柱均应按图示外露部分计算模板面积。带马牙槎构造柱的宽度按马牙槎处的宽度计算。

※规则定制说明：

构造柱模板应该按照带马牙槎最宽处乘以构造柱全高以面积计算（图4-35）。

4）现浇混凝土墙、板上单孔面积在0.3m^2以内的孔洞，不予扣除，洞侧壁模板也不增加；单孔面积在0.3m^2以外时，应予以扣除，洞侧壁模板面积并入墙、板模板工程量以内计算。

图 4-35

对拉螺栓堵眼增加费按墙面、柱面、梁面模板接触面分别计算工程量。

※规则定制说明：

对拉螺栓堵眼增加费按照实际接触模板面积计算，单价在每平方米1.5~2元。

※双方博弈点：

一般在抹灰中包含了堵眼的费用，那此时堵眼增加费什么时候可以记取呢？如果总承包商和装修公司不是一个单位，装修单位进场后要进行堵眼，此时可以单独计算。

5）现浇混凝土框架分别按柱、梁、板有关规定计算，附墙柱凸出墙面部分按柱工程量计算，暗梁、暗柱并入墙内工程量计算。

※规则定制说明：

企业在定制定额时，也要依据附属就近原则，对于依附构件直接按照所依附的主结构进行计算即可。

6）柱、墙、梁、板、栏板相互连接的重叠部分，均不扣除模板面积。

※规则定制说明：

所谓的重叠部分就是指模板厚度的一两厘米，此部分不扣除。

7）挑檐、天沟与板（包括屋面板、楼板）连接时，以外墙外边线为分界线；与梁（包括圈梁等）连接时，以梁外边线为分界线；外墙外边线以外或梁外边线以外为挑檐、天沟。

※规则定制说明：

此部分和混凝土部分类似，按照界限进行计算即可（图4-36）。

8）现浇混凝土悬挑板、雨篷、阳台按图示外挑部分尺寸的水平投影面积计算，挑出墙外的悬臂梁及板边不另计算。

※规则定制说明：

定额子目已经综合考虑了悬挑和板边的工作内容，所以挑出墙外的悬臂梁及板边的模板不另计算。

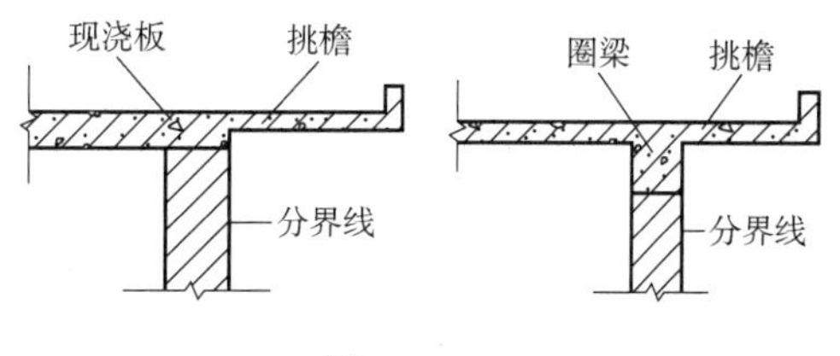

图 4-36

9）现浇混凝土楼梯（包括休息平台、平台梁、斜梁和楼层板的连接梁）按水平投影面积计算。不扣除宽度小于500mm楼梯井所占面积，楼梯的踏步、踏步板、平台梁等侧面模板不另行计算，伸入墙内部分也不增加。当整体楼梯与现浇楼板无梯梁连接时，以楼梯的最后一个踏步边缘加300mm为界。

※规则定制说明：

模板计算规则和混凝土计算规则类似，按照混凝土计算规则执行即可。

10）混凝土台阶不包括梯带，按图示台阶尺寸的水平投影面积计算，台阶端头两侧不另计算；架空式混凝土台阶按现浇楼梯计算；场馆看台按设计图示尺寸，以水平投影面积计算。

※规则定制说明：

梯带是指台阶两侧的砖、混凝土围栏。不包括梯带部分，按照水平投影面积进行计算（图4-37）。

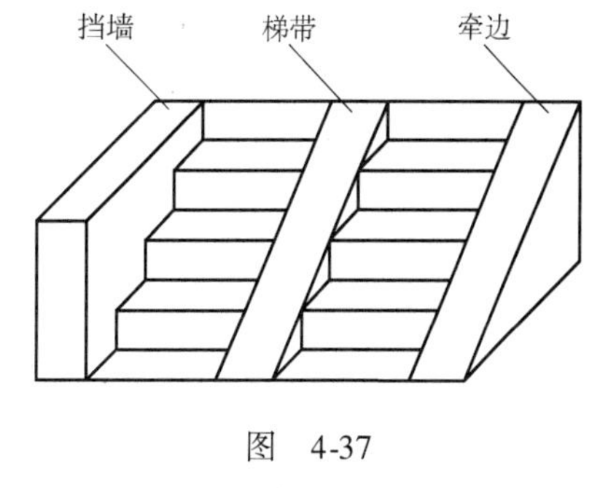

图 4-37

11）凸出的线条模板增加费，以凸出棱线的道数分别按长度计算，两条及多条线条相互之间净距小于100mm的，每两条按一条计算。

※规则定制说明：

注意本条是指线条模板增加费，因为线条施工复杂，模板损耗和人工降效大，所以在计算时应增加模板增加费。先计算一次混凝土接触面积工程量，再计算一次凸出的线条模板增加费，凸出的线条模板按设计图示以长度计算。

12）后浇带按模板与后浇带的接触面积计算。

（2）预制混凝土构件模板

预制混凝土模板按模板与混凝土的接触面积计算，地模不计算接触面积。

※规则定制说明：

地模，包括在构件模板消耗量中，发生时不再另行计算。

4. 混凝土构件运输与安装

1）预制混凝土构件运输及安装除另有规定外，均按构件设计图示尺寸，以体积计算。

2）预制混凝土构件安装。

①预制混凝土矩形柱、工形柱、双肢柱、空格柱、管道支架等安装，均按柱安装计算。

②组合屋架安装，以混凝土部分体积计算，钢杆件部分不计算。

③预制板安装，不扣除单个面积≤$0.3m^2$的孔洞所占体积，扣除空心板孔洞体积。

※规则定制说明：

企业在编制预制构件运输及安装定额时，对于同类型构件，编制一个定额子目即可，不扣除$0.3m^2$孔洞所占体积，但要扣除空心板的孔洞所占体积。

5. 装配式建筑构件安装

1）装配式建筑构件工程量均按设计图示尺寸以体积计算。不扣除构件内钢筋、预埋铁件等所占体积。

2）装配式墙、板安装，不扣除单个面积$<0.3m^2$的孔洞所占体积。

3）装配式楼梯安装，应扣除空心踏步板孔洞体积后，以体积计算。

4）预埋套筒、注浆按数量计算。

6. 墙间空腔注浆

按长度计算。

※规则定制说明：

墙内空腔注浆按照实际发生，以长度计算。

4.7 金属结构工程的定制

4.7.1 定额说明的解析与进阶

本章定额包括金属结构制作、金属结构运输、金属结构安装和金属结构楼（墙）面板及其他四节。

1. 金属结构制作、安装

1）构件制作若采用成品构件，按各省、自治区、直辖市造价管理机构发布的信息价执行；如采用现场制作或施工企业附属加工厂制作，可参照本定额执行。

※规则定制说明：

此处规定了定额的使用范围和使用规则，当采用预制构件等成品构件时，直接执行当地发布的造价信息即可。

2）构件制作项目中钢材按钢号Q235编制，构件制作设计使用的钢材强度等级、型材组成比例与定额不同时，可按设计图纸进行调整；配套焊材单价相应调整，用量不变。

※规则定制说明：

定额仅按照一种强度等级考虑，当实际发生与定额的强度、型材组成比例不符时，应依据图纸重新调整。但因钢结构消耗量记取专业且复杂，建议企业在编制定额时，进行综合考虑，灵活调整定额即可。

3）构件制作项目中钢材的损耗量已包括了切割和制作损耗，对于设计有特殊要求的，消耗量可进行调整。

※规则定制说明：

钢结构的制作损耗在6%左右，其中包括了切割和制作的损耗，但是有些构件设计图纸造型复杂，消耗量会严重偏大，此时应该根据实际消耗调整钢结构定额消耗量。

4）构件制作项目已包括加工厂预装配所需的人工、材料、机械台班用量及预拼装平台摊销费用。

※规则定制说明：

定额单价中包含了完成这项构件所需要的所有直接费用，预拼装平台摊销费并入到定额消耗量中统一考虑。

5）钢网架制作、安装项目按平面网格结构编制，如设计为筒壳、球壳及其他曲面结构的，其制作项目人工、机械乘以系数1.3，安装项目人工、机械乘以系数1.2。

※规则定制说明：

网架结构是指由多根杆件按照一定的网格形式通过节点连结而成的空间结构。

平面网架结构按照平面网格定额执行，筒壳、球壳及其他曲面结构人工、机械消耗量大，对应制作安装乘以消耗量系数（图4-38）。

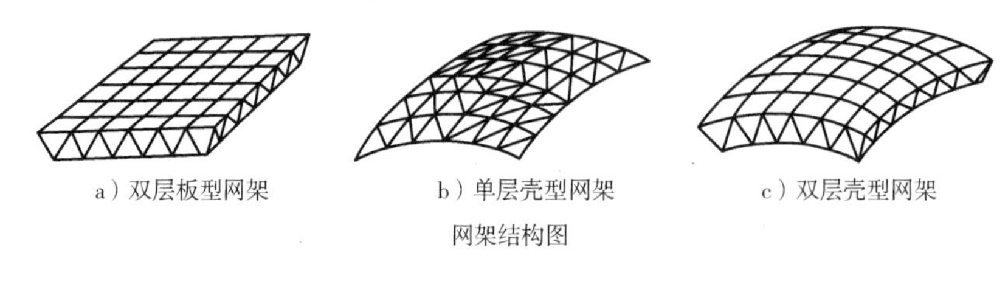

网架结构图

图 4-38

6）钢桁架制作、安装项目按直线形桁架编制，如设计为曲线、折线形桁架，其制作项目人工、机械乘以系数1.3，安装项目人工、机械乘以系数1.2。

※规则定制说明：

桁架结构中的桁架指的是桁架梁，是格构化的一种梁式结构。桁架结构常用于大跨度的厂房、展览馆、体育馆和桥梁等公共建筑中。钢桁架按照直线形编制，如果是曲线，人工、机械消耗量会增加，乘以对应系数即可（图4-39）。

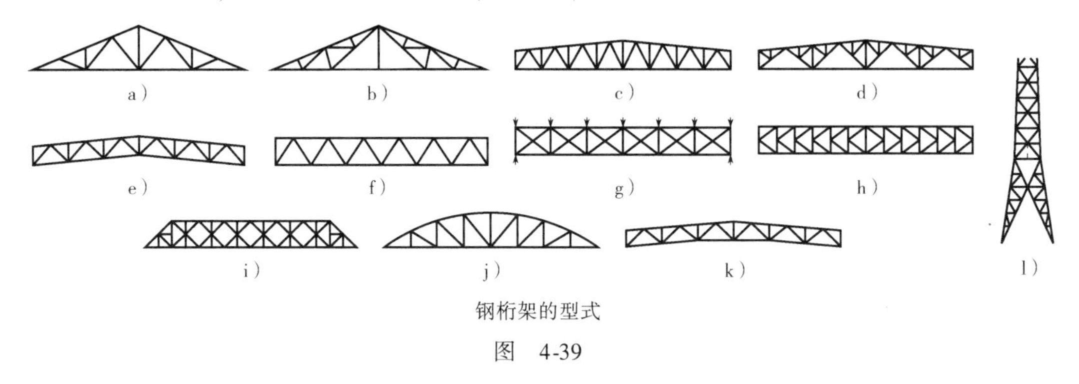

钢桁架的型式

图 4-39

7）构件制作项目中焊接H型钢构件均按钢板加工焊接编制，如实际采用成品H型钢的，主材按成品价格进行换算，人工、机械及除主材外的其他材料乘以系数0.6。

※规则定制说明：

定额构件制作按照“钢板焊接成H型钢”，如果实际采用“成品H型钢”那么材料价可以按照成品H型钢的价格记取。

8）定额中圆（方）钢管构件按成品钢管编制，如实际采用钢板加工而成，主材价格调整，加工费用另计。

※规则定制说明：

钢结构制作一般有两种不同的制作形式：按照特定材质加工焊接，以及工程成品构件。企业定额在编制时，只选择一种编制即可，当采用成品构件编制，但实际使用的是现场加工，则主材进行调整，并考虑加工费用。

9）构件制作按构件种类及截面形式不同套用相应项目，构件安装按构件种类及质量不同套用相应项目。构件安装项目中的质量是指按设计图纸所确定的构件单元质量。

※规则定制说明：

构件按照不同规则，选择不同范围内的定额子目，构件安装质量计算时，按照图示工程量计算。

10）轻钢屋架是指单榀质量在1t以内，且用角钢或圆钢、管材作为支撑、拉杆的钢屋架。

※规则定制说明：

钢屋架和轻钢屋架的区别：

两种屋架的划分完全是按每榀质量进行的（单榀是指一跨的钢屋架，如柱与柱之间为一榀），1t以下为轻钢屋架划分，超过1t的按钢屋架执行；套定额时分开钢屋架与轻钢屋架执行，轻钢屋架基价高，定额通常会考虑量小构件的费用比量大的构件费用高一些。

常用的轻钢厂房的结构形式：门式刚架结构、网架结构、管桁架结构、框架结构、简易的角钢屋架结构等。

11）实腹钢柱（梁）是指H形、箱形、T形、L形、十字形等，空腹钢柱是指格构形等。

※规则定制说明：

实腹钢构件和空腹钢构件的区别：

实腹钢构件是指腹部构件能够在模型中参与承受轴力及弯矩，如H型钢柱、角钢、槽钢、工字钢、方管、矩管、箱形构件、T形钢、C形钢、Z形钢、圆管等。

空腹钢构件的腹杆或腹板不考虑承受轴力及弯矩，只对翼缘构件相对形状及稳定性起支撑作用，减少翼缘构件的计算长度（如格构式构件、蜂窝梁等）。如格构式构件、桁架、蜂窝梁、腹板连续开孔并且无补强的梁柱等。

它们之间的区别是腹板在轴线方向有否断开或减弱，有则是空腹构件，反之则是实腹构件（图4-40）。

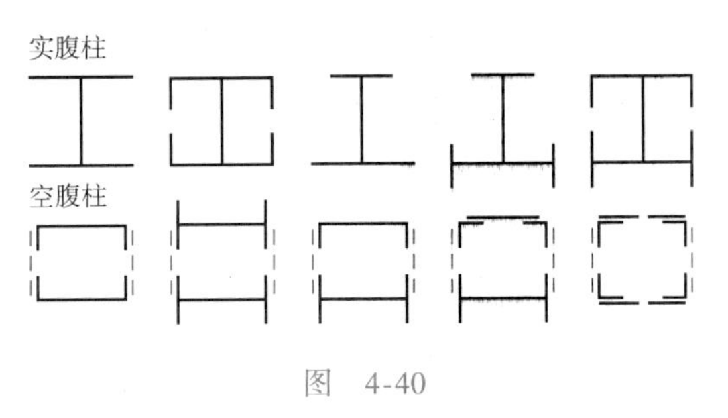

图 4-40

12）制动梁、制动板、车挡套用钢吊车梁相应项目。

※规则定制说明：

吊车梁是支撑桥式起重机运行的梁结构。梁上有吊车轨道，起重机通过轨道在吊车梁上来回行驶。吊车梁结构由吊车梁、制动结构、辅助桁架及支撑（水平支撑及处置支撑）等构成。其中，制动梁、制动板、车挡，可以直接按照吊车梁执行定额。

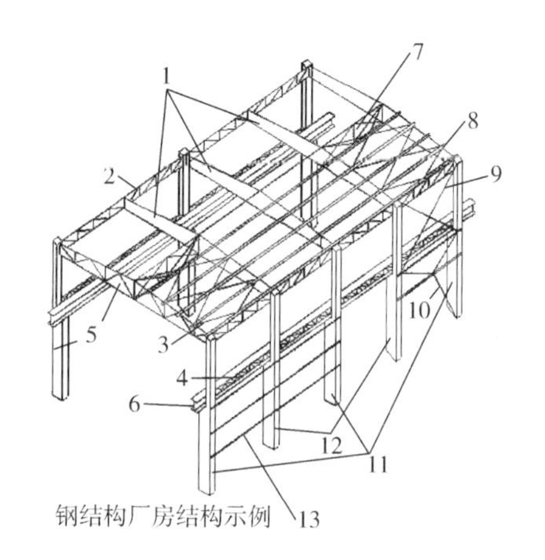

图 4-41

1—屋架 2—托架 3—上弦横向支撑
4—制动桁架 5—横向平面框架 6—吊车梁
7—屋架竖向支撑 8—檩条
9、10—柱间支撑 11—框架柱
12—中间柱 13—墙架梁

13）柱间、梁间、屋架间的H形或箱形钢支撑，套相应的钢柱或钢梁制作、安装项目；墙架柱、墙架梁和相配套连接杆件套用钢墙架相应项目。

※规则定制说明：

此处规定了相近消耗量的执行统一原则，钢结构各个部位如图4-41所示。

14）型钢混凝土组合结构中的钢构件套用本章相应的项目，制作项目人工、机械乘以系数1.15。

※规则定制说明：

型钢混凝土组合结构是把型钢埋入钢筋混凝土中的一种独立的结构形式。由于在钢筋混凝土中增加了型钢，型钢以其固有的强度和延性。制作时人工和机械乘以系数1.15（图4-42）。

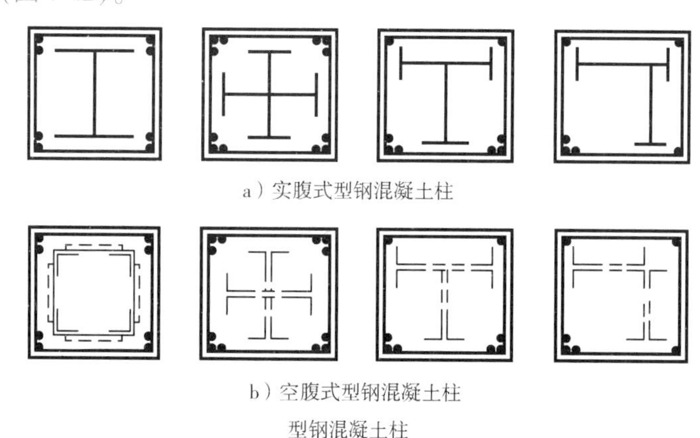

a）实腹式型钢混凝土柱

b）空腹式型钢混凝土柱

型钢混凝土柱

图 4-42

15）钢栏杆（钢护栏）定额适用于钢楼梯、钢平台及钢走道板等与金属结构相连的栏杆，其他部位的栏杆、扶手应套用本定额“第十五章其他装饰工程”相应项目。

16）基坑围护中的格构柱套用本章相应项目，其中制作项目（除主材外）乘以系数0.7，安装项目乘以系数0.5。同时，应考虑钢格构柱拆除、回收残值等的因素。

※规则定制说明：

格构柱的截面一般为型钢或钢板设计成双轴对称或单轴对称的截面。基坑维护中的格构柱，执行本章项目，制作安装乘以对应下浮系数。

17）单件质量在25kg以内的加工铁件套用本章定额中的零星构件。需埋入混凝土中的铁件及螺栓套用本定额“第五章混凝土及钢筋混凝土工程”相应项目。

※规则定制说明：

单件质量在25kg执行零星构件，但在25kg以内但属于铁件及螺栓的，应该执行混凝土钢筋工程的对应项目。

18）构件制作项目中未包括除锈工作内容，发生时套用相应项目。其中喷砂或抛丸除锈项目按Sa2.5除锈等级编制，如设计为Sa3除锈等级则定额乘以系数1.1，设计为Sa2除锈等级或Sa1除锈等级则定额乘以系数0.75；手工及动力工具除锈项目按St3除锈等级编制，如设计为St2除锈等级则定额乘以系数0.75。

※规则定制说明：

钢结构在做面层做法前要进行除锈，Sa表示除锈等级以及表面干净程度。

※思维拓宽：

几种除锈等级的划分：喷射和抛射除锈，用字母“Sa”表示，分四个等级：

Sa1——轻度的喷射后抛射除锈。钢材表面无可见的油脂、污垢，无附着的不牢的氧化皮、铁锈、油漆涂层等附着物。

Sa2——彻底的喷射或抛射除锈。钢材表面无可见的油脂、污垢、氧化皮、铁锈等附着物基本清除。

Sa2.5——非常彻底的喷射或抛射除锈。钢材表面无可见的油脂、污垢、氧化皮、铁锈、油漆涂层等附着物，无任何残留的痕迹，仅是点状或条状的轻微色斑。

Sa3——使钢材表面非常洁净的喷射或抛射除锈。钢材表面无可见的油脂、污垢、氧化皮、铁锈、油漆涂层等附着物，该表面显示均匀的金属色泽。

手工除锈等级：

St2——彻底的手工和动力工具除锈。钢材表面应无可见的油脂和污垢，并且没有附着不牢的氧化皮、铁锈和油漆涂层等附着物。

St3——非常彻底的手工和动力工具除锈。钢材表面应无可见的油脂和污垢，并且没有附着不牢的氧化皮、铁锈和油漆涂层等附着物。除锈应比St2更为彻底。

19）构件制作中未包括油漆工作内容，如设计有要求时，套用本定额“第十四章油漆、涂料、裱糊工程”相应项目。

20）构件制作、安装项目中已包括了施工企业按照质量验收规范要求所需的磁粉探伤、超声波探伤等常规检测费用。

※规则定制说明：

定额中包含了磁粉探伤、超声波探伤检测费用，发生时不再另行计算。对于特殊性检测费用，由发包人在工程建设其他费用当中列支。

21）钢结构构件15t及以下构件按单机吊装编制，其他按双机抬吊考虑吊装机械，网架按分块吊装考虑配置相应机械。

22）钢构件安装项目按檐高20m以内、跨内吊装编制，实际须采用跨外吊装的，应按施工方案进行调整。

※规则定制说明：

由于场地狭小，或者其他特殊因素，导致15t以下需要进行双机抬调，或者其他特殊吊装方案时，应根据施工方案对消耗量进行调整。

23）钢结构构件采用塔式起重机吊装的，将钢构件安装项目中的汽车式起重机20t、40t分别调整为自升式塔式起重机2500kN·m、3000kN·m，人工及起重机械乘以系数1.2。

※规则定制说明：

临近建筑物如果有塔式起重机的，可以按照塔式起重机执行，将汽车起重机换成塔式起重机，人工、机械乘以对应的降效系数。

24）钢构件安装项目中已考虑现场拼装费用，但未考虑分块或整体吊装的钢网架、钢桁架地面平台拼装摊销，如发生则套用现场拼装平台摊销定额项目。

2. 金属结构运输

1）金属结构构件运输定额是按加工厂至施工现场考虑的，运输距离以30km为限，运距在30km以上时按照构件运输方案和市场运价调整。

※规则定制说明：

金属结构按照30km以内考虑，超过时按照实际运距进行调整，这里需要注意签证单的办理。

2）金属结构构件运输按表4-15分为三类，套用相应项目。

表4-15　金属结构构件分类

类别	构件名称
一	钢柱、屋架、托架、桁架、吊车梁、网架、钢架桥
二	钢梁、檩条、支撑、拉条、栏杆、钢平台、钢走道、钢楼梯、零星构件
三	墙架、挡风架、天窗架、轻钢屋架、其他构件

3）金属结构构件运输过程中，如遇路桥限载（限高），而发生的加固、拓宽的费用及有电车线路和公安交通管理部门的保安护送费用，应另行处理。

3. 金属结构楼（墙）面板及其他

1）金属结构楼面板和墙面板按成品板编制。

2）压型楼面板的收边板未包括在楼面板项目内，应单独计算。

※规则定制说明：

金属结构墙面和屋面都按照成品板编制，如非成品板时需要进行调整和换算。

4.7.2 工程量计算规则

1. 金属构件制作

1）金属构件工程量按设计图示尺寸乘以理论质量计算。

2）金属构件计算工程量时，不扣除单个面积≤0.3m^2 的孔洞质量，焊缝、铆钉、螺栓等不另增加质量。

※规则定制说明：

根据“快速计量”原则，对于面积≤0.3m^2 孔洞不扣除，对于小型构件也不增加。

3）钢网架计算工程量时，不扣除孔眼的质量，焊缝、铆钉等不另增加质量。焊接空心球网架质量包括连接钢管杆件、连接球、支托和网架支座等零件的质量，螺栓球节点网架质量包括连接钢管杆件（含高强螺栓、销子、套筒、锥头或封板）、螺栓球、支托和网架支座等零件的质量。

※规则定制说明：

1）焊接球网架（图4-43）。一般主要适用于大跨度、大荷载、有特殊要求的结构。焊缝主要在施工现场处理，因此对施工人员焊接技术有很高要求，对施工现场焊接环境要求较高，现场施工时最难处理的就是焊缝质量，施工周期及施工费用较高。

2）螺栓球网架（图4-44）。主要在加工厂内制作，焊缝处理基本在加工厂内处理完毕，网架设计杆件长度容易控制，到达施工现场直接拼装就可以，适用于全部结构，特别是造型结构，能够保证施工精度，保证结构造型的一致性。施工方法较多，施工费用及措施费用较低，施工进度较快。

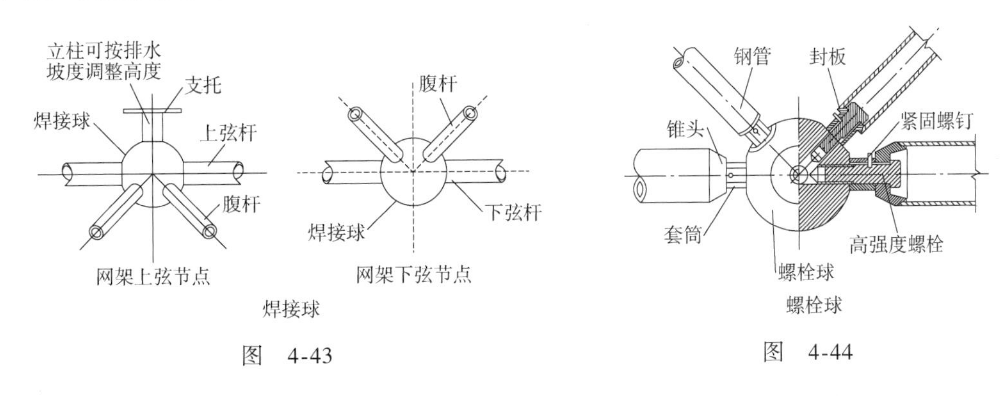

图 4-43　　　　图 4-44

4）依附在钢柱上的牛腿及悬臂梁的质量等并入钢柱的质量内，钢柱上的柱脚板、加劲板、柱顶板、隔板和肋板并入钢柱工程量内。

5）钢管柱上的节点板、加强环、内衬板（管）、牛腿等并入钢管柱的质量内。

※规则定制说明：

对于一些依附构件，直接并入到对应构件当中，发生时不再另行计算。

6）钢平台的工程量包括钢平台的柱、梁、板、斜撑等的质量，依附于钢平台上的钢扶梯及平台栏杆，应按相应构件另行列项计算。

※规则定制说明：

钢平台按照统一工程量执行，但在计算防火涂料时，因为各个构件耐火极限不同，使用不同的耐火材料时，建议分开套项。

7）钢楼梯的工程量包括楼梯平台、楼梯梁、楼梯踏步等的质量，钢楼梯上的扶手、栏杆另行列项计算。

8）钢栏杆包括扶手的质量，合并套用钢栏杆项目。

※规则定制说明：

这里需要注意：楼梯平台属于钢楼梯归属，而不属于钢平台；楼梯的扶手、栏杆单独计算。

9）机械或手工及动力工具除锈按设计要求以构件质量计算。

2. 金属结构运输、安装

1）金属结构构件运输、安装工程量同制作工程量。

2）钢构件现场拼装平台摊销工程量按实施拼装构件的工程量计算。

3. 金属结构楼（墙）面板及其他

1）楼面板按设计图示尺寸以铺设面积计算，不扣除单个面积≤0.3m^2 的柱、垛及孔洞所占面积。

2）墙面板按设计图示尺寸以铺挂面积计算，不扣除单个面积≤0.3m^2 的梁、孔洞所占面积。

3）规则定制说明。

※根据“快速计量”原则，对于面积≤0.3m^2 孔洞不扣除，对于小型构件也不增加。

4）钢板天沟按设计图示尺寸以质量计算，依附天沟的型钢并入天沟的质量内计算；不锈钢天沟、彩钢板天沟按设计图示尺寸以长度计算。

5）金属构件安装使用的高强螺栓、花篮螺栓和剪力栓钉按设计图纸以数量以“套”为单位计算。

※规则定制说明：

钢结构所用高强螺栓、花篮螺栓、栓钉的安装费用已经包括在钢结构制作安装定额子目内，材料费根据施工图使用高强螺栓数量乘以规定损耗计算。价格按照甲乙双方认质认价计入。

※思维拓宽：

高强螺栓：钢结构连接用螺栓性能等级分 3.6、4.6、4.8、5.6、6.8、8.8、9.8、10.9、12.9 等 10 余个等级，其中 8.8 级及以上螺栓，通称为高强度螺栓，其余通称为普通螺栓，其价格不同。

6）槽铝檐口端面封边包角、混凝土浇捣收边板高度按150mm考虑，工程量按设计图示尺寸以延长米计算；其他材料的封边包角、混凝土浇捣收边板按设计图示尺寸以展开面积计算。

※规则定制说明：

当采用槽形铝装饰封边包角时，对于檐口端部和混凝土浇捣收边板装饰是按高度150mm考虑的，工程量按图示延长米计算；当采用槽形铝以外的其他材料装饰时，封边包角、混凝土浇捣收边工程量按设计尺寸以展开面积计算。

4.8 木结构工程的定制

4.8.1 定额说明的解析与进阶

1）本章定额包括木屋架、木构件、屋面木基层三节。

2）木材木种均以一、二类木种取定。如采用三、四类木种时，相应定额制作人工、机械乘以系数1.35。

※规则定制说明：

施工现场常用的木材有红松、樟子松、白松、杉木、杨木、花旗松等，木材木种分类见表4-16。当采用三、四类木时，因为硬度大，难度高，所有人工、机械乘以系数1.35。

表4-16 木材木种分类

类别	具体木材木种
一类	红松、水桐木、樟子松
二类	白松、杉木（方杉、冷杉）、杨木、铁杉、柳木、花旗松、椴木
三类	青松、黄花松、秋子松、马尾松、东北榆木、柏木、苦楝木、梓木、黄菠萝、椿木、楠木（桢楠、润楠）、柚木、樟木、山毛榉、栓木、白木、云香木、枫木
四类	栎木（柞木）、檀木、色木、槐木、荔木、麻栗木（麻栎、青刚）、桦木、荷木、水曲柳、柳桉、华北榆木、核桃楸、克隆、门格里斯

3）设计刨光的屋架、檩条、屋面板在计算木料体积时，应加刨光损耗，方木一面刨光加3mm，两面刨光加5mm；圆木直径加5mm；板一面刨光加2mm，两面刨光加3.5mm。

※规则定制说明：

木材断面或厚度经常以毛料（刚下锯，未经任何表面处理的木材）为准，当设计图纸要采用净料（经刨光，去除毛刺表面光滑的木材）时，需要增加刨光厚度。

※思维拓宽：

一面刨光的木材常见的是屋面板、木地板，二面刨光的木材常见的是封檐板，三面刨光的木材常见的是门窗框、木扶手，四面刨光的木材常见的是木质栏杆立柱、门窗扇。

4）屋架跨度是指屋架两端上、下弦中心线交点之间的距离。

※规则定制说明：

屋架跨度即两个支撑点之间的距离。

5）屋面板制作厚度不同时可进行调整。

6）木屋架、钢木屋架定额项目中的钢板、型钢、圆钢用量与设计不同时，可按设计数量另加8%损耗进行换算，其余不再调整。

※规则定制说明：

木屋架或者钢木屋架，因为木作结构关系，钢材在加工过程中要产生大量边角料，为了保证施工企业利益，此处规定了8%损耗率。

4.8.2 工程量计算规则

1. 木屋架

1）木屋架、檩条工程量按设计图示的规格尺寸以体积计算。附属于其上的木夹板、垫木、风撑、挑檐木、檩条三角条均按木料体积并入屋架、檩条工程量内。单独挑檐木并入檩条工程量内。檩托木、檩垫木已包括在定额项目内，不另计算。

※规则定制说明：

合并计算：附属于其上的木夹板、垫木、风撑、挑檐木、檩条三角条均按木料体积并入屋架、檩条；单独挑檐木并入檩条工程量内。

不单独计算：檩托木、檩垫木已包括在定额项目内，不另计算。

木屋架如图4-45所示。

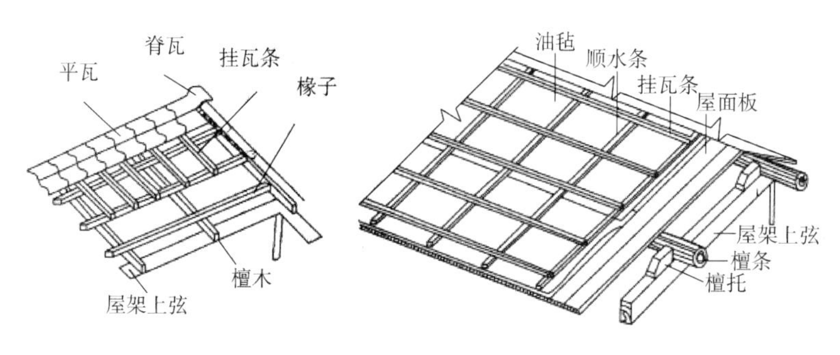

图 4-45

2）圆木屋架上的挑檐木、风撑等设计规定为方木时，应将方木木料体积乘以系数1.7

折合成圆木并入圆木屋架工程量内。

※规则定制说明：

因为圆木是将原木进行简单抛光，而方木需要对木材四边进行切割或者合成，此时需要浪费大量的原材，应将方木木料体积乘以 1.7 并入圆木屋架。

3）钢木屋架工程量按设计图示的规格尺寸以体积计算。定额内已包括钢构件的用量，不再另外计算。

※规则定制说明：

木屋架是指全部杆件均采用如方木或圆木等木材制作的屋架。

钢木屋架是指受压杆件如上弦杆及斜杆均采用木材制作，受拉杆件如下弦杆及拉杆均采用钢材制作，拉杆一般用圆钢材料，下弦杆可以采用圆钢或型钢材料的屋架。

定额中已经包含了钢构件的工程量，发生时不再另行调整和计算。

4）带气楼的屋架，其气楼屋架并入所依附屋架工程量内计算。

※规则定制说明：

气楼简而言之就是屋顶的通风通气小楼，对屋内进行通风换气的装备。

5）屋架的马尾、折角和正交部分半屋架，并入相连屋架工程量内计算。

※规则定制说明：

马尾：四坡排水屋顶建筑物的两端屋面的端头坡面部位。

折角：构成 L 形的坡屋顶建筑横向和竖向相交的部位。

正交部分：构成丁字形的坡屋顶建筑横向和竖向相交的部位。

6）简支檩木长度按设计计算，设计无规定时，按相邻屋架或山墙中距增加 0.20m 接头计算，两端出山檩条算至搏风板；连续檩的长度按设计长度增加 5% 的接头长度计算。

※规则定制说明：

简支檩：在檩托板上连接时，檩托板上的四个孔由两边的两个檩条各用一个，两檩条是端部对端部。

连续檩：是两边的两个檩条还要各伸到对方范围，有一部分是两檩条重叠的，一般只有 Z 形檩才可以实现连续连接。

连续檩比简支檩要多用材料，且安装不便，但其可以局部增强节点处的抗挠强度，在梁柱跨度较大而小截面的 C 形钢不能满足设计时，可以采用 Z 形钢连续连接，达到满足设计及节约材料的目的。

2. 木构件

1）木柱、木梁按设计图示尺寸以体积计算。

2）木楼梯按设计图示尺寸以水平投影面积计算。不扣除宽度≤300mm 的楼梯井，伸入墙内部分不计算。

3）木地楞按设计图示尺寸以体积计算。定额内已包括平撑、剪刀撑、沿油木的用量，不再另行计算。

※规则定制说明：

木地楞就是木龙骨，在木地板下面，以支撑木地板。

3. 屋面木基层

1）屋面椽子、屋面板、挂瓦条、竹帘子工程量按设计图示尺寸以屋面斜面积计算，不扣除屋面烟囱、风帽底座、风道、小气窗及斜沟等所占面积。小气窗的出檐部分也不增加面积。

2）封檐板工程量按设计图示檐口外围长度计算。博风板按斜长度计算，每个大刀头增加长度0.50m。

※规则定制说明：

了解计算规则即可，相关难懂名词如图4-46所示。

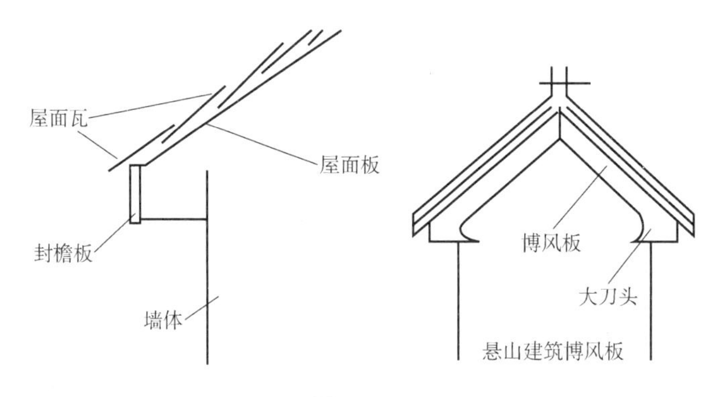

图 4-46

4.9 门窗工程的定制

4.9.1 定额说明的解析与进阶

本章定额包括木门，金属门、窗，金属卷帘（闸），厂库房大门、特种门，其他门，门钢架、门窗套，窗台板，窗帘盒、轨，门五金等节。

1. 木门

成品套装门安装包括门套和门扇的安装。

※规则定制说明：

木质门的套装门是包含了门套的，发生时门套不再单独计算，合并计入即可。

※双方博弈点：

当门窗、底板等成品由供应商负责安装，其安装价格已经包括在材料单价当中，此时在计价时应该如何解决？

很多审计公司拿到认价单时，认为这仅仅是材料认价，并套用定额调整单价，此时人工费便进行了二次计算。实际应该扣除定额中的人工和机械费用。按照实际计算，此处是经常容易忽略的点，要引起注意。

2. 金属门、窗

1）铝合金成品门窗安装项目按隔热断桥铝合金型材考虑，当设计为普通铝合金型材时，按相应项目执行，其中人工乘以系数0.8。

※规则定制说明：

断桥铝合金：断桥铝合金顾名思义就是中间铝合金断开，而断开的地方使用其他材质连接起来，形成了一个桥，将两边的温度分隔开，所以断桥铝合金隔热能力相比一般铝合金要好；断桥铝合金相比一般铝合金多一个隔热条，可以起到很好的密封作用（图4-47）。一般铝合金使用几年就会出现合不拢的情况。

当采用普通铝合金时，施工难度会降低，所以人工乘以系数0.8，后期企业在编制定额时一定要依据难度系数评判人机消耗。

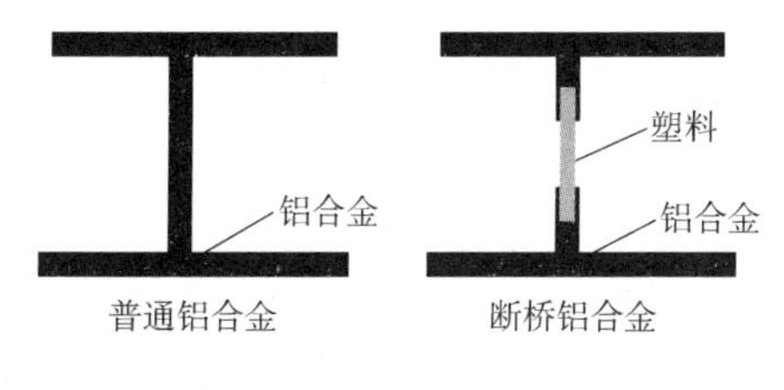

图 4-47

2）金属门连窗，门、窗应分别执行相应项目。

※规则定制说明：

门连窗分别执行门窗定额子目即可。分开套用定额。

3）彩板钢窗附框安装执行彩板钢门附框安装项目。

※规则定制说明：

工程门窗中的附框，指的是建筑门窗洞口安装的铁质材料，保证门窗洞口的位置，由于建筑的门窗洞口尺寸不规范，安装附框后，门窗加工尺寸可以确定，另外也有利于门窗的安装，安全性更好。同时，采用附框，使门窗的安装质量更容易得到控制。

窗和门的附框施工工序和作业内容都是一样的，执行统一定额即可。

3. 金属卷帘（闸）

1）金属卷帘（闸）项目是按卷帘侧装（即安装在洞口内侧或外侧）考虑的，当设计为中装（即安装在洞口中）时，按相应项目执行，其中人工乘以系数1.1。

※规则定制说明：

侧装是指卷帘箱安装在洞口内侧或外侧，中装是指卷帘箱安装在洞口中。当采用在洞口中安装卷帘时，人工难度系数高，则按照人工系数乘以1.1进行计算。

2）金属卷帘（闸）项目是按不带活动小门考虑的，当设计为带活动小门时，按相应项目执行，其中人工乘以系数1.07，材料调整为带活动小门金属卷帘（闸）。

※规则定制说明：

金属卷帘的活动小门是非常罕见的，发生时按照人工乘以系数1.07，对应的材料进行换算即可。

3）防火卷帘（闸）（无机布基防火卷帘除外）按镀锌钢板卷帘（闸）项目执行，并将材料中的镀锌钢板卷帘换为相应的防火卷帘。

※规则定制说明：

此处明确了防火卷帘的套定额方式和规则，定额中没有防火卷帘直接按照镀锌钢板卷帘执行，将材料中的镀锌钢板卷帘换成对应的防火卷帘。

※双方博弈点：

后续我们在套定额时一定会有定额中不包含的定额子目，此时我们应该思考要使用人工、材料、机械相近的定额子目，并对其中的材料进行换算。这才是正确的套定额的思路。

4. 厂库房大门、特种门

1）厂库房大门项目是按一、二类木种考虑的，当采用三、四类木种时，制作按相应项目执行，人工和机械乘以系数1.3；安装按相应项目执行，人工和机械乘以系数1.35。

※规则定制说明：

木材分类可以见木结构篇章，当采用三、四类木种时，制作安装工程乘以对应系数。

2）厂库房大门的钢骨架制作以钢材重量表示，已包括在定额中，不再另列项计算。

※规则定制说明：

库房大门钢骨架与定额含量不同时，需要对含量进行调整。

3）厂库房大门门扇上所用铁件均已列入定额，墙、柱、楼地面等部位的预埋铁件按设计要求另按本定额“第五章混凝土及钢筋混凝土工程”中相应项目执行。

※规则定制说明：

厂库房大门门扇上所用铁件均已列入定额，综合考虑在门窗规格料中了，发生时不再另算，但厂库大门的预埋铁件需要按照预埋件定额子目计入，发生时需要单独计算。

4）冷藏库门、冷藏冻结间门、防辐射门安装项目包括筒子板制作安装。

※规则定制说明：

筒子板是指垂直门窗的，在洞口侧面的装饰。平行门窗的，墙面的，盖住筒子板和墙面缝隙的，称为贴脸。合起俗称“门套”“窗套”。门窗套 = 门窗贴脸 + 门窗筒子板（图4-48）。

特殊材质大门，安装时包括框内筒子板安装，发生时不再另行计算。

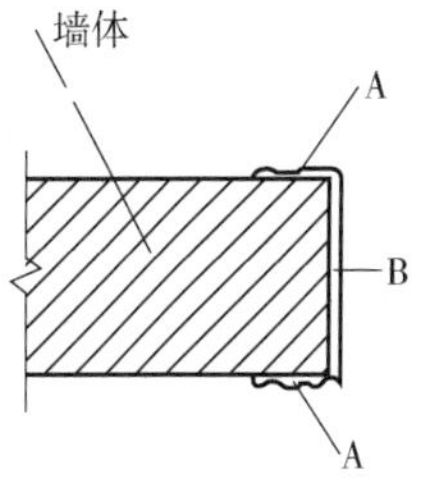

图　4-48

A—门窗贴脸

B—筒子板

A + B—门窗套

5. 其他门

1）全玻璃门扇安装项目按地弹门考虑，其中地弹簧消耗量可按实际调整。

2）全玻璃门门框、横梁、立柱钢架的制作安装及饰面装饰，按本章门钢架相应项目执行。

※规则定制说明：

地弹门采用地埋式门轴弹簧或内置立式地弹簧，门扇可内外自由开启，不触动时门扇在关闭的位置。全玻璃门根据地弹簧情况按实际发生进行调整。

门框、横梁、立柱钢架，执行门钢架定额子目。

3）全玻璃门有框亮子安装按全玻璃有框门扇安装项目执行，人工乘以系数0.75，地弹簧换为膨胀螺栓，消耗量调整为277.55个/100m^2；无框亮子安装按固定玻璃安装项目执行。

※规则定制说明：

一般为了通风或是采光，窗户在上部会设置固定扇，此固定扇称为亮子，门的上部窗，不论固定与否，都称为亮子。当设置有框亮子时人工乘以系数0.75，地弹簧改为膨胀螺栓（图4-49）。

a）单扇平开木门　　b）三扇平开木窗

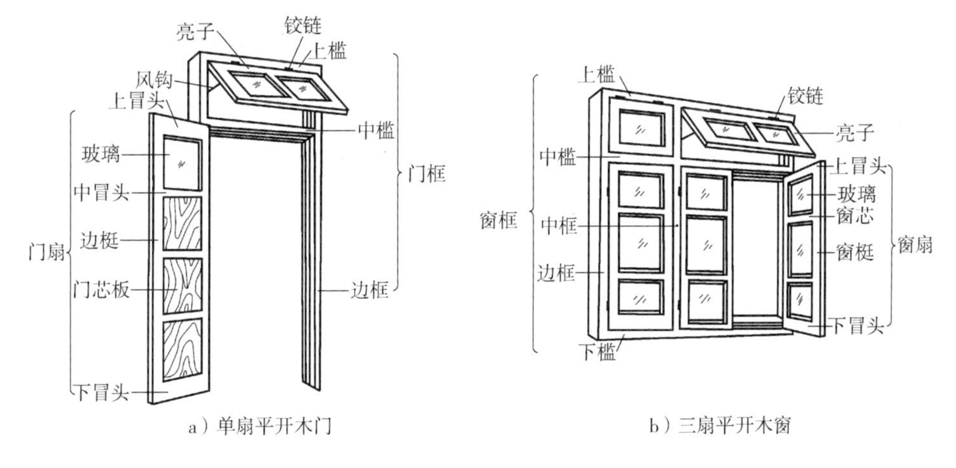

图　4-49

4）电子感应自动门传感装置、伸缩门电动装置安装已包括调试用工。

6. 门钢架、门窗套

1）门钢架基层、面层项目未包括封边线条，设计要求时，另按本定额“第十五章其他装饰工程”中相应线条项目执行。

※规则定制说明：

封边线条要有别于贴脸，贴脸是指相对覆盖面积较大的门窗外立面层装饰，而封边线条仅仅是最外边的封边线条。发生时按照装饰工程列项计算即可。

2）门窗套、门窗筒子板均执行门窗套（筒子板）项目。

※规则定制说明：

如前所述，门窗套 = 门窗贴脸 + 门窗筒子板。故门窗套、筒子板均可以执行同一项目。

3）门窗套（筒子板）项目未包括封边线条，设计要求时，按本定额“第十五章其他装饰工程”中相应线条项目执行。

※规则定制说明：

门窗套需要封边时，执行装饰工程线条项目。

7. 窗台板

1）窗台板与暖气罩相连时，窗台板并入暖气罩，按本定额“第十五章其他装饰工程”中相应暖气罩项目执行。

※规则定制说明：

当窗台板和暖气罩相连时，窗台板可以作为暖气罩的上层结构，在计算时合并到暖气罩中统一计算即可（图4-50）。

图 4-50

2）石材窗台板安装项目按成品窗台板考虑。实际为非成品需现场加工时，石材加工另按本定额“第十五章其他装饰工程”中石材加工相应项目执行。

※规则定制说明：

窗台板一般是购买成品，现场直接施工即可，但现场有一些异形部位无法进行预制，需要在现场进行切割制作，此时需要执行石材加工定额子目。

8. 门五金

1）成品木门（扇）安装项目中五金配件的安装仅包括合页安装人工和合页材料费，设计要求的其他五金另按本章“门五金”一节中门特殊五金相应项目执行。

※规则定制说明：

门窗五金件有很多种，比如合页、执手、撑挡、门吸、闭门器、拉手、插销、窗钩、铰链、防盗链、感应启闭门装置等，木门仅包括合页的安装和材料，发生时不再另行计算。

2）成品金属门窗、金属卷帘（闸）、特种门、其他门安装项目包括五金安装人工，五金材料费包括在成品门窗价格中。

※规则定制说明：

此处的五金指的是普通五金，包括在定额消耗量中，特殊五金需要根据设计要求另行计算。

3）成品全玻璃门扇安装项目中仅包括地弹簧安装的人工和材料费，设计要求的其他五金另执行本章“门五金”一节中门特殊五金相应项目。

※规则定制说明：

此处明确了成品全玻璃门扇包括的内容，定额中不包含的特殊五金，单独套用特殊五金项目。

4）厂库房大门项目均包括五金铁件安装人工，五金铁件材料费另执行本章“门五金”一节中相应项目，当设计与定额取定不同时，按设计规定计算。

※规则定制说明：

此处注意定额人工消耗量中包含了五金铁件安装项目，特殊五金的材料费应单独计算。

※双方博弈点：

门窗、玻璃幕墙中的气密性、水密性、抗风压试验费用应该由谁承担。

当实际发生时可以另行计算，此费用包括在发包方的工程建设其他费用当中，由发包人支付。

4.9.2 工程量计算规则

1. 木门

1）成品木门框安装按设计图示框的中心线长度计算。

※规则定制说明：

“设计图示尺寸框的中心线”指的就是门框长度，这个长度是指门框的三面外边线长度，不是门洞口周长。此处要格外注意。

2）成品木门扇安装按设计图示扇面积计算。

※规则定制说明：

成品木门扇面积不包括门框，仅指门扇外围面积。

3）成品套装木门安装按设计图示数量计算。

4）木质防火门安装按设计图示洞口面积计算。

※规则定制说明：

门窗有两种不同的计算方式，一种是按照框外围尺寸计算，另一种是按照洞口计算，这两种方式计算的面积会有所不同。计算差异的来源，主要是因为为了能正确安装门窗，门窗洞口尺寸要大于门窗框尺寸，所以会导致工程量差。待门窗装好之后，缝隙部分需要进行填缝，就是所谓的门窗的后塞口。

※思维拓宽：

1）“后塞口”是指在墙砌好后再安装门框。因为洞口的宽度应比门框宽 20～30mm，高度比门框高 10～20mm。所以需要用水泥砂浆或者填充剂将门窗缝隙填满。

2）水泥砂浆后塞口常用于木门窗框与结构墙之间填缝，在门窗框安装完毕后封堵；填充剂后塞口常用于塑料门窗框或铝合金门窗框与结构墙之间填缝。

二者的主要区别就是使用的材料不同，起的作用是一致的，无论用哪种材料都应该起到密闭和防水作用。

2. 金属门、窗

1）铝合金门窗（飘窗、阳台封闭窗除外）、塑钢门窗均按设计图示门、窗洞口面积计算。

2）门连窗按设计图示洞口面积分别计算门、窗面积，其中窗的宽度算至门框的外边线。

※规则定制说明：

按照门窗洞口计算，当定额中包含后塞口的内容时，此费用不再另行计算。

3）纱门、纱窗扇按设计图示扇外围面积计算。

※规则定制说明：

纱门、纱窗扇不包括窗框，仅按窗扇外围面积计算。

4）飘窗、阳台封闭窗按设计图示框型材外边线尺寸以展开面积计算。

※规则定制说明：

飘窗、阳台封闭窗存在回形或者异形结构，发生时按照框外围尺寸以展开面积计算。

5）钢质防火门、防盗门按设计图示门洞口面积计算。

※规则定制说明：

钢制防火门、防盗门密闭性要求较高，需要自己配套的门框，为了保证密闭性，此时无须后塞口，发生时按照洞口尺寸计算即可。

6）防盗窗按设计图示窗框外围面积计算。

※规则定制说明：

防盗窗定额包含后塞口内容，发生时不再另行计算。

7）彩板钢门窗按设计图示门、窗洞口面积计算。彩板钢门窗附框按框中心线长度计算。

※规则定制说明：

彩钢板门窗会有定制的门窗框，发生时按照洞口面积计算，门窗附框按照中心线长度计算，其中门的附框按照三面计算。

3. 金属卷帘（闸）

金属卷帘（闸）按设计图示卷帘门宽度乘以卷帘门高度（包括卷帘箱高度）以面积计

算。电动装置安装按设计图示套数计算。

※规则定制说明：

此部分包含两个定额子目，需要计算金属卷帘以面积计算，另外需要计算金属卷帘电动装置以套计算，发生时不要漏算。

4. 厂库房大门、特种门

厂库房大门、特种门按设计图示门洞口面积计算。

※规则定制说明：

厂库房大门、特种门均有自己的附框，发生时按照洞口尺寸计算。

5. 其他门

1）全玻有框门扇按设计图示扇边框外边线尺寸以扇面积计算。

2）全玻无框（条夹）门扇按设计图示扇面积计算，高度算至条夹外边线、宽度算至玻璃外边线。

3）全玻无框（点夹）门扇按设计图示玻璃外边线尺寸以扇面积计算。

※规则定制说明：

全玻璃门扇安装，分为有框门扇、无框（条夹）门扇和无框（点夹）门扇。条夹的意思是门夹通长当上下装饰框使用，点夹的意思是就在门的一侧、为了固定上轴跟地弹簧用。发生时按照上述规则进行计算。

4）无框亮子按设计图示门框与横梁或立柱内边缘尺寸玻璃面积计算。

※规则定制说明：

亮子计算时不包括外边框，按照实际发生玻璃面积计算。

5）全玻转门按设计图示数量计算。

6）不锈钢伸缩门按设计图示延长米计算。

7）传感和电动装置按设计图示套数计算。

6. 门钢架、门窗套

1）门钢架按设计图示尺寸以质量计算。

※规则定制说明：

门钢架是指门洞口侧边用型钢焊制的骨架，面层另外包封。

2）门钢架基层、面层按设计图示饰面外围尺寸展开面积计算。

3）门窗套（筒子板）龙骨、面层、基层均按设计图示饰面外围尺寸展开面积计算。

4）成品门窗套按设计图示饰面外围尺寸展开面积计算。

※规则定制说明：

企业在编制定额时，当涉及异形、多面、复杂结构时，其计算面积均应该按照展开面积计算。

7. 窗台板、窗帘盒、轨

1）窗台板按设计图示长度乘宽度以面积计算。图纸未注明尺寸的，窗台板长度可按窗框的外围宽度两边共加100mm计算。窗台板凸出墙面的宽度按墙面外加50mm计算（图4-51）。

图 4-51

※规则定制说明：

当窗台板没有设计要求时，按每边各加50mm执行。两者一个是水平向增加长度，一个是进深向增加宽度，均需要按照规则进行计算。

2）窗帘盒、窗帘轨按设计图示长度计算。

※规则定制说明：

现阶段很多装饰工程增加了电动窗帘，此项目发生时，应该按照实际价格执行，计入总价。

4.10.1 定额说明的解析与进阶

本章定额包括屋面工程、防水工程及其他两节。

本章中瓦屋面、金属板屋面、采光板屋面、玻璃采光顶、卷材防水、水落管、水口、水斗、沥青砂浆填缝、变形缝盖板、止水带等项目按标准或常用材料编制，设计与定额不同时，材料可以换算，人工、机械不变；屋面保温等项目执行本定额“第十章保温、隔热、防腐工程”相应项目，找平层等项目执行本定额“第十一章楼地面装饰工程”相应项目。

※规则定制说明：

根据定额的消耗量组成规则，对同一施工工序，仅仅是材质发生变化时，人工和机械的消耗量并不会发生太大的变化，同时屋面的材质类型较多，本定额仅以一种编制，当发生材质不同时，对材料进行换算，人工、机械不变。

1. 屋面工程

1）黏土瓦若穿钢丝钉圆钉，每$100m^2$增加11工日，增加镀锌低碳钢丝（22#）3.5kg，圆钉 2.5kg；若用挂瓦条，每 $100m^2$ 增加 4 工日，增加挂瓦条（尺寸 25mm × 30mm）300.3m，圆钉 2.5kg。

※规则定制说明：

屋面为了加固黏土瓦，用钢丝固定，此时执行黏土瓦的定额子目，其中每 $100m^2$ 增加 11 工日，增加对应材质；黏土瓦当增加挂瓦条时每 $100m^2$ 增加 4 工日，增加对应材质。屋面对应的结构可以参见图 4-52。

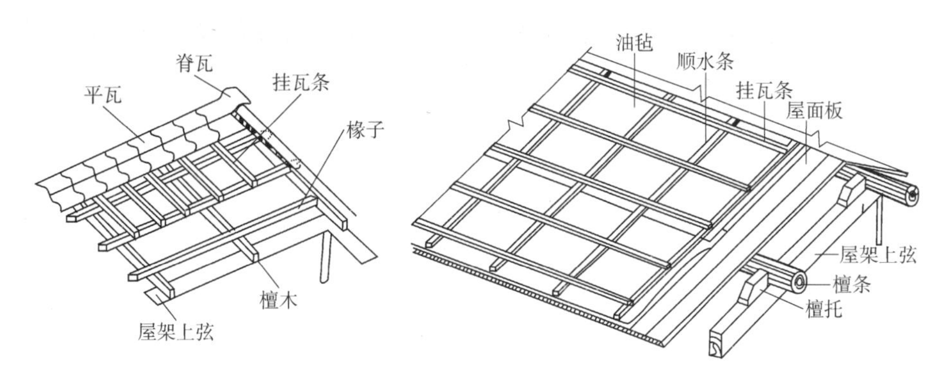

图 4-52

2）金属板屋面中一般金属板屋面，执行彩钢板和彩钢夹心板项目；装配式单层金属压型板屋面区分檩距不同执行定额项目。

※规则定制说明：

单层彩钢板和金属压型板的区别：单层彩钢板适用于彩钢板屋面子目，施工完毕后不再有面层做法。压型板包括压型金属板面板、金属面夹心板、压型金属板底板、保温隔热隔声防潮及防水材料等，与其配套的固定支架、连接件、零配件及密封材料组成的单板、各种复合板作为屋面系统的总称。发生时按照檩距不同分别套项。

3）采光板屋面如设计为滑动式采光顶，可以按设计增加 U 形滑动盖帽等部件，调整材料，人工乘以系数 1.05（图 4-53）。

图 4-53

※规则定制说明：

常见开启形式的平开滑动采光顶也称移动采光顶，通常情况下配置为电动采光顶。接入消防无源联动主机，实现消防联动功能。能够较好地控制室内外的空气流通，同时具有防水、密闭功能。发生时增加 U 形滑轨，并调整人工材料降效系数。

4）膜结构屋面的钢支柱、锚固支座混凝土基础等执行其他章节相应项目。

※规则定制说明：

屋面膜结构的钢支柱执行金属结构工程对应子目，锚固制作执行混凝土章节定额子目。

5）25% <坡度≤45% 及人字形、锯齿形、弧形等不规则瓦屋面，人工乘以系数 1.3；坡度 >45% 的，人工乘以系数 1.43。

※规则定制说明：

当屋面坡度大于10%时，要执行坡屋面定额子目，按照实际铺贴计算，当25%＜坡度≤45%时，人工消耗量按照系数1.3执行，坡度＞45%时，人工消耗系数为1.43。

2. 防水工程及其他

1）防水。

2）细石混凝土防水层，使用钢筋网时，执行本定额“第五章混凝土及钢筋混凝土工程”相应项目。

※规则定制说明：

刚性防水：材料主要是水泥砂浆、聚合物、粘结剂等，通过调和配比来实现防水性能，刚性材料在防水层受到外力收缩作用时，容易产生开裂的问题，一般情况会放入钢丝网，以此防止开裂。刚性防水主要用于墙面防水施工、屋面防水施工。

如：以硅酸盐水泥为基料，加入无机或有机外加剂配制而成的防水砂浆、防水混凝土，如外加剂防水混凝土、聚合物砂浆等；另一类是以膨胀水泥为主的特种水泥为基料配制的防水砂浆、防水混凝土，如膨胀水泥防水混凝土等。

柔性防水：柔性防水涂料主要由石英砂、复合物质等组成，柔性防水涂料在外力的作用下，具有延伸性和柔韧性。柔性防水涂料适用于地面防水施工，防水卷材也多数运用于地面防水。

如：卷材防水、涂膜防水等。

3）平（屋）面以坡度≤15%为准，15%＜坡度≤25%的，按相应项目的人工乘以系数1.18；25%＜坡度≤45%及人字形、锯齿形、弧形等不规则屋面或平面，人工乘以系数1.3；坡度＞45%的，人工乘以系数1.43。

※规则定制说明：

平屋面此处有一些异议，防水界认为坡度＜10%时，执行平屋面，大于10%时执行坡屋面，当坡度为10%～25%时人工按照系数1.18执行，大于25%的人字形、锯齿形、弧形屋面人工和瓦屋面类似。

4）防水卷材、防水涂料及防水砂浆，定额以平面和立面列项，实际施工桩头、地沟、零星部位时，人工乘以系数1.43；单个房间楼地面面积≤8m^2时，人工乘以系数1.3。

※规则定制说明：

防水施工时，当遇到额度以下的小型部位，如桩头、地沟、零星部位，或者小面积房间时，人工相比于大范围铺贴会降效严重，所以对应乘以降效系数。

5）卷材防水附加层套用卷材防水相应项目，人工乘以系数1.43。

※规则定制说明：

此处注意，卷材防水的附加层不包括在定额消耗量当中，发生时应另行计算，按照防水卷材计入，同时人工乘以系数1.43。

※双方博弈点：当采用清单计价模式时，防水附加层应该在综合单价中综合考虑，发生

时不再另行计算工程量，并在特征描述中增加附加的描述内容，以此来规避争议。

6）立面是以直形为依据编制的，弧形者，相应项目的人工乘以系数1.18。

※规则定制说明：

立面防水按照直形防水编制，当是弧形墙时，应按照项目人工乘以系数1.18计算。

7）冷粘法以满铺为依据编制，点、条铺粘者按其相应项目的人工乘以系数0.91，粘合剂乘以系数0.7。

※规则定制说明：

防水一般分为三种施工方案：一种是热熔法，一种是冷粘法，一种是干铺法。

热熔法防水：热熔法防水卷材施工内容是采用火烤沥青卷材的方法，使得沥青熔融，然后与基层进行粘结。但通过火烤容易使卷材烧穿。

冷粘法防水：冷粘法是改进了热熔法的缺点，在沥青卷材上涂粘性橡胶，通过人力滚压的方式进行粘贴。但是这种方法无法确保人力滚压的质量，往往无法得到较高的施工质量。

干铺法防水：这种施工方法对前两种方法进行了改进，先在基层铺设砂浆，然后按冷粘法铺设防水卷材。

当使用冷粘法时，定额按照满铺进行编制，不同施工工法消耗量不同，点、条铺粘人工按照系数0.91执行，粘合剂按照系数0.7执行。

8）屋面排水。

9）水落管、水口、水斗均按材料成品、现场安装考虑。

10）铁皮屋面及铁皮排水项目内已包括铁皮咬口和搭接的工料。

11）采用不锈钢水落管排水时，执行镀锌钢管项目，材料按实换算，人工乘以系数1.1。

※规则定制说明：

区分比如雨水斗、雨水口、出水口、落水斗、落水口、水落口、排水斗等构件最先要搞懂的就是屋面排水原理：屋面的雨水汇集至雨水口处，进入雨水斗，再进入排水管，最终流至出水口，排出室外。

1）雨水斗。雨水斗设在屋面雨水由天沟进入雨水管道的入口处，下接雨水管，出水口设置在雨水管底端，从而将雨水排出。

别名：落水斗、排水斗等。

2）出水口。用来排水的下端口。

3）雨水口。将屋面上的雨水统统汇集进入雨水斗内，“镶嵌”于挑檐或女儿墙结构中。别名：落水口、水落口，注意篦子板，如图4-54所示。

3. 变形缝与止水带

1）变形缝嵌填缝定额项目中，建筑油膏、聚氯乙烯胶泥设计断面取定为30mm×20mm；油浸木丝板取定为150mm×25mm；其他填料取定为150mm×30mm。

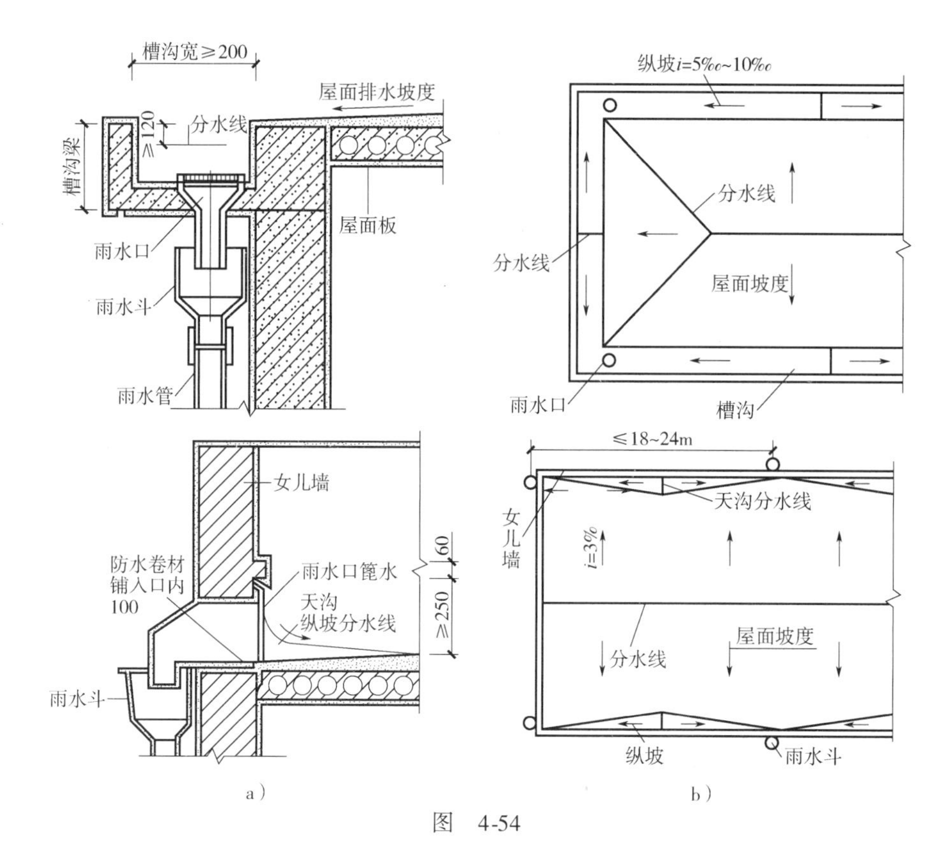

图 4-54

2）变形缝盖板，木板盖板断面取定为200mm×25mm；铝合金盖板厚度取定为1mm；不锈钢盖板厚度取定为1mm。

3）钢板（紫铜板）止水带展开宽度为400mm，氯丁橡胶宽度为300mm，涂刷式氯丁胶贴玻璃纤维止水片宽度为350mm。

※规则定制说明：

1）变形缝：由于外界各类因素对整个建筑物的影响，如温差、收缩应力（伸缩缝）、地基沉降（沉降缝）、地震（防震缝），如果连成一个整体，容易发生变形或者破坏，所以分成多个部分，将建筑物垂直分开的预留缝，统称为变形缝。

2）止水带：为了防止地下水通过建筑物的上述这些缝隙进入，而设置的一道防水材料。止水带有钢板止水带和橡胶止水带两种。

上述给出了变形缝使用嵌缝材料、盖板的情况，以及止水带的规则，实际与定额规定规则不同时，需要对材料进行换算。

4.10.2 工程量计算规则

1. 屋面工程

1）各种屋面和型材屋面（包括挑檐部分）均按设计图示尺寸以面积计算（斜屋面按斜

面面积计算)，不扣除房上烟囱、风帽底座、风道、小气窗、斜沟和脊瓦等所占面积，小气窗的出檐部分也不增加。

※规则定制说明：

此处注意屋面按照面积计算，当坡度大于10%时，按照斜面积计算。同时根据定额简易计算原则，不扣除房上烟囱、风帽底座、风道、小气窗、斜沟和脊瓦等所占面积，小气窗的出檐部分也不增加。

2）西班牙瓦、瓷质波形瓦、英红瓦屋面的正斜脊瓦、檐口线，按设计图示尺寸以长度计算。

※规则定制说明：

脊瓦、檐口按照延长米长度计算，脊瓦如图4-55所示。

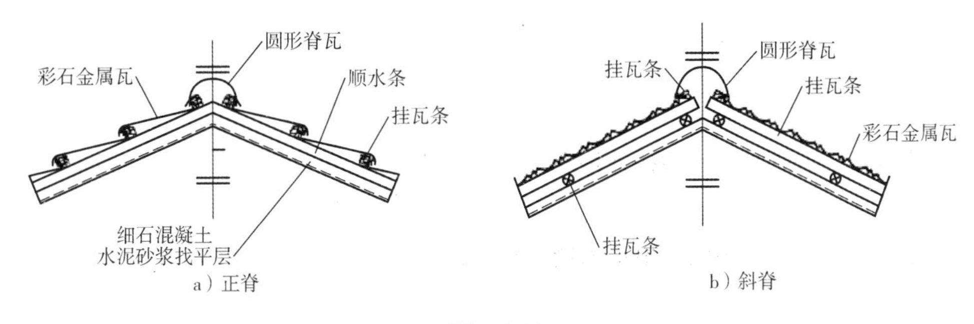

图 4-55

3）采光板屋面和玻璃采光顶屋面按设计图示尺寸以面积计算；不扣除面积≤0.3m^2孔洞所占面积。

4）膜结构屋面按设计图示尺寸以需要覆盖的水平投影面积计算，膜材料可以调整含量。

※规则定制说明：

当膜结构使用水平投影面积计算工程量时，其膜材料的消耗量会因为异形结构产生不同的消耗量，编制定额时根据实际情况进行调整。

2. 防水工程及其他

1）防水。

①屋面防水，按设计图示尺寸以面积计算（斜屋面按斜面面积计算），不扣除房上烟囱、风帽底座、风道、屋面小气窗等所占面积，上翻部分也不另计算；屋面的女儿墙、伸缩缝和天窗等处的弯起部分，按设计图示尺寸计算；设计无规定时，伸缩缝、女儿墙、天窗的弯起部分按500mm计算，计入立面工程量内。

※规则定制说明：

此处应注意对定额计算规则的理解，平屋面按照平面面积计算，根据简易计算原则，烟囱等部位不扣除，同时烟囱等部位上翻防水也不增加。但是女儿墙部位等上返工程量要进行考虑，图纸无规定时按照水平上翻 500mm 考虑。屋面防水附加层单独计算，以综合单价的形式量化到清单里。

②楼地面防水、防潮层按设计图示尺寸以主墙间净面积计算，扣除凸出地面的构筑物、设备基础等所占面积，不扣除间壁墙及单个面积≤0.3m² 的柱、垛、烟囱和孔洞所占面积，平面与立面交接处，上翻高度≤300mm 时，按展开面积并入平面工程量内计算，高度 > 300mm 时，按立面防水层计算。

※规则定制说明：

墙面防水的定额子目价格要高于地面防水。楼（地）面防水反边高度≤300mm 时执行楼（地）面防水，反边高度 > 300mm 时，立面工程量执行墙面防水相应定额子目。

※思维拓展：

什么属于间壁墙？

间壁墙是指在地面面层做好后再进行施工的墙体，一般除混凝土墙体及砌体墙以外，均属于间壁墙。

③墙基防水、防潮层，外墙按外墙中心线长度、内墙按墙体净长度乘以宽度，以面积计算。

④墙的立面防水、防潮层，不论内墙、外墙，均按设计图示尺寸以面积计算。

※规则定制说明：

墙基防潮层是指在基础墙的顶部铺设的防潮层。防潮层应设置在室外地坪标高之上、室内地坪标高之下，通常设置在 -0.05m 处的墙基上。

基础防潮层是要分内、外墙的，一般是要在 -0.05m 做一道水平防潮层，墙两侧在 -0.05m 以下做垂直防潮层，基础防潮层按实铺面积以平方米计算，外墙以其中心线长度 × 墙厚，内墙以其净长线 × 墙厚计算（图 4-56）。

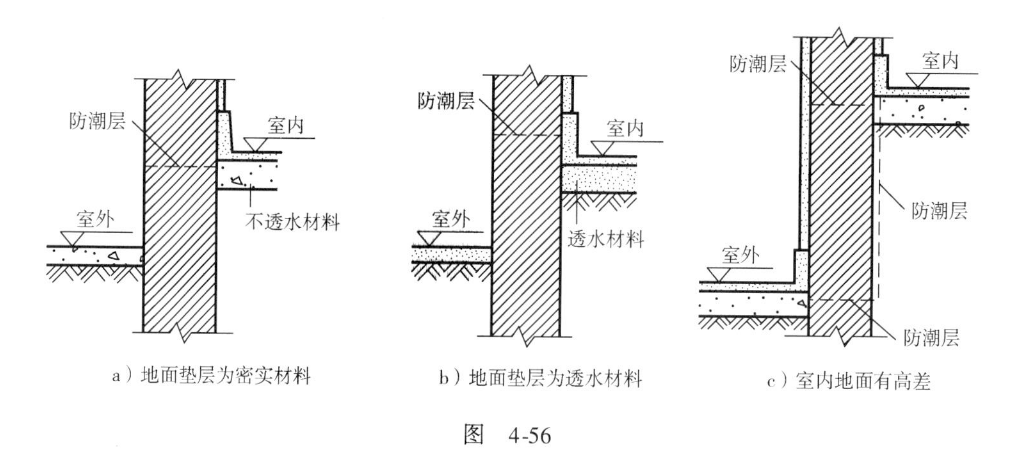

图 4-56

⑤基础底板的防水、防潮层按设计图示尺寸以面积计算，不扣除桩头所占面积。桩头处外包防水按桩头投影外扩 300mm 以面积计算，地沟处防水按展开面积计算，均计入平面工程量，执行相应规定。

※规则定制说明：

在计算桩头的面积时，有两点需要注意，第一不扣除桩头所占面积，第二增加外包防水面积。

例：基础底板防水面积为1000m^2，共有20根桩，桩径1m，则防水面积应该为$1000+20\times3.14\times[(1+0.3+0.3)/2]^2$。因为是外扩面积，所以桩径要加两个0.3m。

⑥屋面、楼地面及墙面、基础底板等，其防水搭接、拼缝、压边、留槎用量已综合考虑，不另行计算，卷材防水附加层按设计铺贴尺寸以面积计算。

※规则定制说明：

防水定额消耗量中包含了防水搭接、拼缝、压边、留槎用量，此部分消耗量大概在15%左右。其中防水附加层按照实贴面积单独计算工程量。

⑦屋面分格缝，按设计图示尺寸，以长度计算。

2）屋面排水。

①水落管、镀锌铁皮天沟、檐沟按设计图示尺寸，以长度计算。

②水斗、下水口、雨水口、弯头、短管等均以设计数量计算。

③种植屋面排水按设计尺寸以铺设排水层面积计算，不扣除房上烟囱、风帽底座、风道、屋面小气窗、斜沟和脊瓦等所占面积，以及面积≤0.3m^2的孔洞所占面积，屋面小气窗的出檐部分也不增加。

※规则定制说明：

水管、天沟类按照延长米计算，水沟、下水口按照数量计算，屋面铺贴排水层按照面积计算。

3）变形缝与止水带。变形缝（嵌填缝与盖板）与止水带按设计图示尺寸，以长度计算（图4-57）。

※规则定制说明：

变形缝（嵌填缝与盖板）与止水带按照长度计算，但有一点要注意，钢板止水带或者橡胶止水带当设计双面做法时，其工程量要乘以2。

图 4-57

4.11 保温隔热防腐工程的定制

4.11.1 定额说明的解析与进阶

本章定额包括保温、隔热工程，防腐工程，其他防腐三节。

1. 保温、隔热工程

1）保温层的保温材料配合比、材质、厚度与设计不同时，可以换算。

※规则定制说明：

因为保温有多种保温材料如挤塑板、聚苯板等。同时设计部位不同，保温的厚度也会有所不同，所以要根据实际的材料配合比、材质、厚度进行调整。

2）弧形墙墙面保温隔热层，按相应项目的人工乘以系数1.1。

3）柱面保温根据墙面保温定额项目人工乘以系数1.19、材料乘以系数1.04。

※规则定制说明：

根据难度增加系数原则，当采用的是弧形墙或者是柱面保温时，其人工和对应的材料会有损耗，按照人工或材料乘以对应系数即可。

4）墙面岩棉板保温、聚苯乙烯板保温及保温装饰一体板保温如使用钢骨架，钢骨架按本定额“第十二章墙、柱面装饰与隔断、幕墙工程”相应项目执行。

5）抗裂保护层工程如采用塑料膨胀螺栓固定时，每$1m^2$增加：人工0.03工日，塑料膨胀螺栓6.12套。

※规则定制说明：

当屋面保护层需要增加固定时，需要增加塑料膨胀螺栓，其人工增加0.03工日/m^2，材料增加6.12套/m^2。

6）保温隔热材料应根据设计规范，必须达到国家规定要求的等级标准。

※规则定制说明：

保温是有防火等级区分的。

1）A级：不燃性建筑材料，材料不会燃烧，主要适用于对安全系数要求较高的建筑。例如：岩棉、玻璃棉、泡沫玻璃、泡沫陶瓷、发泡水泥、闭孔珍珠岩等。

2）B1级：难燃性建筑材料，难燃类材料有较好的阻燃作用。例如：特殊处理后的挤塑聚苯板（XPS）、特殊处理后的聚氨酯（PU）、酚醛、胶粉聚苯粒等。

3）B2级：可燃性建筑材料，在周围环境中遇到明火以后会迅速燃烧，造成火势的蔓延，有一定的局限性和危险性。例如：模塑聚苯板（EPS）、挤塑聚苯板（XPS）、聚氨酯（PU）、聚乙烯（PE）等。

4）B3级：易燃性建筑材料，正常建筑几乎不会使用B3级保温。

2. 防腐工程

1）各种胶泥、砂浆、混凝土配合比以及各种整体面层的厚度，如设计与定额不同时，可以换算。定额已综合考虑了各种块料面层的结合层、胶结料厚度及灰缝宽度。

※规则定制说明：

厚度不同时，要根据实际图纸厚度对原定额进行换算，执行厚度增减定额。定额消耗量中包括结合层、胶结料厚度及灰缝宽度。

2）花岗岩面层以六面剁斧的块料为准，结合层厚度为15mm，如板底为毛面时，其结合层胶结料用量按设计厚度调整。

※规则定制说明：

剁斧板：就是石头表面经手工或机械刻凿加工而成的，似石斧剁成的平行的凹凸条状纹饰的花岗岩粗面板；花岗岩面层以六面为准，当板底为没有经过加工打磨等工序的荒面时，其结合层胶结料用量按设计厚度调整。

3）整体面层踢脚板按整体面层相应项目执行，块料面层踢脚板按立面砌块相应项目人工乘以系数1.2。

4）环氧自流平洁净地面中间层（刮腻子）按每层1mm厚度考虑，如设计要求厚度不同时，可以调整。

※规则定制说明：

腻子层发生在环氧自流平洁净地面中间，腻子施工完毕后进行面层施工，做法按照1mm考虑，设计不同时按实际进行调整。

5）卷材防腐接缝、附加层、收头工料已包括在定额内，不再另行计算。

※规则定制说明：

此处注意防腐的附加层包括在定额消耗量当中，发生时不再另行计算。此处要和防水工程进行区分。

6）块料防腐中面层材料的规格、材质与设计不同时，可以换算。

4.11.2 工程量计算规则

1. 保温、隔热工程

1）屋面保温隔热层工程量按设计图示尺寸以面积计算，扣除 > $0.3m^2$ 孔洞所占面积。其他项目按设计图示尺寸以定额项目规定的计量单位计算。

※规则定制说明：

屋面分为正置式和倒置式（图4-58），正置式屋面是指保温层位于防水层下方的保温屋面，倒置式屋面是在防水层之上的保温屋顶。保温层按照图示尺寸以面积计算，大于 $0.3m^2$ 的孔洞需要扣除。

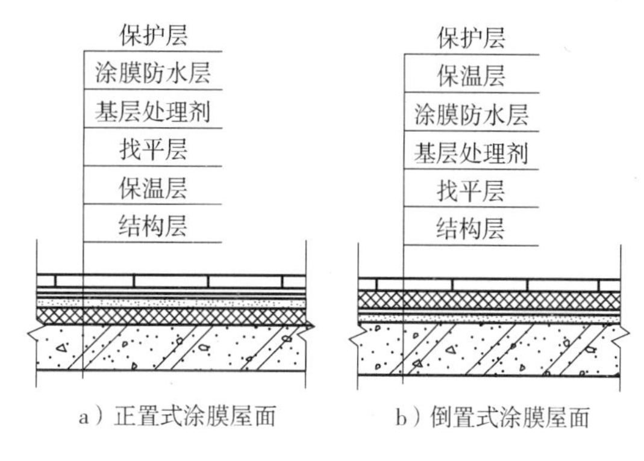

a）正置式涂膜屋面　b）倒置式涂膜屋面

图 4-58

2）天棚保温隔热层工程量按设计图示尺寸以面积计算。扣除面积 > $0.3m^2$ 的柱、垛、孔洞所占面积，与天棚相连的梁按展开面积计算，其工程量并入天棚内。

※规则定制说明：

根据简易计算原则，小于 $0.3m^2$ 的小型构件如柱、垛、孔洞所占面积不扣除，与天棚相连的梁的保温面积计入板，天棚保温经常会做喷涂，要关注梁侧边的工程量，发生时不要漏算。

3）墙面保温隔热层工程量按设计图示尺寸以面积计算，扣除门窗洞口及面积 $>0.3m^2$ 的梁、孔洞所占面积。门窗洞口侧壁以及与墙相连的柱，并入保温墙体工程量内。墙体及混凝土板下铺贴隔热层不扣除木框架及木龙骨的体积。其中外墙按隔热层中心线长度计算，内墙按隔热层净长度计算。

※规则定制说明：

墙面计算时门窗洞口侧壁面积并入墙面保温面积中。墙体及混凝土板下铺贴隔热层算到洞口边或者墙边，不扣除木框架或者木龙骨尺寸。

4）柱、梁保温隔热层工程量按设计图示尺寸以面积计算。柱按设计图示柱断面保温层中心线展开长度乘以高度以面积计算，扣除面积 $>0.3m^2$ 的梁所占面积。梁按设计图示梁断面保温层中心线展开长度乘以保温层长度以面积计算。

5）楼地面保温隔热层工程量按设计图示尺寸以面积计算。扣除柱、垛及单个 $>0.3m^2$ 的孔洞所占面积。

6）其他保温隔热层工程量按设计图示尺寸以展开面积计算，扣除面积 $>0.3m^2$ 的孔洞及占位面积。

※规则定制说明：

保温隔热层均按照展开面积计算，扣除面积 $>0.3m^2$ 的孔洞及占位面积。

7）大于 $0.3m^2$ 孔洞侧壁周围及梁头、连系梁等其他零星工程保温隔热工程量，并入墙面的保温隔热工程量内。

8）柱帽保温隔热层，并入天棚保温隔热层工程量内。

※规则定制说明：

根据简易计算原则，洞口侧壁等零星工程并入到墙面中，柱帽并入到天棚中。

9）保温层排气管按设计图示尺寸以长度计算，不扣除管件所占长度，保温层排气孔以数量计算（图 4-59）。

※规则定制说明：

计算时按照两项内容计算，其中排气管按照长度计算，排气孔按照数量计算。

10）防火隔离带工程量按设计图示尺寸以面积计算。

2. 防腐工程

1）防腐工程面层、隔离层及防腐油漆工程量均按设计图示尺寸以面积计算。

2）平面防腐工程量应扣除凸出地面的构筑物、设备基础等以及面积 $>0.3m^2$ 的孔洞、柱、

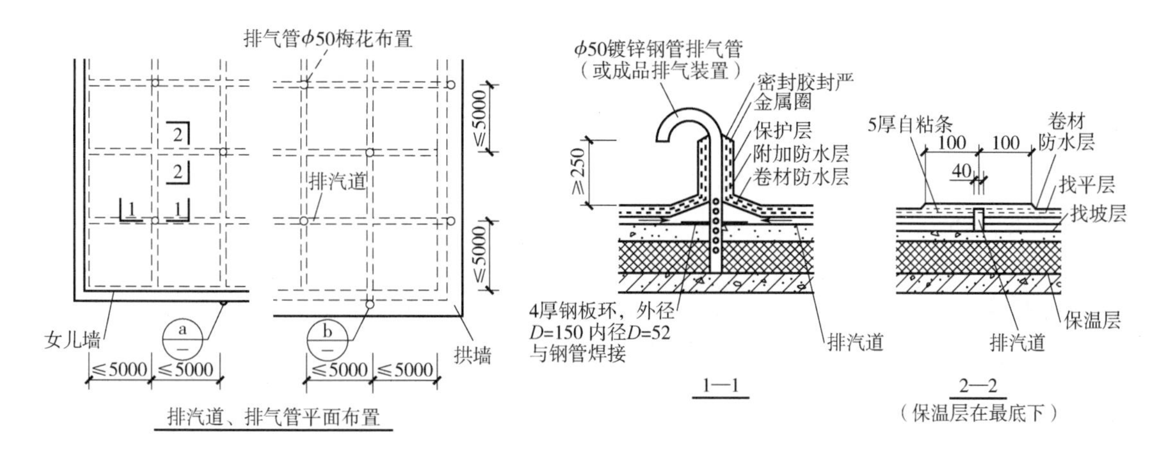

图 4-59

垛等所占面积，门洞、空圈、暖气包槽、壁龛的开口部分不增加面积。

3）立面防腐工程量应扣除门、窗、洞口以及面积 >0.3m² 的孔洞、梁所占面积，门、窗、洞口侧壁、垛凸出部分按展开面积并入墙面内。

※规则定制说明：

根据简易计算原则，应扣除 >0.3m² 的孔洞、柱、垛等所占面积，扣除门、窗、洞口所占面积；不增加门洞、空圈、暖气包槽、壁龛的开口部分；门、窗、洞口侧壁、垛凸出部分按展开面积并入墙面内。

4）池、槽块料防腐面层工程量按设计图示尺寸以展开面积计算。

5）砌筑沥青浸渍砖工程量按设计图示尺寸以面积计算。

※规则定制说明：

沥青浸渍砖是指沥青液中浸渍过的砖，发生时按照设计图示尺寸以面积计算。

6）踢脚线防腐工程量按设计图示长度乘以高度以面积计算，扣除门洞所占面积，并相应增加侧壁展开面积。

7）混凝土面及抹灰面防腐按设计图示尺寸以面积计算。

4.12 楼地面装饰工程的定制

4.12.1 定额说明的解析与进阶

本章定额包括找平层及整体面层，块料面层，橡塑面层，其他材料面层，踢脚线，楼梯面层，台阶装饰，零星装饰项目，分格嵌条、防滑条，酸洗打蜡十节。

1）水磨石地面水泥石子浆的配合比，设计与定额不同时，可以调整。

※规则定制说明：

水磨石（也称磨石）是将碎石、玻璃、石英石等骨料拌入水泥粘接料制成混凝制品后经表面研磨、抛光的制品。水磨石中水泥石子配合比与定额不同时可以进行调整。

2）同一铺贴面上有不同种类、材质的材料，应分别按本章相应项目执行。

※规则定制说明：

有时为了装饰美观，同一铺贴面可能会有不同的普通材料，发生时按照不同材质进行分别套项。

3）厚度≤60mm 的细石混凝土按找平层项目执行，厚度 >60mm 的按本定额“第五章混凝土及钢筋混凝土工程”垫层项目执行。

※规则定制说明：

厚度以 60mm 进行划分，因为当厚度大于 60mm 时混凝土找平层和面层施工时不应采用粒径 16mm 的碎石配置混凝土，而定额找平层是按照细石混凝土编制的，所以当厚度大于 60mm 时执行混凝土垫层项目，小于 60mm 时执行找平层垫层项目。

4）采用地暖的地板垫层，按不同材料执行相应项目，人工乘以系数 1.3，材料乘以系数 0.95。

※规则定制说明：

当地面采用地暖时，垫层中会铺设地暖管道，管道直接减少了材料的消耗，但人工的消耗量也会随着施工难度的增大而增大，所以按照垫层项目人工和材料乘以对应系数执行。

5）块料面层。

①镶贴块料项目是按规格料考虑的，如需现场倒角、磨边者按本定额“第十五章其他装饰工程”相应项目执行。

※规则定制说明：

倒角磨边发生时需要以签证形式落实，并且按照其他装饰套用定额子目。

②石材楼地面拼花按成品考虑。

※规则定制说明：

石材楼地面拼花是在工厂内完成，进场后正常拼装施工即可。

③镶嵌规格在 100mm × 100mm 以内的石材执行点缀项目。

④玻化砖按陶瓷地面砖相应项目执行。

⑤石材楼地面需做分格、分色的，按相应项目人工乘以系数 1.10。

※规则定制说明：

施工现场当采用分格、分色时，人工会增加挑砖的消耗量，故定额应考虑人工降效系数。

6）木地板。

①木地板安装按成品企口考虑，若采用平口安装，其人工乘以系数0.85。

※规则定制说明：

平口直接对接即可，相对企口来说会降低消耗量，人工乘以对应系数（图4-60）。

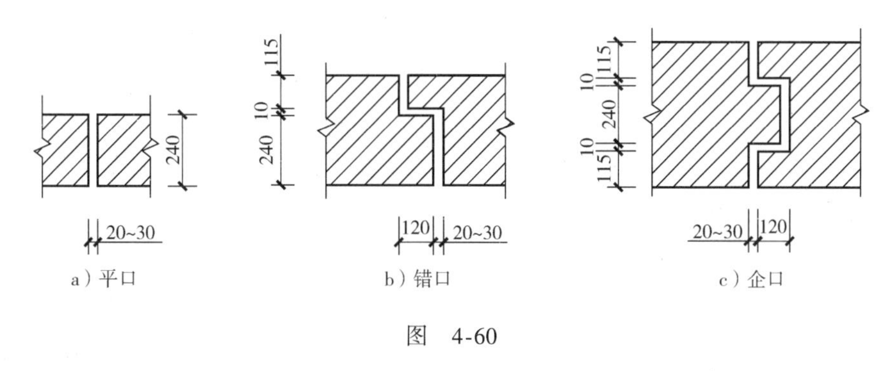

图 4-60

②木地板填充材料按本定额“第十章保温、隔热、防腐工程”相应项目执行。

7）弧形踢脚线、楼梯段踢脚线按相应项目人工、机械乘以系数1.15。

8）石材螺旋形楼梯，按弧形楼梯项目人工乘以系数1.2。

※规则定制说明：

根据实际施工难度系数，在原基础上对人工降效考虑对应系数，进行换算即可。

9）零星项目面层适用于楼梯侧面，台阶的牵边，小便池、蹲台、池槽，以及面积在0.5m^2以内且未列项目的工程。

10）圆弧形等不规则地面镶贴面层、饰面面层按相应项目人工乘以系数1.15，块料消耗量损耗按实调整。

11）水磨石地面包含酸洗打蜡，其他块料项目如需做酸洗打蜡者，单独执行相应酸洗打蜡项目。

※规则定制说明：

现阶段出厂的成品石材已经包含了酸洗打蜡，当采用现场切割石材时可以额外计算酸洗打蜡费用，按照设计要求执行，并套用对应定额子目。

4.12.2 工程量计算规则

1）楼地面找平层及整体面层按设计图示尺寸以面积计算。扣除凸出地面的构筑物、设备基础、室内铁道、地沟等所占面积，不扣除间壁墙及单个面积≤0.3m^2的柱、垛、附墙烟囱及孔洞所占面积。门洞、空圈、暖气包槽、壁龛的开口部分不增加面积。

※规则定制说明：

找平层及整体面层按照主墙间净面积计算，根据简易计算原则，楼地面计算规则总结如下：扣除凸出地面的构筑物、设备基础、室内铁道、地沟等；不扣除间壁墙及单个面积≤0.3m^2的柱、垛、附墙烟囱及孔洞所占面积；不增加门洞、空圈、暖气包槽、壁龛的开口部分。

2）块料面层、橡塑面层

①块料面层、橡塑面层及其他材料面层按设计图示尺寸以面积计算。门洞、空圈、暖气包槽、壁龛的开口部分并入相应的工程量内。

※规则定制说明：

地面计算时，门洞口部分面积应该并入楼地面面积计算。其实应注意在计算时经常会按照墙厚的一半计算面积，因为需要考虑到相邻房间的地面做法。

②石材拼花按最大外围尺寸以矩形面积计算。有拼花的石材地面，按设计图示尺寸扣除拼花的最大外围矩形面积计算面积。

※规则定制说明：

石材拼花按最大外围尺寸以四面切面矩形面积计算，单独计算费用。普通地面计算时应该扣除拼花所占面积。如图4-61所示，按照外框面积计算即可。

图 4-61

③点缀按“个”计算，计算主体铺贴地面面积时，不扣除点缀所占面积。

※规则定制说明：

点缀都是零星项目，面积小于0.3m^2，发生时按照“个”计算，整体地面不扣除点缀所占面积。

④石材底面刷养护液包括侧面涂刷，工程量按设计图示尺寸以底面积计算。

⑤石材表面刷保护液按设计图示尺寸以表面积计算。

※规则定制说明：

底面养护液是石材与水泥砂浆接触的面，正面保护液是用于露出的面层，底面和正面工程量要分开算。

⑥石材勾缝按石材设计图示尺寸以面积计算。

3）踢脚线按设计图示长度乘以高度以面积计算。楼梯靠墙踢脚线（含锯齿形部分）贴块料按设计图示面积计算。

※规则定制说明：

踢脚线按照面积计算，楼梯踢脚线考虑锯齿形部分以面积计算。

4）楼梯面层按设计图示尺寸以楼梯（包括踏步、休息平台及W500mm的楼梯井）水平投影面积计算。楼梯与楼地面相连时，算至梯口梁内侧边沿；无梯口梁者，算至最上一层踏步边沿加300mm。

5）台阶面层按设计图示尺寸以台阶（包括最上层踏步边沿加300mm）水平投影面积计算。

※规则定制说明：

楼梯、台阶面层计算方式和混凝土部分计算方式类似，可以参考混凝土章节图片计算考虑。

6）零星项目按设计图示尺寸以面积计算。

7）分格嵌条按设计图示尺寸以“延长米”计算。

8）块料楼地面做酸洗打蜡者，按设计图示尺寸以表面积计算。

4.13 墙柱面装饰与隔断、幕墙工程的定制

4.13.1 定额说明的解析与进阶

本章定额包括墙面抹灰、柱（梁）面抹灰、零星抹灰、墙面块料面层、柱（梁）面镶贴块料、镶贴零星块料、墙饰面、柱（梁）饰面、幕墙工程及隔断十节。

1）圆弧形、锯齿形、异形等不规则墙面抹灰、镶贴块料、幕墙按相应项目乘以系数1.15。

※规则定制说明：

圆弧形、锯齿形、异形，人工施工时人工消耗量会增加，系数按照人工降效考虑，同时材料也会产生损耗，但损耗不大，这部分由施工单位综合考虑，定额可以不进行调整。

2）干挂石材骨架及玻璃幕墙型钢骨架均按钢骨架项目执行。预埋铁件按本定额“第五章混凝土及钢筋混凝土工程”铁件制作安装项目执行。

※规则定制说明：

定额使用时，骨架定额和玻璃面层定额是分开计算的，干挂石材骨架及玻璃幕墙型钢骨定额中龙骨间距、规格如与设计不同时，定额用量需要进行调整。

3）女儿墙（包括泛水、挑砖）内侧、阳台栏板（不扣除花格所占孔洞面积）内侧与阳台栏板外侧抹灰工程量按其投影面积计算，块料按展开面积计算；女儿墙无泛水挑砖者，人工及机械乘以系数1.1，女儿墙带泛水挑砖者，人工及机械乘以系数1.3按墙面相应项目执行；女儿墙外侧并入外墙计算。

※规则定制说明：

投影面积指的是垂直投影面积，且投影面积仅仅指的是单面面积，如两面都做时则单独计算，块料面层按照展开面积计算。

当女儿墙无泛水挑砖，抹灰及块料人工和机械乘以系数1.1，女儿墙带泛水挑砖者抹灰及块料人工及机械乘以系数1.3。泛水挑砖见图4-62。

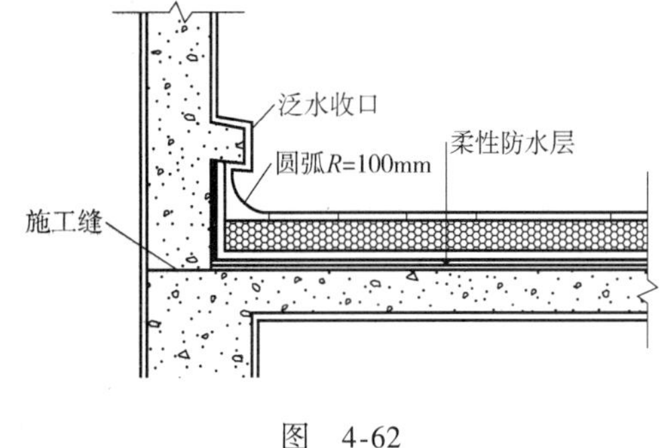

图 4-62

4）抹灰面层。

①抹灰项目中砂浆配合比与设计不同者，按设计要求调整；设计厚度与定额取定厚度不同者，按相应增减厚度项目调整。

※规则定制说明：

套定额时根据定额给定的原始厚度，并执行每增减 1mm 调整为实际抹灰层厚度。以此来确定实际综合单价，抹灰分为一般抹灰和装饰抹灰，一般抹灰主要有水泥砂浆、石灰砂浆、水泥石灰砂浆、聚合物水泥砂浆等，装饰抹灰主要有斩假石（剁斧石）、水刷石、水磨石、干粘石、拉毛灰、洒毛灰以及喷砂等。

②砖墙中的钢筋混凝土梁、柱侧面抹灰 $>0.5m^2$ 的并入相应墙面项目执行，$\leqslant 0.5m^2$ 的按“零星抹灰”项目执行。

※规则定制说明：

与砖墙面平齐的且大于 $0.5m^2$ 混凝土柱、梁抹灰合并在砖墙抹灰工程量中，不再计算混凝土墙面抹灰工程量。小于 $0.5m^2$ 的按照零星抹灰执行。

③抹灰工程的“零星项目”适用于各种壁柜、碗柜、飘窗板、空调隔板、暖气罩、池槽、花台以及 $\leqslant 0.5m^2$ 的其他各种零星抹灰。

※规则定制说明：

此项为零星项目的定义，限额以下的小型项目，人材机的消耗量较大，可以单独执行零星项目定额子目。

④抹灰工程的装饰线条适用于门窗套、挑檐、腰线、压顶、遮阳板外边、宣传栏边框等项目的抹灰，以及突出墙面且展开宽度≤300m 的竖、横线条抹灰。线条展开宽度 >300mm 且≤400mm 者，按相应项目乘以系数 1.33；展开宽度 >400mm 且≤500mm 者，按相应项目乘以系数 1.67。

※规则定制说明：

线条展开面积在 500mm 以内时，都可以套用装饰线条的定额子目，以长度计算，但当装饰线条的宽度不同时，应根据消耗量不同进行调整。

5）块料面层。

①墙面贴块料、饰面高度在 300mm 以内者，按踢脚线项目执行。

②勾缝镶贴面砖子目，面砖消耗量分别按缝 5mm、10mm 考虑，灰缝宽度与取定不同者，其块料及灰缝材料（预拌水泥砂浆）允许调整。

※规则定制说明：

定额的子目是按密缝和缝宽 5mm、10mm 分别编制的，现场实际项目和所用子目完全吻合的就直接套用，不同的需要换算。比如：实际缝宽 6mm，就套缝宽 5mm 的定额子目，但面砖的含量要以缝宽 6mm 来计算。瓷板、大理石、花岗岩定额是按密缝编制的，密缝就是缝宽为 0。

③玻化砖、干挂玻化砖或玻岩板按面砖相应项目执行。

6）除已列有挂贴石材柱帽、柱墩项目外，其他项目的柱帽、柱墩并入相应柱面积内，每个柱帽或柱墩另增人工：抹灰0.25工日，块料0.38工日，饰面0.5工日。

※规则定制说明：

如果项目清单中将石材柱帽、柱墩单独列项，定额单独执行柱帽柱墩定额子目，当清单中没有单独列取，则按照柱面积，抹灰、块料、饰面额外增加工日。

7）木龙骨基层是按双向计算的，如设计为单向时，材料、人工乘以系数0.55。

8）隔断、幕墙

①玻璃幕墙中的玻璃按成品玻璃考虑；幕墙中的避雷装置已综合，但幕墙的封边、封顶的费用另行计算。型钢、挂件设计用量与定额取定用量不同时，可以调整。

※规则定制说明：

封顶封边的存在是因为，幕墙骨架的存在，使屋面面层和墙体有一定距离，为了美观，侧面露出骨架就要封板，成为封顶封边。因为其做法和实际幕墙不同，此时应该单独计算。同时幕墙骨架的消耗量和定额规定的消耗量不同时，允许进行换算。

②幕墙饰面中的结构胶与耐候胶设计用量与定额取定用量不同时，消耗量按设计计算的用量加15%的施工损耗计算。

※规则定制说明：

耐候胶：除适用于石材、玻璃幕墙干挂外，还可用于铝材、金属、瓷砖、木材、混凝土等密封方面，而且无需涂刷底漆，主要作用是各种材料间的密封或接缝处的防水。

结构胶：主要用于中空玻璃、金属与玻璃连接件。主要作用是玻璃间或玻璃与其他结构的粘合。当结构胶和耐候胶设计用量不同时，应及时办理签证，并增加损耗调整工程量。

③玻璃幕墙设计带有平、推拉窗者，并入幕墙面积计算，窗的型材用量应予以调整，窗的五金用量相应增加，五金施工损耗按2%计算。

※规则定制说明：

玻璃幕墙的骨架和窗的骨架会有所不同，窗的骨架相对密集而且增加了门窗五金，发生时按照实际发生量进行调整。

④面层、隔墙（间壁）、隔断（护壁）项目内，除注明者外均未包括压边、收边、装饰线（板），如设计要求时，应按照本定额“第十五章其他装饰工程”相应项目执行；浴厕隔断已综合了隔断门所增加的工料。

⑤隔墙（间壁）、隔断（护壁）、幕墙等项目中龙骨间距、规格如与设计不同时，允许调整。

※规则定制说明：

隔墙（间壁）、隔断（护壁）等项目的金属压条收边，发生时按照图纸单独计算，同时定额龙骨消耗量和实际图纸不符时，应该按照实际调整。

9）本章设计要求做防火处理者，应按本定额“第十四章油漆、涂料、裱糊工程”相应项目执行。

4.13.2 工程量计算规则

1. 抹灰

1）内墙面、墙裙抹灰面积应扣除门窗洞口和单个面积 $>0.3m^2$ 的空圈所占的面积，不扣除踢脚线、挂镜线及单个面积 $\leq 0.3m^2$ 的孔洞和墙与构件交接处的面积。且门窗洞口、空圈、孔洞的侧壁面积亦不增加，附墙柱的侧面抹灰应并入墙面、墙裙抹灰工程量内计算。

※规则定制说明：

所谓的空圈指的是不安装门窗的洞口。根据简易计算原则，抹灰计算规则总结如下：应扣除门窗洞口和单个面积 $>0.3m^2$ 的空圈所占的面积；不扣除踢脚线、挂镜线及单个面积 $\leq 0.3m^2$ 的孔洞和墙与构件交接处的面积；不计算门窗洞口、空圈、孔洞的侧壁面积；附墙柱的侧面抹灰应并入墙面、墙裙抹灰工程量。

2）内墙面、墙裙的长度以主墙间的图示净长计算，墙面高度按室内地面至天棚底面净高计算，墙面抹灰面积应扣除墙裙抹灰面积，如墙面和墙裙抹灰种类相同，工程量合并计算。

※规则定制说明：

墙面高度按照混凝土地面至混凝土顶面执行，不考虑面层装饰做法，按照净高计算。当墙面和墙裙做法不同时应单独计算，但抹灰相同时，可以合并计算。

3）外墙抹灰面积按垂直投影面积计算，应扣除门窗洞口、外墙裙（墙面和墙裙抹灰种类相同者应合并计算）和单个面积 $>0.3m^2$ 的孔洞所占面积，不扣扣除单个面积 $\leq 0.3m^2$ 的孔洞所占面积，门窗洞口及孔洞侧壁面积亦不增加。附墙柱侧面抹灰面积应并入外墙面抹灰工程量内。

※规则定制说明：

外墙抹灰面积和内墙抹灰面积计算规则类似，按照上述原则计算即可。

审计点：附着在外墙面的雨棚、阳台、空调板、线条等占外墙面的面积当大于 $0.3m^2$ 时需要扣除接触面积。

4）柱抹灰按结构断面周长乘以抹灰高度计算。

5）装饰线条抹灰按设计图示尺寸以长度计算。

6）装饰抹灰分格嵌缝按抹灰面面积计算。

※规则定制说明：

装饰抹灰中的分格、嵌缝，起到美观、防止大面积抹灰出现裂缝的作用。按照槽内三面长度相加，再乘以分格缝总长度，以面积计算。

7）“零星项目”按设计图示尺寸以展开面积计算。

2. 块料面层

1）挂贴石材零星项目中柱墩、柱帽是按圆弧形成品考虑的，按其圆的最大外径以周长计算；其他类型的柱帽、柱墩工程量按设计图示尺寸以展开面积计算。

※规则定制说明：

柱墩、柱帽一般上口、内腔、下口周长不一致，柱墩、柱帽按照最大外径以周长计算，非成品柱帽、柱墩以展开面积计算。或者按照成品以“个”计算，补充进定额即可。

2）镶贴块料面层，按镶贴表面积计算。

※规则定制说明：

块料面层按照实际箱贴表面积计算，无特殊规则，门窗洞口面积应增加考虑。

※双方博弈点：

在扣除门窗洞口时，洞口侧壁和顶面按结构展开面积计算，此展开面积的宽度需要扣除门窗框的宽度，一般为60mm。

3）柱镶贴块料面层按设计图示饰面外围尺寸乘以高度以面积计算。

3. 墙饰面

1）龙骨、基层、面层墙饰面项目按设计图示饰面尺寸以面积计算，扣除门窗洞口及单个面积 $>0.3m^2$ 的空圈所占的面积，不扣除单个面积 $\leq 0.3m^2$ 的孔洞所占面积，门窗洞口及孔洞侧壁面积亦不增加。

2）柱（梁）饰面的龙骨、基层、面层按设计图示饰面尺寸以面积计算，柱帽、柱墩并入相应柱面积计算。

4. 幕墙、隔断

1）玻璃幕墙、铝板幕墙以框外围面积计算；半玻璃隔断、全玻璃幕墙如有加强肋者，工程量按其展开面积计算。

※规则定制说明：

加强肋是为了增加全玻璃幕墙的整体性和稳定性，垂直于玻璃幕墙做一条与幕墙同高、宽度在300mm左右的加强肋，计算时玻璃肋并入到幕墙和隔断当中，套取相应的定额子目。

2）隔断按设计图示框外围尺寸以面积计算，扣除门窗洞及单个面积 $>0.3m^2$ 的孔洞所占面积。

4.14 天棚工程的定制

4.14.1 定额说明的解析与进阶

本章定额包括天棚抹灰、天棚吊顶、天棚其他装饰三节。

1）抹灰项目中砂浆配合比与设计不同时，可按设计要求予以换算；如设计厚度与定额取定厚度不同时，按相应项目调整。

※规则定制说明：

套定额时根据定额给定的原始厚度，并执行每增减1mm调整为实际抹灰层厚度，以此来确定实际综合单价。

2）如混凝土天棚刷素水泥浆或界面剂，按本定额“第十二章墙、柱面装饰与隔断、幕墙工程”相应项目人工乘以系数1.15。

※规则定制说明：

天棚抹灰难度系数要高于墙面抹灰系数，故天棚抹灰人工乘以系数1.15。

3）吊顶天棚

①除烤漆龙骨天棚为龙骨、面层合并列项外，其余均为天棚龙骨、基层、面层分别列项编制（图4-63）。

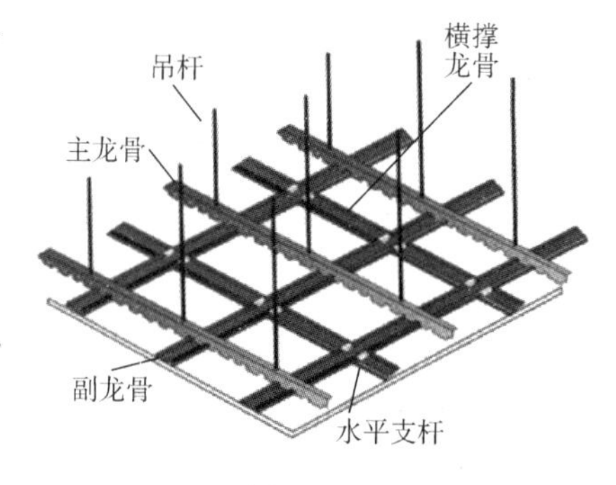

图 4-63

※规则定制说明：

烤漆龙骨有防潮、防腐、不褪色的特点。烤漆龙骨产品的精度高，主/次龙骨能够严格对称，配合紧密，并且它的承载能力强，不容易变形，且不容易断裂。烤漆龙骨和面层合并计算。

其余龙骨按照龙骨、基层、面层分别列项。

②龙骨的种类、间距、规格和基层、面层材料的型号、规格是按常用材料和常用做法考虑的，如设计要求不同时，材料可以调整，人工、机械不变。

※规则定制说明：

定额仅按照常用材料考虑，当设计与定额不同时，允许进行换算。

③天棚面层在同一标高者为平面天棚，天棚面层不在同一标高者为跌级天棚。跌级天棚其面层按相应项目人工乘以系数1.3。

※规则定制说明：

跌级天棚类似楼梯形，施工时人工降效严重，人工乘以系数1.3。

④轻钢龙骨、铝合金龙骨项目中龙骨按双层双向结构考虑，即中、小龙骨紧贴大龙骨底面吊挂，如为单层结构时，即大、中龙骨底面在同一水平上者，人工乘以系数0.85。

⑤轻钢龙骨、铝合金龙骨项目中，当面层规格与定额不同时，按相近面积的项目执行。

※规则定制说明：

如面板定额中的规格是600×600，设计图是575×575，则执行相近面积的是600×600。

⑥轻钢龙骨和铝合金龙骨不上人型吊杆长度为0.6m，上人型吊杆长度为1.4m。吊杆长度与定额不同时可按实际调整，人工不变。

※规则定制说明：

吊杆在定额消耗量中，一般以“kg”为单位进行列支，当长度不同时，要根据吊杆长度换算为重量进行调整，人工消耗量不变则不作调整。

⑦平面天棚和跌级天棚指一般直线形天棚，不包括灯光槽的制作安装。灯光槽制作安装应按本章相应项目执行。吊顶天棚中的艺术造型天棚项目中包括灯光槽的制作安装。

※规则定制说明：

平面天棚和跌级天棚定额消耗量中不包括灯槽的安装，发生时可以按照实际计入。异形吊顶包括了灯槽的安装，发生时不再另行计算。

⑧天棚面层不在同一标高，且高差在400mm以下、跌级三级以内的一般直线形平面天棚按跌级天棚相应项目执行；高差在400mm以上或跌级超过三级，以及圆弧形、拱形等造型天棚按吊顶天棚中的艺术造型天棚相应项目执行。

※规则定制说明：

跌级天棚和艺术造型天棚的定额使用区别：

跌级天棚：三级跌级以下或者跌级高差在400mm以下。

艺术天棚：三级跌级以上或者跌级高差在400mm以上。

⑨天棚检查孔的工料已包括在项目内，不另行计算。

※规则定制说明：

检查口与检修孔的区别：检查口一般发生在墙面和地面，检修口一般发生在天棚。检查口包括在定额消耗量当中不再另行计算，但检修孔费用较高，在定额套用时应综合考虑。

⑩龙骨、基层、面层的防火处理及天棚龙骨的刷防腐油，石膏板刮嵌缝膏、贴绷带，按本定额“第十四章油漆、涂料、裱糊工程”相应项目执行。

⑪天棚压条、装饰线条按本定额“第十五章其他装饰工程”相应项目执行。

4）格栅吊顶、吊筒吊顶、藤条造型悬挂吊顶、织物软雕吊顶、装饰网架吊顶，龙骨、面层合并列项编制。

※规则定制说明：

特殊型吊顶其吊杆、龙骨需要配套使用，在使用时直接按照龙骨与面层合并计算，无需单独列项。

5）楼梯底板抹灰按本章相应项目执行，其中锯齿形楼梯按相应项目人工乘以系数1.35。

※规则定制说明：

此处注意，定额的1.35并不是斜面工程量系数，而是人工降效系数，锯齿形楼梯底面抹灰应按照实际投影面积乘以1.37计算，但考虑到锯齿形楼梯人工降效比较严重，故人工系数乘以1.35。

则锯齿形楼梯=水平投影面积×1.37，其中人工乘以系数1.35。

4.14.2 工程量计算规则

1. 天棚抹灰

按设计结构尺寸以展开面积计算天棚抹灰，不扣除间壁墙、垛、柱、附墙烟囱、检查口和管道所占的面积。带梁天棚的梁两侧抹灰面积并入天棚面积内，板式楼梯底面抹灰面积（包括踏步、休息平台以及≤500mm宽的楼梯井）按水平投影面积乘以系数1.15计算，锯齿形楼梯底板抹灰面积（包括踏步、休息平台以及≤500mm宽的楼梯井）按水平投影面积乘以系数1.37计算（图4-64）。

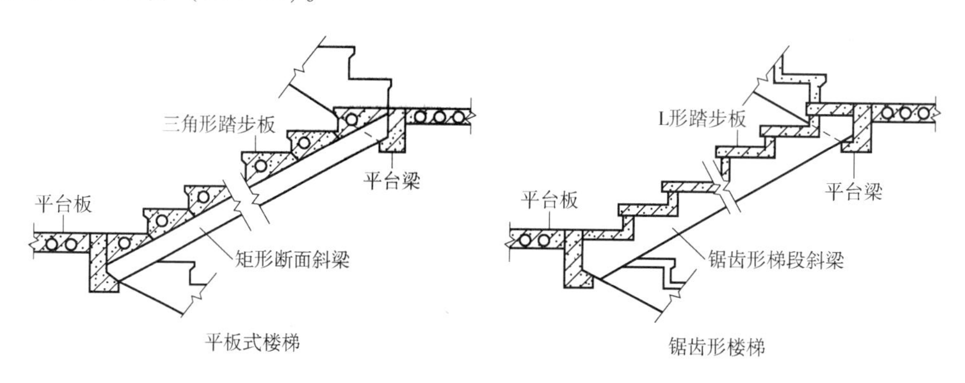

图 4-64

※规则定制说明：

天棚按照展开面积计算，根据简易计算原则，小型的部位所占面积不予扣除，梁侧边应合并计算。同时楼梯按照平板楼梯和锯齿形楼梯根据楼梯的结构底面形式不同，分别按照水平投影面积乘以对应系数计算。

2. 天棚吊顶

1）天棚龙骨按主墙间水平投影面积计算，不扣除间壁墙、垛、柱、附墙烟囱、检查口和管道所占的面积，扣除单个$>0.3m^2$的孔洞、独立柱及与天棚相连的窗帘盒所占的面积。

斜面龙骨按斜面计算。

※规则定制说明：

平面龙骨按照水平投影面积计算，斜面龙骨按实际面积计算。

不扣除间壁墙、垛、柱、附墙烟囱、检查口和管道所占面积；扣除单个 >0.3m^2 的孔洞、独立柱及与天棚相连的窗帘盒所占面积。

2）天棚吊顶的基层和面层均按设计图示尺寸以展开面积计算。天棚面中的灯槽及跌级、阶梯式、锯齿形、吊挂式、藻井式天棚面积按展开计算。不扣除间壁墙、垛、柱、附墙烟囱、检查口和管道所占的面积，扣除单个 >0.3m^2 的孔洞、独立柱及与天棚相连的窗帘盒所占的面积。

※规则定制说明：

天棚按照展开面积计算，此处要和龙骨的计算规则进行区分：不扣除间壁墙、垛、柱、附墙烟囱、检查口和管道所占面积；扣除单个 >0.3m^2 的孔洞、独立柱及与天棚相连的窗帘盒所占面积。

3）格栅吊顶、藤条造型悬挂吊顶、织物软雕吊顶和装饰网架吊顶，按设计图示尺寸以水平投影面积计算。吊筒吊顶按最大外围水平投影尺寸，以外接矩形面积计算。

※规则定制说明：

特殊吊顶按照水平投影面积计算。异形结构按照最大外接矩形计算。

3. 天棚其他装饰

1）灯带（槽）按设计图示尺寸以框外围面积计算。

2）送风口、回风口及灯光孔按设计图示数量计算。

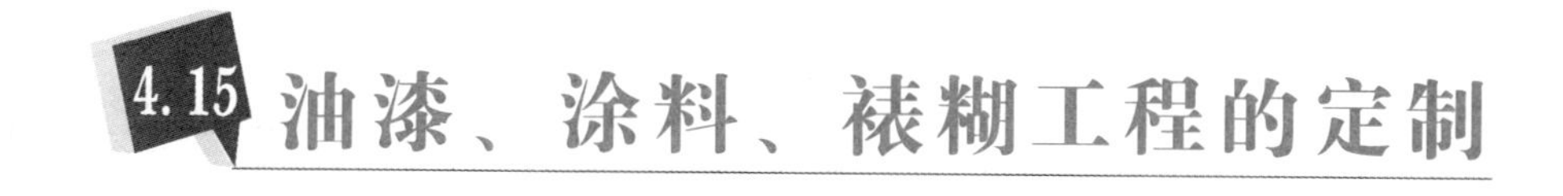

4.15 油漆、涂料、裱糊工程的定制

4.15.1 定额说明的解析与进阶

本章定额包括木门油漆，木扶手及其他板条、线条油漆，其他木材面油漆，金属面油漆，抹灰面油漆、涂料，裱糊六节。

1）当设计与定额取定的喷、涂、刷遍数不同时，可按本章相应每增加一遍项目进行调整。

2）油漆、涂料定额中均已考虑刮腻子。当抹灰面油漆、喷刷涂料设计与定额取定的刮腻子遍数不同时，可按本章喷刷涂料一节中刮腻子每增减一遍项目进行调整。喷刷涂料一节中刮腻子项目仅适用于单独刮腻子工程。

※规则定制说明：

很多人会将腻子和面层单独套用定额，此时会发生重复。在定额消耗量中油漆、涂料定额中大部分已经包含了两遍腻子，发生时不再另行套用腻子定额。但当实际设计做法与定额消耗量不同时，要对腻子遍数进行换算，执行每增减腻子定额子目。

3）附着安装在同材质装饰面上的木线条、石膏线条等油漆、涂料，与装饰面同色者，并入装饰面计算；与装饰面分色者，单独计算。

※规则定制说明：

当木线条、石膏线所使用的油漆、涂料，和墙面或其他附着面使用材质相同时，则将油漆并入墙面或其他附着面计算，当分色时按照线条单独计算。

4）门窗套、窗台板、腰线、压顶、扶手（栏板上扶手）等抹灰面刷油漆、涂料，与整体墙面同色者，并入墙面计算；与整体墙面分色者，单独计算，按墙面相应项目执行，其中人工乘以系数1.43。

※规则定制说明：

此条规则和上述类似，但门窗套、窗台板、腰线、压顶、扶手在单独计算时，需要考虑小型构件的人工降效，其人工乘以系数1.43。

5）纸面石膏板等装饰板材面刮腻子刷油漆、涂料，按抹灰面刮腻子刷油漆、涂料相应项目执行。

6）附墙柱抹灰面喷刷油漆、涂料、裱糊，按墙面相应项目执行；独立柱抹灰面喷刷油漆、涂料、裱糊，按墙面相应项目执行，其中人工乘以系数1.2。

※规则定制说明：

因为考虑到独立柱，单量在进行抹灰时，人工降效比较严重，定额时应综合考虑降效系数。

独立柱抹灰面喷刷油漆、涂料、裱糊，是按墙相应项目执行；单梁抹灰面喷刷油漆、涂料、裱糊，是按天棚相应项目执行，人工乘以系数1.2。

7）油漆。

①油漆浅、中、深各种颜色已在定额中综合考虑，颜色不同时，不另行调整。

②定额综合考虑了在同一平面上的分色，但美术图案需另外计算。

※规则定制说明：

定额中包括了调色的费用，发生时不另行计算，但美术图案另行计算。

③木材面硝基清漆项目中每增加刷理漆片一遍项目和每增加硝基清漆一遍项目均适用于三遍以内。

※规则定制说明：

硝基漆是比较常见的木器及装修用涂料，主要用于木器及家具的涂装、家庭装修、一般装饰涂装、金属涂装、一般水泥涂装等方面。

漆片一般多与硝基清漆配套使用，即先在木器上涂刷漆片溶液，然后以硝基清漆罩面。

每增加一遍理漆片及硝基清漆，即均适用于三遍以内项目。

④木材面聚酯清漆、聚酯色漆项目，当设计与定额取定的底漆遍数不同时，可按每增加聚酯清漆（或聚酯色漆）一遍项目进行调整，其中聚酯清漆（或聚酯色漆）调整为聚酯底漆，消耗量不变。

⑤木材面刷底油一遍、清油一遍可按相应底油一遍、熟桐油一遍项目执行，其中熟桐油调整为清油；消耗量不变。

※规则定制说明：

涂刷遍数与设计遍数不同时，按照实际遍数进行调整。执行相近做法的定额子目，将材料换为实际发生的材料。

⑥木门、木扶手、其他木材面等刷漆，按熟桐油、底油、生漆二遍项目执行。

⑦当设计要求金属面刷二遍防锈漆时，按金属面刷防锈漆一遍项目执行，其中人工乘以系数 1.74，材料均乘以系数 1.9。

⑧金属面油漆项目均考虑了手工除锈，如实际为机械除锈，另按本定额“第六章金属结构工程”中相应项目执行，油漆项目中的除锈用工亦不扣除。

※规则定制说明：

当现场采用手砂轮除锈时，该除锈内容视为已经包含在定额单价当中，发生时不再另行计算。

※双方博弈点：

当现场产生大规模除锈时，首先要分析定额的计算规则所包括的内容，其次尽可能使用机械除锈方式，此时机械除锈可以以签证形式落实费用。

⑨喷塑（一塑三油）：底油、装饰漆、面油，其规格划分如下：

大压花：喷点压平，点面积在 $1.2cm^2$ 以上；

中压花：喷点压平，点面积在 $1 \sim 1.2cm^2$；

喷中点、幼点：喷点面积在 $1cm^2$ 以下。

※规则定制说明：

喷塑（一塑三油）是一种油漆的施工工艺，指的是刷三遍油，底油、装饰漆、面油三种。

⑩墙面真石漆、氟碳漆项目不包括分格嵌缝，当设计要求做分格嵌缝时，费用另行计算。

※规则定制说明：

分隔缝可以直接按照实际市场价格补充计入，以长度计算。

8）涂料。

①木龙骨刷防火涂料按四面涂刷考虑，木龙骨刷防腐涂料按一面（接触结构基层面）

涂刷考虑。

※规则定制说明：

防火涂料四面，防腐涂料一面，按照接触结构基层面（挨着楼板的一面）执行。

②金属面防火涂料项目按涂料密度500kg/m³ 和项目中注明的涂刷厚度计算，当设计与定额取定的涂料密度、涂刷厚度不同时，防火涂料消耗量可作调整。

③艺术造型天棚吊顶、墙面装饰的基层板缝粘贴胶带，按本章相应项目执行，人工乘以系数1.2。

※规则定制说明：

艺术造型天棚吊顶，包括高差在400mm以上或跌级超过三级的跌级吊顶，基层板缝粘贴胶带时，人工乘以系数1.2。

4.15.2 工程量计算规则

1. 木门油漆工程

执行单层木门油漆的项目，其工程量计算规则及相应系数见表4-17。

表4-17 单层木门油漆项目工程量计算规则和系数表

项目		系数	工程量计算规则（设计图示尺寸）
1	单层木门	1.00	门洞口面积
2	单层半玻门	0.85	
3	单层全玻门	0.75	
4	半截百叶门	1.50	
5	全百叶门	1.70	
6	厂库房大门	1.10	
7	纱门扇	0.80	
8	特种门（包括冷藏门）	1.00	
9	装饰门扇	0.90	扇外围尺寸面积
10	间壁、隔断	1.00	单面外围面积
11	玻璃间壁露明墙筋	0.80	
12	木栅栏、木栏杆（带扶手）	0.90	

注：多面涂刷按单面计算工程量。

※规则定制说明：

单层木门按照单面洞口面积计算，同时为了简化计算过程，对于其他形式大门直接按照给定规则乘以对应系数计算即可。

2. 木扶手及其他板条、线条油漆工程

1）执行木扶手（不带托板）油漆的项目，其工程量计算规则及相应系数见表4-18。

表 4-18　木扶手（不带托板）油漆项目工程量计算规则和系数表

项目		系数	工程量计算规则（设计图示尺寸）
1	木扶手（不带托板）	1.00	延长米
2	木扶手（带托板）	2.50	
3	封檐板、博风板	1.70	
4	黑板框、生活园地框	0.50	

※规则定制说明：

木扶手油漆项目按照木扶手（不带托板）以延长米计算，其他同类构件工程量乘以表格中所对应的系数。

※思维拓宽：

所谓的托板就是木扶手下面的钢制槽子，卡在托板上面，用来连接木扶手和竖向栏杆。

2）木线条油漆按设计图示尺寸以长度计算。

3. 其他木材面油漆工程

1）执行其他木材面油漆的项目，其工程量计算规则及相应系数见表4-19。

表 4-19　其他木材面油漆项目工程量计算规则和系数表

项目		系数	工程量计算规则（设计图示尺寸）
1	木板、胶合板天棚	1.00	长×宽
2	屋面板带檩条	1.10	斜长×宽
3	滑水板条檐口天棚	1.10	长×宽
4	吸声板（墙面或天棚）	0.87	
5	鱼鳞板墙	2.40	
6	木护墙、木墙裙、木踢脚	0.83	
7	窗台板、窗帘盒	0.83	
8	出入口盖板、检查口	0.87	
9	壁橱	0.83	展开面积
10	木屋架	1.77	跨度（长）×中高×1/2
11	以上未包括的其余木材面油漆	0.83	展开面积

※规则定制说明：

木材饰面油漆按照上述计算规则，乘以对应系数计算。

2）木地板油漆按设计图示尺寸以面积计算，空洞、空圈、暖气包槽、壁龛的开口部分并入相应的工程量内。

※规则定制说明：

木地板油漆按实际涂刷的面积计算，门洞、空圈、暖气包槽、壁龛的开口部分的侧壁要并入相应的工程量里面计算。因为是面层油漆工程，没有其他增加和扣减抵扣项，因此此处不做扣除考虑。

3）木龙骨刷防火、防腐涂料按设计图示尺寸以龙骨架投影面积计算。

※规则定制说明：

龙骨分为墙面龙骨和天棚龙骨两部分，天棚面龙骨刷防火涂料的面积参照吊顶龙骨面积计算，按照水平投影面积。墙面龙骨刷防火涂料的面积参照隔墙龙骨面积计算，按照垂直投影面积。

4）基层板刷防火、防腐涂料按实际涂刷面积计算。

5）油漆面抛光打蜡按相应刷油部位油漆工程量计算规则计算。

4. 金属面油漆工程

1）执行金属面油漆、涂料项目，其工程量按设计图示尺寸以展开面积计算。质量在500kg以内的单个金属构件，可参考表4-20中相应的系数，将质量（t）折算为面积。

表4-20　质量折算面积参考系数表

项目		系数
1	钢栅栏门、栏杆、窗栅	64.98
2	钢爬梯	44.84
3	踏步式钢扶梯	39.90
4	轻型屋架	53.20
5	零星铁件	58.00

※规则定制说明：

金属面油漆项目按照展开面积计算，根据简易计算原则，在500kg以内的项目，可以按照每t展开面积计算，如每t零星铁件，按照油漆58m² 计算。

2）执行金属平板屋面、镀锌铁皮面（涂刷磷化、锌黄底漆）油漆的项目，其工程量计算规则及相应的系数见表4-21。

表4-21　金属平板屋面、镀锌铁皮面（涂刷磷化、锌黄底漆）油漆项目工程量计算规则系数表

项目		系数	工程量计算规则（设计图示尺寸）
1	平板屋面	1.00	斜长×宽
2	瓦垄板屋面	1.20	
3	排水、伸缩缝盖板	1.05	展开面积

（续）

项目		系数	工程量计算规则（设计图示尺寸）
4	吸气罩	2.20	水平投影面积
5	包镀锌簿钢板门	2.20	门窗洞口面积

注：多面涂刷按单面计算工程量。

※规则定制说明：

金属平板屋面、镀锌铁皮面（涂刷磷化、锌黄底漆）油漆的项目，按照工程量计算规则并乘以对应系数计算。

5. 抹灰面油漆、涂料工程

1）抹灰面油漆、涂料（另做说明的除外）按设计图示尺寸以面积计算。

2）踢脚线刷耐磨漆按设计图示尺寸长度计算。

3）槽形底板、混凝土折瓦板、有梁板底、密肋梁板底、井字梁板底刷油漆、涂料按设计图示尺寸展开面积计算。

※规则定制说明：

对于异形结构，在油漆涂刷时，应该按照实际涂刷油漆面积计算，以展开面积执行。

4）墙面及天棚面刷石灰油浆、白水泥、石灰浆、石灰大白浆、普通水泥浆、可赛银浆、大白浆等涂料工程量按抹灰面积工程量计算规则。

5）混凝土花格窗、栏杆花饰刷（喷）油漆、涂料按设计图示洞口面积计算。

※规则定制说明：

按洞口外围计算面积，不扣除花格镂空面积。

6）天棚、墙、柱面基层板缝粘贴胶带纸按相应天棚、墙、柱面基层板面积计算。

6. 裱糊工程

墙面、天棚面裱糊按设计图示尺寸以面积计算。

4.16 其他装饰工程的定制

4.16.1 定额说明的解析与进阶

本章定额包括柜类、货架，压条、装饰线，扶手、栏杆、栏板装饰，暖气罩，浴厕配件，雨篷、旗杆，招牌、灯箱，美术字，石材、瓷砖加工等九节。

1. 柜类、货架

1）柜、台、架以现场加工、手工制作为主，按常用规格编制定额。设计与定额不同时，应进行调整换算。

2）柜、台、架项目包括五金配件（设计有特殊要求者除外），未考虑压板拼花及饰面板上贴其他材料的花饰、造型艺术品。

3）木质柜、台、架项目中板材按胶合板考虑，如设计为生态板（三聚氰胺板）等其他板材时，可以换算材料。

※规则定制说明：

柜、台、架当设计与定额所规定的内容和消耗量不同时，应对定额进行调整。定额中包含了普通五金配件，当发生特殊五金或者其他花饰、造型艺术品时，应另行计算。

2. 压条、装饰线

1）压条、装饰线均按成品安装考虑。

2）装饰线条（顶角装饰线除外）按直线形在墙面安装考虑。墙面安装圆弧形装饰线条、天棚面安装直线形、圆弧形装饰线条，按相应项目乘以系数执行：

①墙面安装圆弧形装饰线条，人工乘以系数1.2，材料乘以系数1.1；

②天棚面安装直线形装饰线条，人工乘以系数1.34；

③天棚面安装圆弧形装饰线条，人工乘以系数1.6，材料乘以系数1.1；

④装饰线条直接安装在金属龙骨上，人工乘以系数1.68。

※规则定制说明：

定额的基础考虑条件为“墙面”“直行”，当线条是弧形或者在天棚安装时人工或材料会产生降效，按照上述4条降效条件，乘以降效系数综合考虑。

3. 扶手、栏杆、栏板装饰

1）扶手、栏杆、栏板项目（护窗栏杆除外）适用于楼梯、走廊、回廊及其他装饰性扶手、栏杆、栏板。

2）扶手、栏杆、栏板项目已综合考虑扶手弯头（非整体弯头）的费用。如遇木扶手、大理石扶手为整体弯头，弯头另按本章相应项目执行。

3）当设计栏板、栏杆的主材消耗量与定额不同时，其消耗量可以调整。

※规则定制说明：

整体弯头指弯头部分是整体的与非弯头部分的进行拼接。而非整体就是弯头和栏杆、扶手整体考虑，整体弯头发生时需要单独计算。

4. 暖气罩

1）挂板式是指暖气罩直接钩挂在暖气片上；平墙式是指暖气片凹嵌入墙中，暖气罩与墙面平齐；明式是指暖气片全凸或半凸出墙面，暖气罩凸出于墙外。

2）暖气罩项目未包括封边线、装饰线，另按本章相应装饰线条项目执行。

※规则定制说明：

随着现代建筑的迭代和普及，暖气罩的使用越来越少，大部分地区采用地暖或中央空调。暖气罩未包括封边线、装饰线，另按本章相应装饰线条项目执行即可。

5. 浴厕配件

1）大理石洗漱台项目不包括石材磨边、倒角及开面盆洞口，另按本章相应项目执行。

2）浴厕配件项目按成品安装考虑。

※规则定制说明：

大理石洗漱台磨边、倒角、开面盆口需要单独计算费用，但进场为成品大理石洗漱台，则不再调整单价。

6. 雨篷、旗杆

1）点支式、托架式雨篷的型钢、爪件的规格、数量是按常用做法考虑的，当设计要求与定额不同时，材料消耗量可以调整，人工、机械不变。托架式雨篷的斜拉杆费用另计。

2）铝塑板、不锈钢面层雨篷项目按平面雨篷考虑，不包括雨篷侧面。

3）旗杆项目按常用做法考虑，未包括旗杆基础、旗杆台座及其饰面。

※规则定制说明：

由玻璃面板、点支撑装置和支撑结构构成的玻璃幕墙称为点支式玻璃幕墙；而托架式是直接放在型钢上，没有支撑点。

7. 招牌、灯箱

1）招牌、灯箱项目，当设计与定额考虑的材料品种、规格不同时，材料可以换算。

2）一般平面广告牌是指正立面平整无凹凸面，复杂平面广告牌是指正立面有凹凸面造型的，箱（竖）式广告牌是指具有多面体的广告牌。

3）广告牌基层以附墙方式考虑，当设计为独立式的，按相应项目执行，人工乘以系数1.1。

4）招牌、灯箱项目均不包括广告牌喷绘、灯饰、灯光、店徽、其他艺术装饰及配套机械。

※规则定制说明：

一般招牌、灯箱由专业公司施工，按照项报价。企业在编制企业定额时，可以直接按项目进行补充。

8. 美术字

1）美术字项目均按成品安装考虑。
2）美术字按最大外接矩形面积区分规格，按相应项目执行。

9. 石材、瓷砖加工

石材瓷砖倒角、磨制圆边、开槽、开孔等项目均按现场加工考虑。
※规则定制说明：
石材瓷砖倒角、磨制圆边、开槽、开孔等项目是在工厂没有预制，按实际施工时有需要额外施工的项目，发生时按照定额计算即可。

4.16.2 工程量计算规则

1. 柜类、货架

柜类、货架工程量按各项目计量单位计算。其中以“m^2”为计量单位的项目，其工程量均按正立面的高度（包括脚的高度在内）乘以宽度计算。
※规则定制说明：
成品货架按项计算，安装费一般包含在材料费当中。

2. 压条、装饰线

1）压条、装饰线条按线条中心线长度计算。
2）石膏角花、灯盘按设计图示数量计算。

3. 扶手、栏杆、栏板装饰

1）扶手、栏杆、栏板、成品栏杆（带扶手）均按其中心线长度计算，不扣除弯头长度。如遇木扶手、大理石扶手为整体弯头时，扶手消耗量需扣除整体弯头的长度，设计不明确者，每只整体弯头按400mm扣除。
2）单独弯头按设计图示数量计算。
※规则定制说明：
扶手、栏杆、栏板、成品栏杆（带扶手）当为成品弯头时，扣除弯头长度，按成品单独弯头计算数量。

4. 暖气罩

暖气罩（包括脚的高度在内）按边框外围尺寸垂直投影面积计算，成品暖气罩安装按设计图示数量计算。

5. 浴厕配件

1）大理石洗漱台按设计图示尺寸以展开面积计算，挡板、吊沿板面积并入其中，不扣除孔洞、挖弯、削角所占面积。

2）大理石台面面盆开孔按设计图示数量计算。

3）盥洗室台镜（带框）、盥洗室木镜箱按边框外围面积计算。

4）盥洗室塑料镜箱、毛巾杆、毛巾环、浴帘杆、浴缸拉手、肥皂盒、卫生纸盒、晒衣架、晾衣绳等按设计图示数量计算。

※规则定制说明：

大理石洗漱台按照展开面积计算，不扣除台盆孔洞费用，如果非成品洗漱台，应增加开孔费用。

6. 雨篷、旗杆

1）雨篷按设计图示尺寸水平投影面积计算。

2）不锈钢旗杆按设计图示数量计算。

3）电动升降系统和风动系统按套数计算。

7. 招牌、灯箱

1）柱面、墙面灯箱基层，按设计图示尺寸以展开面积计算。

2）一般平面广告牌基层，按设计图示尺寸以正立面边框外围面积计算。复杂平面广告牌基层，按设计图示尺寸以展开面积计算。

3）箱（竖）式广告牌基层，按设计图示尺寸以基层外围体积计算。

4）广告牌面层，按设计图示尺寸以展开面积计算。

※规则定制说明：

招牌、灯箱，现阶段一般按照成品考虑，由专业广告单位制作，按照项计算。

8. 美术字

美术字按设计图示数量计算。

9. 石材、瓷砖加工

1）石材、瓷砖倒角按块料设计倒角长度计算。

2）石材磨边按成型圆边长度计算。

3）石材开槽按块料成型开槽长度计算。

4）石材、瓷砖开孔按成型孔洞数量计算。

※规则定制说明：

石材倒角、磨边、开槽分别按照长度计算，成孔按照数量计算。

4.17 拆除工程的定制

4.17.1 定额说明的解析与进阶

本章定额适用于房屋工程的维修、加固及二次装修前的拆除工程。

※规则定制说明：

此条明确了拆除工程定额使用的界限，适用于维修、加固、二次装修，但不适用于房屋整体拆除项目。

1）本章定额包括砌体拆除、混凝土及钢筋混凝土构件拆除、木构件拆除、抹灰层铲除、块料面层铲除、龙骨及饰面拆除、屋面拆除、铲除油漆涂料裱糊面、栏杆扶手拆除、门窗拆除、金属构件拆除、管道拆除、卫生洁具拆除、一般灯具拆除、其他构配件拆除以及楼层运出垃圾、建筑垃圾外运十六节。

2）采用控制爆破拆除或机械整体性拆除者，另行处理。

※规则定制说明：

控制爆破拆除或机械整体性拆除不在定额考虑范围内，发生时补充定额综合考虑。

3）利用拆除后的旧材料抵减拆除人工费者，由发包方与承包方协商处理。

※规则定制说明：

部分材料在拆除后，可以进行废料售卖，如钢结构工程等，发包方会同承包方协商废料的费用，抵扣拆除的人工费。

4）本章定额除说明者外不分人工或机械操作，均按定额执行。

5）墙体凿门窗洞口套用相应墙体拆除项目，洞口面积在 $0.5m^2$ 以内的，相应项目的人工乘以系数 3.0，洞口面积在 $1m^2$ 以内的，相应项目的人工乘以系数 2.4。

※规则定制说明：

注意，此处不是拆除项目，是墙体凿门窗洞口，可以执行墙体拆除的定额子目。当门窗洞口范围较小时，需要精准控制凿洞范围，人工降效比较严重，故按照上述乘以对应系数。当洞口大于 $1m^2$ 时，人工降效系数和拆墙类似，则不再乘以系数。

6）混凝土构件拆除机械按风炮机编制，如采用切割机械无损拆除局部混凝土构件，另按无损切割项目执行。

※规则定制说明：

当混凝土拆除实际所使用机械不是风炮机时，应按照实际使用机械进行调整。

7）地面抹灰层与块料面层铲除不包括找平层，如需铲除找平层，每 $10m^2$ 增加人工 0.2 工日。

※规则定制说明：

地面找平层一般使用水泥砂浆找平，拆除难度要高于面层拆除，当涉及地面找平层拆除时，需要套用地面抹灰层与块料面层，并且每 $10m^2$ 增加人工 0.2 工日。

8）拆除带支架防静电地板按带龙骨木地板项目人工乘以系数 1.3。

9）整樘门窗、门窗框及钢门窗拆除，按每樘面积 $2.5m^2$ 以内考虑，面积在 $4m^2$ 以内的，人工乘以系数 1.3；面积超过 $4m^2$ 的，人工乘以系数 1.5。

※规则定制说明：

门窗拆除分为三个维度的降效系数：

0 ~ $2.5m^2$，按照门窗拆除定额考虑；

2.5 ~ $4m^2$，其人工乘以降效系数 1.3；

$4m^2$ 以上，人工乘以降效系数 1.5。

10）钢筋混凝土构件、木屋架、金属压型板屋面、采光屋面、金属构件拆除按起重机械配合拆除考虑，实际使用机械与定额取定机械型号规格不同者，按定额执行。

11）楼层运出垃圾其垂直运输机械不分卷扬机、施工电梯或塔吊，均按定额执行，如采用人力运输，每 $10m^2$ 按垂直运输距离每 5m 增加人工 0.78 工日，并取消楼层运出垃圾项目中相应的机械费。

※规则定制说明：

当按照人工运输时，每 $10m^2$ 的材料，按照每 5m 增加人工 0.78 工日，并取消定额中的机械运输费用。

如一共是 $20m^2$ 的材料，合计人工垂直运输 20m，则需要增加人工 $20/10 \times (20/5) \times 0.78 = 6.24$ 工日。

4.17.2 工程量计算规则

1）墙体拆除。各种墙体拆除按实拆墙体体积以“m^3”计算，不扣除 $0.3m^2$ 以内孔洞和构件所占的体积。隔墙及隔断的拆除按实拆面积以“m^2”计算。

2）钢筋混凝土构件拆除。混凝土及钢筋混凝土的拆除按实拆体积以“m^3”计算，楼梯拆除按水平投影面积以“m^2”计算，无损切割按切割构件断面以“m^2”计算，钻芯按实钻孔数以“孔”计算。

※规则定制说明：

钢筋混凝土无损切割是靠金刚石工具对钢筋和混凝土进行磨削切割，从而将钢筋混凝土一分为二，无震动、无损伤切割拆除工法。按照实际切割断面以面积计算。

3）木构件拆除。各种屋架、半屋架拆除按跨度分类以“榀”计算，檩、椽拆除不分长短按实拆根数计算，望板、油毡、瓦条拆除按实拆屋面面积以“m^2”计算。

4）抹灰层铲除。楼地面面层按水平投影面积以“m^2”计算，踢脚线按实际铲除长度以“m”计算，各种墙、柱面面层的拆除或铲除均按实拆面积以“m^2”计算，天棚面层拆除按水平投影面积以“m^2”计算。

5）块料面层铲除。各种块料面层铲除均按实际铲除面积以“m^2”计算。

6）龙骨及饰面拆除。各种龙骨及饰面拆除均按实拆投影面积以“m^2”计算。

7）屋面拆除。屋面拆除按屋面的实拆面积以“m^2”计算。

8）铲除油漆涂料裱糊面。油漆涂料裱糊面层铲除均按实际铲除面积以“m^2”计算。

9）栏杆扶手拆除。栏杆扶手拆除均按实拆长度以“m”计算。

10）门窗拆除。拆整樘门、窗均按“樘”计算，拆门、窗扇以“扇”计算。

11）金属构件拆除。各种金属构件拆除均按实拆构件质量以“t”计算。

12）管道拆除。管道拆除按实拆长度以“m”计算。

13）卫生洁具拆除。卫生洁具拆除按实拆数量以“套”计算。

14）灯具拆除。各种灯具、插座拆除均按实拆数量以“套、只”计算。

15）其他构配件拆除。暖气罩、嵌入式柜体拆除按正立面边框外围尺寸垂直投影面积计算，窗台板拆除按实拆长度计算，筒子板拆除按洞口内侧长度计算，窗帘盒、窗帘轨拆除按实拆长度计算，干挂石材骨架拆除按拆除构件的质量以“t”计算，干挂预埋件拆除以“块”计算，防火隔离带按实拆长度计算。

※规则定制说明：

各类构件拆除的计算规则和新作规则类似，此处并无特殊说明情况，拆除时按照上述规则执行即可。

16）建筑垃圾外运按虚方体积计算。

※规则定制说明：

此处需要和土方进行区分，土方外运按照实方进行计算，但建筑垃圾因为考虑到形状各异，会产生大量的空隙，此时外运应按照虚方考虑。

4.18 措施项目的定制

4.18.1 定额说明的解析与进阶

定额包括脚手架工程，垂直运输工程，建筑物超高增加费，大型机械设备进出场及安拆，施工排水、降水五节。

建筑物檐高以设计室外地坪至檐口滴水高度（平屋顶系指屋面板底高度，斜屋面系指外墙外边线与斜屋面板底的交点）为准。突出主体建筑屋顶的楼梯间、电梯间、水箱间、屋面天窗等不计入檐口高度之内。

※规则定制说明：

檐口高度一般会在图示设计说明中进行明示，或者依据建设立面图跟进上述规则得到檐口高度。

在计算檐口高度时可以按照如下原则进行计算（图4-65）：

1）平屋顶带挑檐者，算至挑檐板下皮标高。

2）平屋顶带女儿墙者，算至屋顶结构板上皮标高。

3）坡屋面或其他曲面屋顶均算至墙的中心线与屋面板交点的高度。

4）阶梯式建筑物按高层的建筑物计算檐高。

5）凸出屋面的水箱间、电梯间、亭台楼阁等均不计算檐高。

※双方博弈点：

在计算时，容易忽视室内外地坪高差对檐口高度的影响。图纸标注的檐口高度为±0至檐口高度，因此还应考虑设计室外地坪与±0之间的高度差。

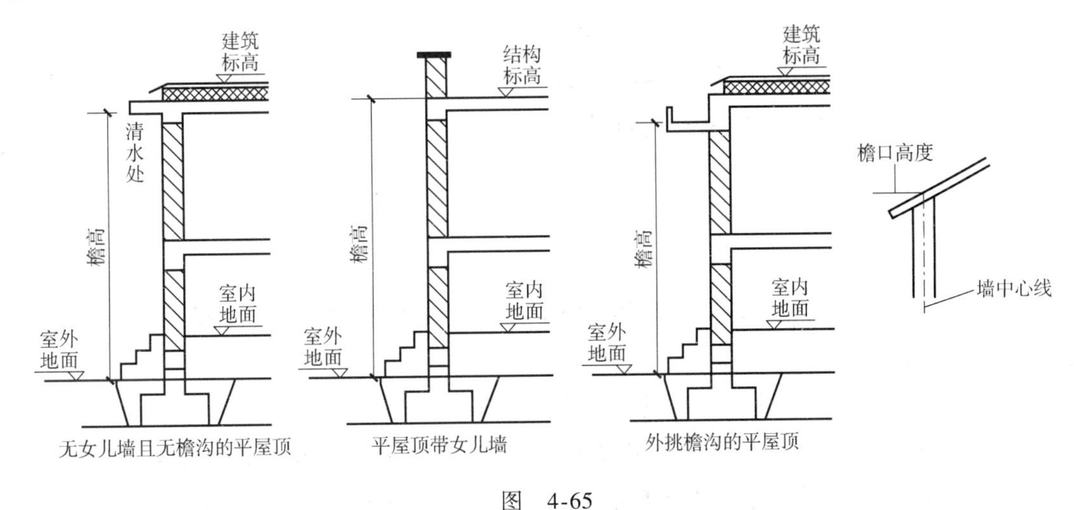

图 4-65

同一建筑物有不同檐高时，按建筑物的不同檐高纵向分割，分别计算建筑面积，并按各自的檐高执行相应项目。建筑物多种结构，按不同结构分别计算。

※规则定制说明：

按照不同檐高交界处，进行纵向分割，不同檐高分别计算建筑面积。

1. 脚手架工程

(1) 一般说明

1）本章脚手架措施项目是指施工需要的脚手架搭、拆、运输及脚手架摊销的工料消耗。

2）本章脚手架措施项目材料均按钢管式脚手架编制。

3）各项脚手架消耗最终未包括脚手架基础加固。基础加固是指脚手架立杆下端以下或脚手架底座下皮以下的一切做法。

※规则定制说明：

脚手架的基础加固是为维护脚手架工程的整体安全稳定性，对脚手架基础进行如土方回填夯实、浇筑混凝土基础等。此部分费用不包含在脚手架当中，发生时以签证形式落实。

4）高度在3.6m的外墙面装饰，当不能利用原砌筑脚手架时，可计算装饰脚手架。装饰脚手架执行双排脚手架定额乘以系数0.3。室内凡计算了满堂脚手架，墙面装饰不再计算墙面粉饰脚手架，只按每100m^2墙面垂直投影面积增加改架一般技工1.28工日。

※规则定制说明：

高度在3.6m的外墙装饰，按照原有砌筑脚手架执行，如砌筑脚手架包含在综合脚手架当中，则不另行计算，但当室内净高超过3.6m时，超过部分另外执行装饰脚手架，按照双排脚手架乘以系数0.3执行。

当室内净高超过3.6m时，需要执行满堂脚手架的定额子目，墙面装饰按照每100m^2墙面垂直投影面积增加改架一般技工1.28工日。

（2）综合脚手架

1）单层建筑综合脚手架适用于檐高20m以内的单层建筑工程。

2）凡单层建筑工程执行单层建筑综合脚手架项目，二层及二层以上的建筑工程执行多层建筑综合脚手架项目，地下室部分执行地下室综合脚手架项目。

※规则定制说明：

综合脚手架根据使用场景的不同分为单层、多层以及地下综合脚手架，使用时根据结构形式、层高，进行分别套项。

3）综合脚手架中包括外墙砌筑及外墙粉饰、3.6m以内的内墙砌筑及混凝土浇捣用脚手架以及内墙面和天棚粉饰脚手架。

4）执行综合脚手架，有下列情况者，可另执行单项脚手架项目：

①满堂基础或者高度（垫层上皮至基础顶面）在1.2m以上的混凝土或钢筋混凝土基础，按满堂脚手架基本层定额乘以系数0.3；高度超过3.6m的，每增加1m按满堂脚手架增加层定额乘以系数0.3。

②砌筑高度在3.6m以上的砖内墙，按单排脚手架定额乘以系数0.3；砌筑高度在3.6m以上的砌块内墙，按相应双排外脚手架定额乘以系数0.3。

③砌筑高度在1.2m以上的屋顶烟囱的脚手架，按设计图示烟囱外围周长另加3.6m乘以烟囱出屋顶高度以面积计算，执行里脚手架项目。

④砌筑高度在1.2m以上的管沟墙及砖基础，按设计图示砌筑长度乘以高度以面积计算，执行里脚手架项目。

⑤墙面粉饰高度在3.6m以上的执行内墙面粉饰脚手架项目。

⑥按照建筑面积计算规范的有关规定，未计入建筑面积，但施工过程中须搭设脚手架的施工部位。

5）凡不适宜使用综合脚手架的项目，可按相应的单项脚手架项目执行。

※规则定制说明：

此处说明了综合脚手架所包含的范围，在综合脚手架范围未涵盖，且现场又发生的时候，需要另外执行单项脚手架定额子目。

※双方博弈点：

在结算中，大家经常认为套用了综合脚手架，就不用再另外执行其他脚手架了，这是一个误区。我们应该根据合同的施工范围，并结合地区定额，确定最终脚手架的套用方案。脚手架的最终套用公式：综合脚手架 + 单项脚手架 × X（当范围一致时 X 可以为0）。

（3）单项脚手架

1）建筑物外墙脚手架，设计室外地坪至檐口的砌筑高度在15m以内的按单排脚手架计算；砌筑高度在15m以外或砌筑高度虽不足15m，但当外墙门窗及装饰面积超过外墙表面积60%时，执行双排脚手架项目。

※规则定制说明：

此部分区分单排和双排脚手架的使用情形，在外墙设计室外地坪至檐口的砌筑高度在15m以内，按照单排执行，该高度在15m以外或者不足15m，但单窗墙比大于60%时，应执行双排脚手架。

※双方博弈点1：

当为幕墙工程，或者大范围落地窗时，不论高度多高，均按照双排脚手架执行。

※双方博弈点2：

当女儿墙高度大于1.2m时，女儿墙内侧可以执行单排脚手架。

2）外脚手架消耗量中已综合斜道、上料平台、护卫栏杆等。

※规则定制说明：

外脚手架包括斜道、上料平台、护卫栏杆等，发生时不再另行计算。

3）建筑物内墙脚手架，设计室内地坪至板底（或山墙高度的1/2处）的砌筑高度在3.6m以内的，执行里脚手架项目。

※规则定制说明：

室内砌筑高度在3.6m以内的执行里脚手架定额子目，超过3.6m的执行满堂脚手架定额子目。

4）围墙脚手架，室外地坪至围墙顶面的砌筑高度在3.6m以内的，按里脚手架计算；砌筑高度在3.6m以外的，执行单排外脚手架项目。

5）石砌墙体，砌筑高度在1.2m以上时，执行双排外脚手架项目。

6）大型设备基础，凡距地坪高度在1.2m以上的，执行双排外脚手架项目。

※规则定制说明：

围墙、石砌体墙体、设备基础等，按照上述高度，套用对应脚手架即可。

7）悬挑脚手架适用于外檐挑檐等部位的局部装饰。

※规则定制说明：

悬挑脚手架是一种建筑中使用到的简易设施，分为每层一挑和多层悬挑两种。适用于挑檐部分的装饰施工部分。

8）悬空脚手架适用于有露明屋架的屋面板勾缝、油漆或喷浆等部位。

※规则定制说明：

悬挑脚手架和悬空脚手架的区别：

悬挑脚手架是从门、窗口挑出横杆或斜杆组成挑出式支架，再设置栏杆，铺设脚手板构成的脚手架。常用于外墙、内部装修或层高较高无法直接施工的地方。

悬空脚手架是在两个建筑物之间搭设通道的脚手架，常用于净高超过3.6m的屋面板勾缝、刷浆。

9）整体提升架适用于高层建筑的外墙施工。

10）独立柱、现浇混凝土单（连续）梁执行双排外脚手架定额项目乘以系数0.3。

（4）其他脚手架　电梯井架每一电梯台数为一孔。

※规则定制说明：

此处注意不是电梯井，而是电梯台数，当为多部电梯时，应计算多孔。

2. 垂直运输工程

1）垂直运输工作内容，包括单位工程在合理工期内完成全部工程项目所需要的垂直运输机械台班，不包括机械的场外往返运输，一次安拆及路基铺垫和轨道铺拆等的费用。

※规则定制说明：

垂直运输机械的一般包括了机械使用时发生的台班费用，垂直运输机械需要另行计算进出场、栋号之间移动、一次安拆及路基铺垫和轨道铺拆的费用，此部分单价费用一般会放在垂直运输合同中，根据实际发生次数进行综合考虑。

2）檐高3.6m以内的单层建筑，不计算垂直运输机械台班。

※规则定制说明：

此处规定了不计算垂直运输机械的形式，单层建筑檐高在3.6以内的，不考虑垂直运输。

3）本定额层高按3.6m考虑，超过3.6m者，应另计层高超高垂直运输增加费，每超过1m，其超高部分按相应定额增加10%，超高不足1m按1m计算。

※规则定制说明：

当层高大于3.6m时，垂直运输相应定额项目执行，增加1m时定额乘以系数1.1，增加2m时定额乘以系数1.2，以此类推。超高不足1m按1m计算。

4）垂直运输是按现行工期定额中规定的Ⅱ类地区标准编制的，Ⅰ、Ⅱ类地区按相应定额分别乘以系数0.95和1.1。

※规则定制说明：

各地区的分类划分见总说明。

3. 建筑物超高增加费

建筑物超高增加人工、机械定额适用于单层建筑物檐高超过20m，多层建筑物超过6层的项目。

※规则定制说明：

记取垂直运输之后是否还要记取超高费用：

垂直运输：是材料及人员施工时向楼层运输的作业费用。

超高：是定额规则建筑檐高超过20m以后人工和机械的降效补偿增加费用。

所以两者不是重复的，定额子目都是独立记取的。

4. 大型机械设备进出场及安拆

1）大型机械设备进出场及安拆费是指机械整体或分体自停放场地运至施工现场或由一个施工地点运至另一个施工地点所发生的机械进出场运输和转移费用，以及机械在施工现场进行安装、拆卸所需的人工费、材料费、机械费、试运转费和安装所需的辅助设施的费用。

※规则定制说明：

大型机械进出场及安装、拆卸费用应按实际进场的机械规格、品种、台数计算。在一个工程地点只计算一次场外运输费用（进退场费）及安装、拆卸费用。因发包人原因而发生的规格、次数应另计（合同约定措施包干，不予调整的除外）。

2）塔式起重机及施工电梯基础。

①塔式起重机轨道铺拆以直线形为准，如铺设弧线形时，定额乘以系数1.15。

②固定式基础适用于混凝土体积在10m^{3}以内的塔式起重机基础，如超出者按实际混凝土工程、模板工程、钢筋工程分别计算工程量，按本定额“第五章混凝土及钢筋混凝土工程”相应项目执行。

③固定式基础如需打桩时，打桩费用另行计算。

※规则定制说明：

塔吊基础是属于不构成工程实体的项目，按照措施费列项，在报价中不要漏算，费用包括混凝土、钢筋、模板、基础的防水（部分）、基础的打桩（部分），塔吊基础拆除及外运费用。如果前期没有明确图纸，在施工时，可以以签证形式落实。部分塔吊基础根据所在项目不同，会设置不同的围护结构，此费用包括在措施费中，一并计算。

3）大型机械设备安拆费。

①机械安装、拆卸费是安装、拆卸的一次性费用。

②机械安装、拆卸费中包括机械安装完毕后的试运转费用。

③柴油打桩机的安拆费中，已包括轨道的安拆费用。

④自升式塔式起重机安装、拆卸费按塔高45m确定，大于45m且檐高小于等于200m的，塔高每增高10m，按相应定额增加费用10%，尾数不足10m按10m计算。

※规则定制说明：

安装、拆卸费用定额已包括机械安装完毕后的试运转费用，但以下费用需要另行计算。

1）自升式塔式起重机行走轨道、不带配重的自升式塔式起重机固定式基础、施工电梯、高速井架和混凝土搅拌站的基础，有发生时另行计算（塔吊、电梯混凝土基础做在楼板面，楼板面下需要加固者应另行处理，塔吊基础的拆除和外运费用含在临时设施内，不需要单独另计）。

2）大型垂直运输机械（包括塔式起重机）附着所需预埋在建筑物中的铁件，有发生时另行计算；因施工现场条件限制，自升式塔式起重机需要另行加工型钢附着件的，可根据施工组织设计另行计算附着件，套用铁件安装定额。

3）未包括塔吊、电梯基础下打桩、降水费用，应另行计算。

※双方博弈点：

塔吊基础的混凝土、模板、挖土方费用应如何计算？

塔吊基础费用应列入措施费用当中，当有明确方案及图纸时，按照图集进行计算，没有图纸时直接套用塔吊基础定额子目，里面已经综合考虑了混凝土浇筑、模板、土方等工作内容。

4）大型机械设备进出场费。

①进出场费中已包括往返一次的费用，其中回程费按单程运费的25%考虑。

②进出场费中已包括了臂杆、铲斗及附件、道木、道轨的运费。

③机械运输路途中的台班费，不另计取。

④大型机械设备现场的行驶路线需修整铺垫时，其人工修整可按实际计算。同一施工现场各建筑物之间的运输，定额按100m以内综合考虑，如转移距离超过100m，在300m以内的，按相应场外运输费用乘以系数0.3；在500m以内的，按相应场外运输费用乘以系数0.6。使用道木铺垫按15次摊销，使用碎石零星铺垫按一次摊销。

※规则定制说明：

此项规定了大型机械设备进出场费涵盖的内容，范围之外的需要单独计算，如场内或者栋号之间的转移费用。如：

1）因业主原因导致大型机械场内发生拆、卸转移等发生的安装、拆卸费，此费用按照上述转移距离套用场外运输乘以对应系数计算，同时需要辅助铺设枕木等设备时，需要另行计算费用。

2）可自行简单快速拆卸，并可以自行移动的，则不再记取场内安拆费。

5. 施工排水、降水

1）轻型井点以50根为一套，喷射井点以30根为一套，使用时累计根数轻型井点少于25根，喷射井点少于15根，使用费按相应定额乘以系数0.7（图4-66）。

※规则定制说明：

地下水从井管下端的滤水管凭借真空泵和水泵的抽吸作用流入专管内，汇入集水总管，流入集水箱，由水泵排出。冲设成本低，运行费用高；当井点管小于一定数量时，应乘以对应系数。

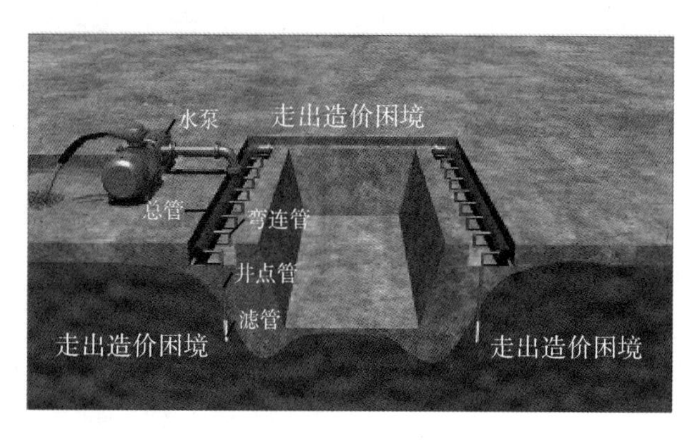

图 4-66

2）井管间距应根据地质条件和施工降水要求，按施工组织设计确定，施工组织设计未考虑时，可按轻型井点管距1.2m、喷射井点管距2.5m确定。

3）当直流深井降水成孔直径不同时，只调整相应的黄砂含量，其余不变；当PVC-U加筋管直径不同时，调整管材价格的同时，按管子周长的比例调整相应的密目网及铁丝。

4）排水井分集水井和大口井两种。集水井定额项目按基坑内设置考虑，井深在4m以内，按本定额计算。如井深超过4m，定额按比例调整。大口井按井管直径分两种规格，抽水结束时回填大口井的人工和材料未包括在消耗量内，实际发生时应另行计算。

※规则定制说明：

集水井和大口井的区别：

管井直径大多为50～1000mm，大口井直径一般为5～8m，大口井像自己家中打的饮用水井，集水井是将地下水收集在一起，统一排出。

4.18.2 工程量计算规则

1. 脚手架工程

1）综合脚手架。综合脚手架按设计图示尺寸以建筑面积计算。

2）单项脚手架。

①外脚手架、整体提升架按外墙外边线长度（含墙垛及附墙井道）乘以外墙高度以面积计算。

※规则定制说明：

外脚手架、整体提升架按照外墙外边线，不包括保温，面层装饰做法，以面积计算。

※双方博弈点：

外墙有女儿墙的是否算至女儿墙顶？如果女儿墙采用金属栏杆的，是否计算到栏杆顶？

当外墙有女儿墙时，外墙墙高计算至女儿墙顶，如果有金属栏杆，同样是计算至金属栏杆顶部。

②当计算内、外墙脚手架时，均不扣除门、窗、洞口、空圈等所占面积。同一建筑物高度不同时，应按不同高度分别计算。

③里脚手架按墙面垂直投影面积计算。

④独立柱按设计图示尺寸，以结构外围周长另加3.6m乘以高度以面积计算。执行双排外脚手架定额项目乘以系数。

※规则定制说明：

如独立柱的尺寸为500mm×500mm，柱高为3m。则柱子执行双排外脚手架，为［(0.5×4+3.6)×3］m。

⑤现浇钢筋混凝土梁按梁顶面至地面（或楼面）间的高度乘以梁净长，以面积计算。执行双排外脚手架定额项目乘以系数。

⑥满堂脚手架按室内净面积计算，其高度在3.6~5.2m时计算基本层，5.2m以上，每增加1.2m计算一个增加层，不足0.6m按一个增加层乘以系数0.5计算。计算公式如下：满堂脚手架增加层=（室内净高−5.2)/1.2。

※规则定制说明：

高度超过5.2m时，应按照实际情况计算增加层。执行增加层定额子目。

⑦悬挑脚手架按搭设长度乘以层数以长度计算。

※规则定制说明：

按照全层乘以搭设长度以长度计算。

⑧悬空脚手架按搭设水平投影面积计算。

⑨吊篮脚手架按外墙垂直投影面积计算，不扣除门窗洞口所占面积。

⑩内墙面粉饰脚手架按内墙面垂直投影面积计算，不扣除门窗洞口所占面积。

⑪立挂式安全网按架网部分的实挂长度乘以实挂高度，以面积计算。

⑫挑出式安全网按挑出的水平投影面积计算。

3）其他脚手架。电梯井架按单孔以“座”计算。

2. 垂直运输工程

1）建筑物垂直运输机械台班用量，区分不同建筑物结构及檐高按建筑面积计算。地下室面积与地上面积合并计算，独立地下室由各地根据实际自行补充。

※规则定制说明：

垂直运输机械应按照不同结构高度区分地上部分和地下部分的，地上部分执行对应定额子目，企业应编制地下部分垂直运输定额，1层地下室或多层地下室垂直运输或基础深度大于3m的，执行垂直运输。

2）本章按泵送混凝土考虑，如采用非泵送，垂直运输费按以下方法增加：相应项目乘以调增系数（5%～10%），再乘以非泵送混凝土数量占全部混凝土数量的百分比。

※规则定制说明：

垂直运输需要考虑降效系数，按照对应的混凝土数量乘以1.05～1.1。

3. 建筑物超高增加费

1）各项定额中包括的内容指单层建筑物檐高超过20m，多层建筑物超过6层的全部工程项目，但不包括垂直运输、各类构件的水平运输及各项脚手架。

※规则定制说明：

建筑物超高增加费指的是在计算了垂直运输等费用后，因为高度导致上下运输料、人工，均会产生不同程度的降效。

2）建筑物超高增加费的人工、机械按建筑物超高部分的建筑面积计算。

4. 大型机械设备进出场及安拆

1）大型机械设备安装、拆卸费按台次计算。

2）大型机械设备进出场费按台次计算。

5. 施工排水、降水

1）轻型井点、喷射井点排水的井管安装、拆除以“根”为单位计算，使用以“套·天”计算；真空深井、自流深井排水的安装拆除以每口井计算，使用以每口“井·天”计算。

※规则定制说明：

使用轻型井点降水，要明确以下几个内容，避免结算时因使用不明确产生扯皮，如现场共需要安装多少电动机，布置周长多长，单排井点水平间距多远，成孔直径多大要明确，同时哪天到哪天开通几个电动机，停几个电动机，共计多少个电动机，都要在签证单内予以明确，避免因参数不齐全引起争议。

2）使用天数以每昼夜（24h）为一天，并按施工组织设计要求的使用天数计算。

3）集水井按设计图示数量以“座”计算，大口井按累计井深以长度计算。

※规则定制说明：

1）要明确排水起止时间，因为排水属于周期性且不能自行明确需要排水天数，所以需要在签订单或者发布的指令单中明确排水的起止时间，避免因为没有明确的时间区间，引起争议。

2）签证的机械台班对应的实际抽水时间，一般情况下是24h连续抽水，但实际现场签的台班按照每台班8h考虑，需要双方明确时间的计算标准。

附　录

附表1：全统消耗量定额系数换算速查表

全统消耗量定额系数换算速查表

序号	类别	换算原因	换算系数	备注
1	土方工程	人工挖、运湿土时	人工乘以系数1.18	
2		机械挖、运湿土时	人工、机械乘以系数1.15	
3		人工挖一般土方、沟槽、基坑深度超过6m时，6m<深度≤7m	按深度≤6m相应项目人工乘以系数1.25	
4		人工挖一般土方、沟槽、基坑深度超过6m时，7m<深度≤8m	按深度≤6m相应项目人工乘以系数1.25，以此类推	
5		挡土板内人工挖槽坑时	人工乘以系数1.43	
6		桩间挖土不扣除桩体和孔孔所占体积	人工、机械乘以系数1.5	
7		满堂基础垫层底以下局部加深的槽坑时	人工、机械乘以系数1.25	
8		推土机推土，当土层平均厚度≤0.30m时	人工、机械乘以系数1.25	
9		挖掘机在垫板上作业时	人工、机械乘以系数1.25	
10		场区（含地下室顶板以上）回填时	人工、机械乘以系数0.9	
11		基础（地下室）周边回填材料时	人工、机械乘以系数0.9	
12	地基处理与边坡支护工程	深层水泥搅拌桩项目空搅部分	人工及搅拌桩机台班乘以系数0.5	
13		三轴水泥搅拌桩项目空搅部分	人工及搅拌桩机台班乘以系数0.5	
14		三轴水泥搅拌桩设计要求全断面套打时	人工、机械乘以系数1.5	
15		打桩工程打斜桩，斜度≤1:6时	人工、机械乘以系数1.25	
16		打桩工程打斜桩，斜度>1:6时	人工、机械乘以系数1.43	
17		桩间补桩或在地槽（坑）中及强夯后的地基上打桩时	人工、机械乘以系数1.15	
18		单独打试桩、锚桩时	人工、机械乘以系数1.5	
19		碎石桩、砂石桩的工程量≤60m³时	人工、机械乘以系数1.25	
20		打拔槽钢或钢轨，按钢板桩项目	机械乘以系数0.77	
21		单位工程的钢板桩工程量≤50t时	人工、机械量按相应项目乘以系数1.25	

（续）

序号	类别	换算原因	换算系数	备注
22	桩基工程定制	单独打试桩、锚桩时	人工、机械乘以系数1.5	
23		打桩工程打斜桩，斜度≤1∶6时	人工、机械乘以系数1.25	
24		打桩工程打斜桩，斜度>1∶6时	人工、机械乘以系数1.43	
25		打桩工程坡度>15°打桩时	人工、机械乘以系数1.15	
26		基坑内（基坑深度>1.5m，基坑面积≤500m^2）打桩或在地坪上打坑槽内（坑槽深度>1m）桩时	人工、机械乘以系数1.11	
27		桩间补桩或在强夯后的地基上打桩时	人工、机械乘以系数1.15	
28		人工挖孔桩深度超过16m时	定额乘以系数1.2	
29		人工挖孔桩深度超过20m时	定额乘以系数1.5	
30		桩孔空钻部分回填	碎石垫层项目乘以系数0.7	
31		注浆管埋设采用侧向注浆时	人工、机械乘以系数1.2	
32	砌体工程	墙体砌筑层高是按3.6m编制的，如超过3.6m时	人工乘以系数1.3	
33		双面清水围墙按相应单面清水墙项目	人工用量乘以系数1.15	
34		毛料石护坡高度超过4m时	人工乘以系数1.15	
35		定额中各类砖、砌块及石砌体的砌筑均按直形砌筑编制，当为圆弧形砌筑时	人工用量乘以系数1.10，砖、砌块及石砌体及砂浆（黏结剂）用量乘以系数1.03	
36	钢筋及钢筋混凝土	斜梁（板）坡度在30°以上、45°以内	人工乘以系数1.05	
37		斜梁（板）坡度在45°以上、60°以内	人工乘以系数1.1	
38		斜梁（板）坡度在坡度在60°以上	人工乘以系数1.2	
39		压型钢板上浇捣混凝土	执行平板项目，人工乘以系数1.1	
40		型钢组合混凝土构件	执行普通混凝土相应构件项目，人工、机械乘以系数1.2	
41		楼梯是按建筑物一个自然层双跑楼梯考虑，如单坡直行楼梯	按相应项目定额乘以系数1.2	
42		楼梯是按建筑物一个自然层双跑楼梯考虑，如三跑楼梯	按相应项目定额乘以系数0.9	
43		楼梯是按建筑物一个自然层双跑楼梯考虑，如四跑楼梯	相应项目定额乘以系数0.75	
44		型钢组合混凝土构件中的钢筋，执行现浇构件钢筋相应项目	人工乘以系数1.5、机械乘以系数1.15	
45		弧形构件钢筋执行钢筋相应项目	人工乘以系数1.05	
46		混凝土空心楼板（ADS空心板）中钢筋网片，执行现浇构件钢筋相应项目	人工乘以系数1.3、机械乘以系数1.15	
47		现浇混凝土小型构件执行现浇构件钢筋相应项目	人工、机械乘以系数2	

（续）

序号	类别	换算原因	换算系数	备注
48	模板	圆弧形带形基础模板执行带形基础相应项目	人工、材料、机械乘以系数 1.15	
49		外墙设计采用一次摊销止水螺杆方式支模时	将对拉螺栓材料换为止水螺杆，其消耗量按对拉螺栓数量乘以系数 1.2，取消塑料套管消耗量，其余不变	
50		柱、梁面对拉螺栓堵眼增加费，执行墙面螺栓堵眼增加费项目	柱面螺栓堵眼人工、机械乘以系数 0.3，梁面螺栓堵眼人工、机械乘以系数 0.35	
51		斜梁（板）坡度在30°以上、45°以内	人工乘以系数 1.05	
52		斜梁（板）坡度在45°以上60°以内	人工乘以系数 1.1	
53		斜梁（板）坡度在60°以上	人工乘以系数 1.2	
54		楼梯是按建筑物一个自然层双跑楼梯考虑，如单坡直行楼梯	按相应项目定额乘以系数 1.2	
55		楼梯是按建筑物一个自然层双跑楼梯考虑，如三跑楼梯	按相应项目定额乘以系数 0.9	
56		楼梯是按建筑物一个自然层双跑楼梯考虑，如四跑楼梯	相应项目定额乘以系数 0.75	
57	混凝土构件运输与安装	构件安装是按机械起吊点中心回转半径 15m 以内距离计算，运距在 50m 以内的	起重机械乘以系数 1.25	
58		构件安装是按机械起吊点中心回转半径 15m 以内距离计算，运距超过 50m 的	另按构件运输项目计算	
59		构件安装高度（除塔吊施工外）超过 20m 并小于 30m 时	人工、机械乘以系数 1.2	
60		构件安装高度（除塔吊鸣工外）超过 30m 时	另行计算	
61		单层房屋屋盖系统预制混凝土构件，必须在跨外安装的	人工、机械乘以系数 1.18	
62		单层房屋屋盖系统预制混凝土构件，必须在跨外安装的，但使用塔吊基础施工的	不乘系数	
63	金属结构工程	钢网架制作、安装项目按平面网格结构编制，如设计为筒壳、球壳及其他曲面结构的	制作项目人工、机械乘以系数 1.3，安装项目人工、机械乘以系数 1.2	

（续）

序号	类别	换算原因	换算系数	备注
64	金属结构工程	钢桁架制作、安装项目按直线形桁架编制，如设计为曲线、折线形桁架	制作项目人工、机械乘以系数1.3，安装项目人工、机械乘以系数1.2	
65		构件制作项目中焊接H型钢构件均按钢板加工焊接编制，如实际采用成品H型钢的	主材按成品价格进行换算，人工、机械及除主材外的其他材料乘以系数0.6	
66		型钢混凝土组合结构中的钢构件套用本章相应的项目	制作项目人工、机械乘以系数1.15	
67		基坑围护中的格构柱套用本章相应项目	制作项目（除主材外）乘以系数0.7，安装项目乘以系数0.5	
68		喷砂或抛丸除锈项目按Sa2.5除锈等级编制，如设计为Sa3级	定额乘以系数1.1	
69		喷砂或抛丸除锈项目按Sa2.5除锈等级编制，如设计为Sa2级或Sa1级	定额乘以系数0.75	
70		手工及动力工具除锈项目按St3除锈等级编制，如设计为St2级	定额乘以系数0.75	
71		钢结构构件采用塔吊吊装的	钢构件安装项目中的汽车式起重机20t、40t分别调整为自升式塔式起重机2500kN·m、3000kN·m，人工及起重机械乘以系数1.2	
72	木结构工程	木材木种均以一、二类木种取定，如采用三、四类木种时	人工、机械乘以系数1.35	
73	门窗工程	铝合金成品门窗安装项目按隔热断桥铝合金型材考虑，当设计为普通铝合金型材时	人工乘以系数0.8	
74		金属卷帘（闸）项目是按卷帘侧装（即安装在洞口内侧或外侧）考虑的，当设计为中装（即安装在洞口中）时	人工乘以系数1.1	
75		金属卷帘（闸）项目是按不带活动小门考虑的，当设计为带活动小门时	人工乘以系数1.07，材料调整为带活动小门金属卷帘（闸）	
76		厂库房大门项目是按一、二类木种考虑的，如采用三、四类木种时	制作按相应项目执行，人工和机械乘以系数1.3；安装按相应项目执行，人工和机械乘以系数1.35	
77		全玻璃门有框亮子安装按全玻璃有框门扇安装项目执行	人工乘以系数0.75	
78	屋面及防水工程	采光板屋面如设计为滑动式采光顶，可以按设计增加U形滑动盖帽等部件	材料、人工乘以系数1.05	

（续）

序号	类别	换算原因	换算系数	备注
79	屋面及防水工程	25% <坡度≤45%及人字形、锯齿形、弧形等不规则瓦屋面	人工乘以系数1.3	
80		坡度>45%的	人工乘以系数1.43	
81		平（屋）面以坡度≤15%为准，15% <坡度≤25%的	人工乘以系数1.18	
82		25% <坡度≤45%及人字形、锯齿形、弧形等不规则屋面或平面	人工乘以系数1.3	
83		坡度>45%的	人工乘以系数1.43	
84		防水卷材、防水涂料及防水砂浆，定额以平面和立面列项，实际施工桩头、地沟、零星部位时	人工乘以系数1.43	
85		单个房间楼地面面积≤8m^{2}时	人工乘以系数1.3	
86		卷材防水附加层套用卷材防水相应项目	人工乘以系数1.43	
87		立面是以直形为依据编制的，弧形者	人工乘以系数1.18	
88		冷粘法以满铺为依据编制的，点、条铺粘者	人工乘以系数0.91，粘合剂乘以系数0.7	
89	保温隔热防腐	弧形墙墙面保温隔热层	人工乘以系数1.1	
90		柱面保温根据墙面保温	人工乘以系数1.19，材料乘以系数1.04	
91		抗裂保护层工程如采用塑料膨胀螺栓固定时	每1m^{2}增加：人工0.03工日，塑料膨胀螺栓6.12套	
92	楼地面装饰工程	采用地暖的地板垫层，按不同材料执行相应项目	人工乘以系数1.3，材料乘以系数0.95	
93		石材楼地面需做分格、分色的	人工乘以系数1.1	
94		木地板安装按成品企口考虑，若采用平口安装	人工乘以系数0.85	
95		弧形踢脚线、楼梯段踢脚线	人工、机械乘以系数1.15	
96		石材螺旋形楼梯，按弧形楼梯项目	人工乘以系数1.2	
97		圆弧形等不规则地面镶贴面层、饰面面层	人工乘以系数1.15，块料消耗量损耗按实调整	
98	墙柱面装饰与隔断、幕墙工程	圆弧形、锯齿形、异形等不规则墙面抹灰、镶贴块料、幕墙	相应项目乘以系数1.15	
99		女儿墙无泛水挑砖者	人工、机械乘以系数1.1	
100		女儿墙带泛水挑砖者	人工、机械乘以系数1.3	

（续）

序号	类别	换算原因	换算系数	备注
101	墙柱面装饰与隔断、幕墙工程	线条展开宽度>300mm且≤400mm者	相应项目乘以系数1.33	
102		线条展开宽度>400mm且≤500mm者	相应项目乘以系数1.67	
103		木龙骨基层是按双向计算的，如设计为单向时	材料、人工乘以系数0.55	
104	天棚工程	如混凝土天棚刷素水泥浆或界面剂	人工乘以系数1.15	
105		天棚面层不在同一标高者为跌级天棚，跌级天棚其面层	按相应项目人工乘以系数1.3	
106		轻钢龙骨、铝合金龙骨项目中龙骨按双层双向结构考虑，如为单层结构时	人工乘以系数0.85	
107		楼梯底板抹灰按本章相应项目执行，其中锯齿形楼梯	按相应项目人工乘以系数1.35	
108	油漆、涂料、裱糊工程	门窗套、窗台板、腰线、压顶、扶手（栏板上扶手）等抹灰面与整体墙面分色者，单独计算，按墙面相应项目执行	人工乘以系数1.43	
109		立柱抹灰面喷刷油漆、涂料、裱糊，按墙面相应项目执行	人工乘以系数1.2	
110		当设计要求金属面刷二遍防锈漆时，按金属面刷防锈漆一遍项目执行	人工乘以系数1.74，材料均乘以系数1.9	
111		艺术造型天棚吊顶、墙面装饰的基层板缝粘贴胶带	人工乘以系数1.2	
112	其他装饰工程	墙面安装圆弧形装饰线条	人工乘以系数1.2，材料乘以系数1.1	
113		天棚面安装直线形装饰线条	人工乘以系数1.34	
114		天棚面安装圆弧形装饰线条	人工乘以系数1.6，材料乘以系数1.1	
115		装饰线条直接安装在金属龙骨上	人工乘以系数1.68	
116		广告牌基层以附墙方式考虑，当设计为独立式的	人工乘以系数1.1	
117	拆除工程	墙体凿门窗洞口者套用相应墙体拆除项目，洞口面积在0.5m^2以内的	人工乘以系数3	
118		墙体凿门窗洞口者套用相应墙体拆除项目，洞口面积在1m^2以内的	人工乘以系数2.4	
119		地面抹灰层与块料面层铲除不包括找平层，如需铲除找平层的	每10m^2增加人工0.20工日	
120		拆除带支架防静电地板按带龙骨木地板项目	人工乘以系数1.3	

（续）

序号	类别	换算原因	换算系数	备注
121	拆除工程	整樘门窗、门窗框及钢门窗拆除，按每樘面积2.5m^2以内考虑，面积在4m^2以内的	人工乘以系数1.3	
122		整樘门窗、门窗框及钢门窗拆除，按每樘面积2.5m^2以内考虑，面积超过4m^2以内的	人工乘以系数1.5	
123		楼层运出垃圾如采用人力运输	10m^3按垂直运输距离每5m增加人工0.78工日	
124	脚手架工程	高度在3.6m以外墙面装饰不能利用原砌筑脚手架时，可计算装饰脚手架	装饰脚手架执行双排脚手架定额乘以系数0.3	
125		室内凡计算了满堂脚手架，墙面装饰不再计算墙面粉饰脚手架	按每100m^2墙面垂直投影面积增加改架一般技工1.28工日	
126		满堂基础或者高度（垫层上皮至基础顶面）在1.2m以外的混凝土或钢筋混凝土基础，按满堂脚手架基本层	定额乘以系数0.3	
127		高度超过3.6m	每增加1m按满堂脚手架增加层定额乘以系数0.3	
128		砌筑高度在3.6m以外的砖内墙	按单排脚手架定额乘以系数0.3	
129		砌筑高度在3.6m以外的砌块内墙	按双排外脚手架定额乘以系数0.3	
130		独立柱、现浇混凝土单（连续）梁执行	双排外脚手架定额项目乘以系数0.3	
131	垂直运输工程	层高大于3.6m时，垂直运输相应定额项目执行，增加1m	定额乘以系数1.1	
132		垂直运输是按现行工期定额中规定的Ⅱ类地区标准编制的	Ⅰ、Ⅲ类地区按相应定额分别乘以系数0.95和1.1	
133	大型机械设备进出场及安拆	塔式起重机轨道铺拆以直线形为准，如铺设弧线形时	定额乘以系数1.15	
134		同一施工现场各建筑物之间的运输，定额按100m以内综合考虑，如转移距离超过100m，在300m以内的	场外运输费用乘以系数0.3	
135		同一施工现场各建筑物之间的运输，定额按100m以内综合考虑，如在500m以内的	按相应场外运输费用乘以系数0.6	
136	施工排水、降水	轻型井点以50根为一套，喷射井点以30根为一套，使用时累计根数轻型井点少于25根，喷射井点少于15根	使用费按相应定额乘以系数0.7	

附表2：全统消耗量定额定额计算规则增减逻辑速查表

全统消耗量定额定额计算规则增减逻辑速查表

序号	项目类别	项目名称	单位	需要扣除工程量	存在但不需要扣除工程量	存在但不增加工程量	合并计算工程量
1	土方工程	挖土方、石方	m^3	/	/	/	工作面宽及放坡
2	地基处理与边坡支护工程	强夯	m^2	/	/	/	建筑物外围轴线每边各加4m计算
3		灰土桩、砂石桩、碎石桩、水泥粉煤灰碎石桩	m^3	/	/	/	包括桩尖长度
4		深层水泥搅拌桩、三轴水泥搅拌桩、高压旋喷水泥桩	m^3	/	/	/	桩长加0.5m
5		浇筑连续墙混凝土	m^3	/	/	/	墙深加0.5m
6		凿地下连续墙超灌混凝土	m^3	/	/	/	设计无规定时，其工程量按墙体断面面积乘以0.5m
7		钢支撑	t	/	不扣除孔眼	焊条、铆钉、螺栓	/
8		预制钢筋混凝土桩、预应力钢筋混凝土管桩、钢管桩	m^3	/	/	/	包括桩尖长度
9		打桩工程的送桩	m^3	/	/	/	打桩前的自然地坪标高另加0.5m
10		钻孔桩、旋挖桩、冲孔桩	m^3	/	/	/	包括桩尖长度
11		注浆管、声测管	m	/	/	/	自然地坪标高至设计桩底标高另加0.5m

（续）

序号	项目类别	项目名称	单位	需要扣除工程量	存在但不需要扣除工程量	存在但不增加工程量	合并计算工程量
12	砌体工程	砖基础	m^3	扣除地梁（圈梁）、构造柱所占体积	不扣除基础大放脚T形接头处的重叠部分及嵌入基础内的钢筋、铁件、管道、基础砂浆防潮层和单个面积≤0.3m^2的孔洞所占体积	靠墙暖气沟的挑檐	附墙垛基础宽出部分体积按折加长度合并计算
13		砖墙、砌块墙	m^3	扣除门窗、洞口、嵌入墙内的钢筋混凝土柱，梁、圈梁、挑梁、过梁及凹进墙内的壁龛、管槽、暖气槽、消火栓箱所占体积	不扣除梁头、板头、檩头、垫木、木楞头、沿缘木、木砖、门窗走头、砖墙内加固钢筋、木筋、铁件、钢管及单个面积≤0.3m^2的孔洞所占的体积	凸出墙面的腰线、挑檐、压顶、窗台线、虎头砖、门窗套的体积	凸出墙面的砖垛并入墙体体积内计算
14		围墙	m^3	/	/	/	围墙柱并入围墙体积
15		空斗墙	m^3	/	/	/	墙角、内外墙交接处、门窗洞口立边、窗台砖、屋檐处的实砌部分体积
16		空花墙	m^3	/	不扣除空花部分体积	/	/
17		砖柱	m^3	扣除混凝土及钢筋混凝土梁垫、梁头、板头所占体积	/	/	/
18		附墙烟囱、通风道、垃圾道	m^3	扣除孔洞所占体积	/	/	/
19	钢筋及钢筋混凝土	混凝土	m^3	型钢混凝土中型钢骨架所占体积按（密度）7850kg/m扣除	不扣除构件内钢筋、预埋铁件及墙、板中0.3m^2以内的孔洞所占体积	/	/

（续）

序号	项目类别	项目名称	单位	需要扣除工程量	存在但不需要扣除工程量	存在但不增加工程量	合并计算工程量
20	钢筋及钢筋混凝土	混凝土基础	m^3	/	不扣除伸入承台基础的桩头所占体积	/	/
21		混凝土墙	m^3	扣除门窗洞口及 $0.3m^2$ 以外孔洞所占体积	/	/	墙垛及凸出部分并入墙体积内计算；直形墙中门窗洞口上的梁并入墙体积；短肢剪力墙结构砌体内门窗洞口上的梁并入梁体积
22		混凝土梁	m^3	/	/	/	伸入砖墙内的梁头、梁垫并入梁体积内
23		混凝土板	m^3	空心板按设计图示尺寸以体积（扣除空心部分）计算	不扣除单个面积 $0.3m^2$ 以内的柱、垛及孔洞所占体积	/	各类板伸入砖墙内的板头并入板体积内计算，薄壳板的肋、基梁并入薄壳体积内计算
24		混凝土楼梯	m^3	/	不扣除宽度小于500mm楼梯井	伸入墙内部分不计算	/
25		预制混凝土	m^3	/	不扣除构件内钢筋、铁件及小于 $0.3m^2$ 的孔洞所占体积	/	/
26	模板	现浇混凝土墙、板	m^2	/	面积在 $0.3m^2$ 以内的孔洞，不予扣除	洞侧壁模板亦不增加	/
27		柱、墙、梁、板、栏板相互连接的重叠部分	m^2	/	不扣除模板面积	/	/
28		现浇混凝土楼梯	m^2	/	不扣除宽度小于500mm楼梯井所占面积	楼梯的踏步、踏步板、平台梁等侧面模板不另行计算，伸入墙内部分亦不增加	/

（续）

序号	项目类别	项目名称	单位	需要扣除工程量	存在但不需要扣除工程量	存在但不增加工程量	合并计算工程量
29	混凝土构件运输与安装	预制板安装	m^3	扣除空心板空洞体积	不扣除单个面积≤0.3m^2的孔洞所占体积	/	/
30		装配式建筑构件	m^3	/	不扣除构件内钢筋、预埋铁件等所占体积	/	/
31		装配式墙、板安装	m^3	/	不扣除单个面积<0.3m^2的孔洞所占体积	/	/
32		装配式楼梯安装	m^3	扣除空心踏步板空洞体积	/	/	/
33	金属结构工程	金属构件	t	/	不扣除单个面积≤0.3m^2的孔洞质量	焊缝、铆钉、螺栓等不另增加质量	/
34		钢网架	t	/	不扣除孔眼的质量	焊缝、铆钉等不另增加质量	/
35		楼面板	m^2	/	不扣除单个面积≤0.3m^2的柱、垛及孔洞所占面积	/	/
36		墙面板	m^2	/	不扣除单个面积≤0.3m^2的梁、孔洞所占面积	/	/
37		钢板天沟	t	/	/	/	依附天沟的型钢并入天沟的质量内计算
38	木结构工程	木屋架、檩条	m^3	/	/	单独挑檐木并入檩条工程量内。檩托木、檩垫木已包括在定额项目内，不另计算	附属于其上的木夹板、垫木、风撑、挑檐木、檩条三角条均按木料体积并入屋架、檩条工程量内
39		简支檩木	m	/	/	/	邻屋架或山墙中距增加0.2m接头计算
40		木楼梯	m^2	/	不扣除宽度≤300mm的楼梯井	伸入墙内部分不计算	/

（续）

序号	项目类别	项目名称	单位	需要扣除工程量	存在但不需要扣除工程量	存在但不增加工程量	合并计算工程量
41	木结构工程	屋面椽子、屋面板、挂瓦条、竹帘子	m^2	/	不扣除屋面烟囱、风帽底座、风道、小气窗及斜沟等所占面积	小气窗的出檐部分亦不增加面积	/
42	门窗工程	窗台板	m^2	/	/	/	窗台板凸出墙面的宽度按墙面外加50mm计算
43	屋面及防水工程	各种屋面和型材屋面	m^2	/	不扣除房上烟囱、风帽底座、风道、小气窗、斜沟和脊瓦等所占面积	小气窗的出檐部分也不增加	/
44		屋面防水	m^2	/	不扣除房上烟囱、风帽底座、风道、屋面小气窗等所占面积	上翻部分也不另计算	/
45		楼地面防水、防潮层	m^2	扣除凸出地面的构筑物、设备基础等所占面积	不扣除间壁墙及单个面积≤$0.3m^2$的柱、垛、烟囱和孔洞所占面积	/	/
46		基础底板的防水、防潮层	m^2	/	不扣除桩头所占面积	/	桩头处外包防水按桩头投影外扩300mm以面积计算
47		屋面、楼地面及墙面、基础底板	m^2	/	/	防水搭接、拼缝、压边、留槎用量已综合考虑，不另行计算	/
48		种植屋面排水	m^2	/	不扣除房上烟囱、风帽底座、风道、屋面小气窗、斜沟和脊瓦等所占面积；面积≤$0.3m^2$的孔洞所占面积	屋面小气窗的出檐部分也不增加	/

（续）

序号	项目类别	项目名称	单位	需要扣除工程量	存在但不需要扣除工程量	存在但不增加工程量	合并计算工程量
49	保温隔热防腐	屋面保温隔热层	m^2	扣除 >0.3m^2 孔洞所占面积	/	/	/
50		天棚保温隔热层	m^2	扣除面积 >0.3m^2 的柱、垛、孔洞所占面积	/	/	与天棚相连的梁按展开面积计算，其工程量并入天棚内
51		墙面保温隔热层	m^2	扣除门窗洞口及面积 >0.3m^2 的梁、孔洞所占面积	/	/	门、窗、洞口侧壁以及与墙相连的柱，并入保温墙体工程量内
52		柱、梁保温隔热层	m^2	扣除面积 >0.3m^2 的梁所占面积	/	/	/
53		楼地面保温隔热层	m^2	扣除柱、垛及单个 >0.3m^2 的孔洞所占面积	/	/	/
54		其他保温隔热层	m^2	扣除面积 >0.3m^2 的孔洞及占位面积	/	/	/
55		平面防腐工程量	m^2	扣除凸出地面的构筑物、设备基础等以及面积 >0.3m^2 的孔洞、柱、垛等所占面积	/	门洞、空圈、暖气包槽、壁龛的开口部分不增加面积	/
56		立面防腐工程量	m^2	扣除门、窗、洞口以及面积 >0.3m^2 的孔洞、梁所占面积	/	/	门、窗、洞口侧壁、垛凸出部分按展开面积并入墙面内
57		踢脚板	m^2	扣除门洞所占面积	/	/	增加侧壁展开面积
58	楼地面装饰	楼地面找平层	m^2	扣除凸出地面的构筑物、设备基础、室内铁道、地沟等所占面积	不扣除间壁墙及单个面积 ≤0.3m^2 的柱、垛、附墙烟囱及孔洞所占面积	门洞、空圈、暖气包槽、壁龛的开口部分不增加面积	/
59		块料面层、橡塑面层及其他材料面层	m^2	/	/	/	门洞、空圈、暖气包槽、壁龛的开口部分并入相应的工程量内
60		楼梯面层	m^2	/	/	/	/

（续）

序号	项目类别	项目名称	单位	需要扣除工程量	存在但不需要扣除工程量	存在但不增加工程量	合并计算工程量
61	墙柱面装饰与隔断、幕墙工程	内墙面、墙裙抹灰面积	m^2	应扣除门窗洞口和单个面积 $>0.3m^2$ 的空圈所占的面积	不扣除踢脚线、挂镜线及单个面积 $\leq 0.3m^2$ 的孔洞和墙与构件交接处的面积	门窗洞口、空圈、孔洞的侧壁面积亦不增加	附墙柱的侧面抹灰应并入墙面、墙裙抹灰工程量内计算
62		内墙面、墙裙抹灰面积	m^2	应扣除墙裙抹灰面积	/	/	/
63		外墙抹灰面积	m^2	应扣除门窗洞口、外墙裙（墙面和墙裙抹灰种类相同者应合并计算）和单个面积 $>0.3m^2$ 的孔洞所占面积	不扣除除单个面积 $\leq 0.3m^2$ 的孔洞所占面积	门窗洞口及孔洞侧壁面积亦不增加	附墙柱侧面抹灰面积应并入外墙面抹灰工程量内
64		龙骨、基层、面层墙饰面	m^2	扣除门窗洞口及单个面积 $>0.3m^2$ 的空圈所占的面积	不扣除单个面积 $\leq 0.3m^2$ 的孔洞所占面积	门窗洞口及孔洞侧壁面积亦不增加	/
65		隔断	m^2	扣除门窗洞及单个面积 $>0.3m^2$ 的孔洞所占面积	/	/	/
66	天棚工程	天棚抹灰	m^2	/	不扣除间壁墙、垛、柱、附墙烟囱、检查口和管道所占的面积	/	带梁天棚的梁两侧抹灰面积并入天棚面积内
67		天棚龙骨	m^2	扣除单个 $>0.3m^2$ 的孔洞、独立柱及与天棚相连的窗帘盒所占的面积	不扣除间壁墙、垛、柱、附墙烟囱、检查口和管道所占的面积	/	/
68		天棚吊顶的基层和面层	m^2	扣除单个 $>0.3m^2$ 的孔洞、独立柱及与天棚相连的窗帘盒所占的面积	不扣除间壁墙、垛、柱、附墙烟囱、检查口和管道所占的面积	/	/
69	其他装饰工程	扶手、栏杆、栏板	m	/	不扣除弯头长度	/	/
70		大理石洗漱台	m^2	/	不扣除孔洞、挖弯、削角所占面积	/	挡板、吊沿板面积并入其中
71	脚手架	内、外墙脚手架	m^2	/	不扣除门、窗、洞口、空圈等所占面积	/	/

附表3：企业定额编制样表

企业定额编制模式多种多样，以下为全统消耗量定额下的企业定额编制样表，以编制地区定额的高度编制企业定额。大家可以依据自身的企业情况，灵活编制企业定额，灵活调整定额的消耗量和单价，以得到一个贴合项目成本的定额体系。

人工土方

工作内容：挖土，弃土于5m以内或装土，修整边底						计量单位：$10m^3$		
定额编号			1-1			1-2		
项目		单位	人工挖一般土方（基深）					
			一、二类土					
			≤2			>2		
企业定额综合单价		元	167.68			241.92		
其中	人工费	元	167.68			241.92		
	材料费	元	0			0		
	机械费	元	0			0		
其中企业定额单价及消耗量			单价	消耗量	合价	单价	消耗量	合价
人工（其中）	普工	工日	80	2.096	167.680	80	3.024	241.920

数据索引	
人工类型	单价
普工	80

工作内容：挖土，弃土于槽边5m以内或装土，修整边底						计量单位：$10m^3$		
定额编号			1-9			1-10		
项目		单位	人工挖沟槽土方（槽深）					
			一、二类土					
			≤2			>2		
企业定额综合单价		元	239.12			265.6		
其中	人工费	元	239.12			265.6		
	材料费	元	0			0		
	机械费	元	0			0		
其中企业定额单价及消耗量			单价	消耗量	合价	单价	消耗量	合价
人工（其中）	普工	工日	80	2.989	239.120	80.000	3.320	265.600

砖基础

工作内容：清理基槽坑，调、运、铺砂浆，运、砌砖				计量单位：10m³		
定额编号				4-1		
项目			单位	砖基础		
企业定额综合单价			元	0		
其中	人工费		元	0		
	材料费		元	0		
	机械费		元	0		
其中企业定额单价及消耗量				单价	消耗量	合价
人工（其中）		普工	工日		2.309	0.000
		一般技工	工日		6.450	0.000
		高级技工	工日		1.075	0.000
材料	烧结煤矸石普通砖 240×115×53		千块		5.262	0.000
	干混砌筑砂浆 DM M10		m^3		2.399	0.000
	水		m^3		1.050	0.000
机械	干混砂浆罐式搅拌机		台班		0.240	0.000

数据索引	
人工类型	单价
普工	0
一般技工	
高级技工	
烧结煤矸石普通砖 240×115×53	
干混砌筑砂浆 DM M10	
水	
干混砂浆罐式搅拌机	